Midjourney 从入门到实战应用

万晨曦　朱晓岚　徐张驰 / 编著

清华大学出版社
北　京

内容简介

欢迎来到Midjourney的创意世界。在这里，我们将从简单的注册账户、熟悉操作界面开始，分步指导并演示基本的绘图步骤，通过文生图、图生图、图生文3种绘图方式的详细讲解，让绘图选择变得更加灵活。本书还会介绍Midjourney的众多交互指令，使用这些指令可以完成风格的预设、设定自定义参数、查看个人订阅信息或者寻求帮助等。另外，本书对22个较复杂的图像按钮分别做了示例展示，便于读者更快地理解。学习基础内容对于理解Midjourney的全部潜力至关重要。

本书介绍了如何高效添加、修改、精简和整合关键词，这是本书的重点内容。本书从12个方面分析关键词并配以适用的场景描述，熟练运用这些关键词有助于解锁对画面控制的新维度，并让图像更具艺术表现力。进一步掌握13个高频参数的使用技巧，便能轻松地控制图像的质量、细节、风格以及图像的延续性，还可以简化Midjourney的出图过程。

本书最后精选了6大设计领域的综合案例，展示了从概念到项目落地的整个工作流程中，Midjourney的各项功能指令和关键词的集成应用。另外，本书使用了逆向步骤分析以使讲解案例的过程更加丰富有趣。

随书附赠万晨曦老师录制的420分钟Midjourney基础课程视频，讲解风格诙谐幽默，可以引领读者快速入门。

让我们一起踏上这创造无限可能的数字艺术之旅吧。

图书在版编目（CIP）数据

Midjourney从入门到实战应用 / 万晨曦，朱晓岚，徐张驰编著.—北京：清华大学出版社，2024.5

ISBN 978-7-302-66280-8

Ⅰ. ①M… Ⅱ. ①万… ②朱… ③徐… Ⅲ. ①图像处理软件 Ⅳ. ①TP391.413

中国国家版本馆CIP数据核字（2024）第098083号

责任编辑：贾旭龙
封面设计：秦　丽
版式设计：文森时代
责任校对：马军令
责任印制：曹婉颖

出版发行：清华大学出版社
　网　　址：https://www.tup.com.cn，https://www.wqxuetang.com
　地　　址：北京清华大学学研大厦A座　　**邮　　编**：100084
　社 总 机：010-83470000　　**邮　　购**：010-62786544
　投稿与读者服务：010-62776969，c-service@tup.tsinghua.edu.cn
　质 量 反 馈：010-62772015，zhiliang@tup.tsinghua.edu.cn
印 装 者：北京联兴盛业印刷股份有限公司
经　　销：全国新华书店
开　　本：185mm×260mm　　**印　　张**：21.25　　**字　　数**：390千字
版　　次：2024年6月第1版　　**印　　次**：2024年6月第1次印刷
定　　价：128.00元

产品编号：103494-01

前言

PREFACE

Midjourney 是一款令人惊叹的人工智能绘图工具。它基于Discord 平台搭建，能够根据用户的关键词提示自动生成高质量的图像，无论是写实摄影还是超现实图像，Midjourney 都能轻松实现创作者的构思，并提供更广阔的创意空间。Midjourney 凭借强大的智能算法和出色的绘图能力，成为数字创意领域中不可或缺的得力助手，在广告、建筑、家居设计、游戏制作等多个行业中得以应用。

本书从介绍操作界面和基础绘图步骤开始，带领读者认识不同的艺术风格和专业的灯光、镜头术语，最后通过一系列的综合实战训练，强化功能指令和关键词使用技巧，由易到难，循序渐进，帮助读者与 Midjourney 建立高效互动，真正实现技术能力的提升，从而创造出引人入胜的数字艺术品。

本书共包含 5 章内容，涵盖 200 多个知识点，提供了 300 多张 Midjourney 视觉作品，系统介绍了各种交互指令、后缀参数和创意提示词，并附赠 420 分钟 Midjourney 基础课程视频，多角度激发读者的学习兴趣，确保读者在短时间内成为 Midjourney 绘图高手，从而进入更高的艺术境界。

本书基于 Midjourney Model V5.2 模型版本编写，如遇本书出版后 Midjourney 界面功能调整或模型版本升级，请读者根据书中的思路，举一反三进行学习。

本书由万晨曦、朱晓岚、徐张驰编著。由于作者水平有限，书中难免存在疏漏之处，恳请广大读者批评、指正。读者可扫描封底的“文泉云盘”二维码获取作者联系方式，与我们交流沟通。

作　者

2024 年 3 月

目录

《《《CONTENTS》》》

第 1 章 Midjourney 概述

学习提示

本章讲解 Midjourney 的账户注册方法，介绍 Midjourney 操作界面，并讲解 3 种基本绘图方法及其步骤，同时认识 Midjourney 生成的网格图像及单张图像包含的所有功能按钮，包括放大组和变化组按钮、刷新按钮、强弱变化按钮、局部重绘按钮以及画面扩展按钮。

扫码观看教学视频

Midjourney 注册、使用及绘图

Discord 界面

Midjourney 基本玩法

图像功能按钮

Midjourney 首页功能

1.1 Midjourney 注册及使用

在本节中，我们将一起完成账号的注册，并在 Discord 平台上把 Midjourney 绘图机器人加入自己创建的服务器频道，为今后使用 Midjourney 机器人绘图做好前期准备。

1 Midjourney 官方网站

打开 Midjourney 官方网站，单击右下角的 Sign In（登录）按钮，如图 1-1 所示。登录成功后的界面如图 1-2 所示，单击左下角账户按钮右边的“...”图标，选择 Manage Subscription（管理订阅），进入相应页面，如图 1-3 所示；选择 Sign Out（退出）可以退出登录。

⊙ 图 1-1

⊙ 图 1-2

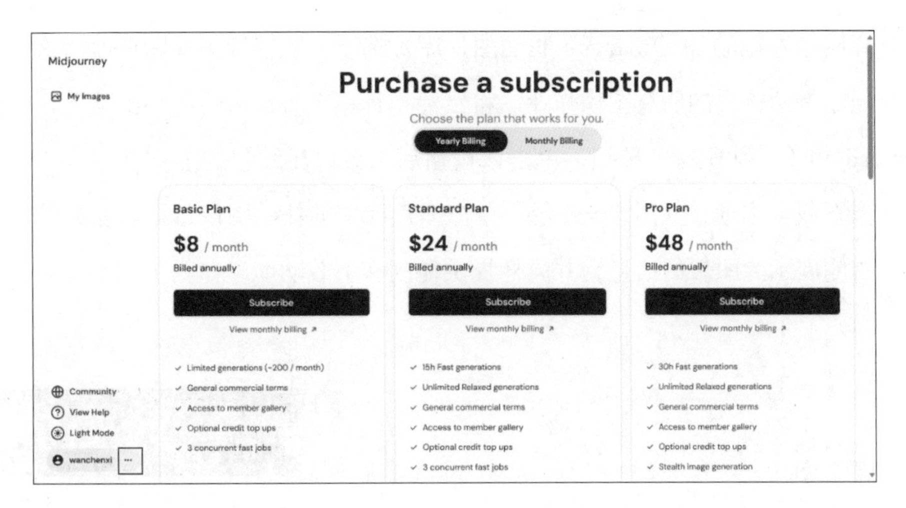

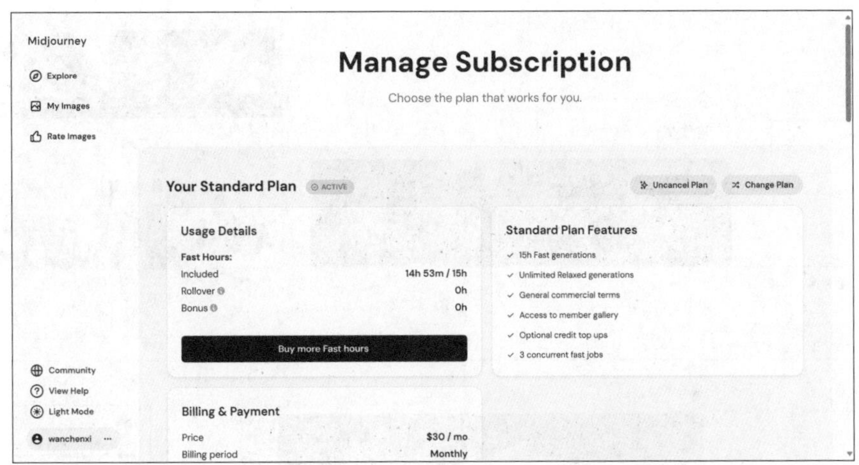

⊙ 图 1-3

Midjourney 网站默认展示 Explore（探索）栏，将鼠标指针移至图像上会显示该图像的详细信息，单击作者 ID 右侧的 按钮可看到关于图像描述、图像链接等的复制和下载功能，如图 1-4 所示。

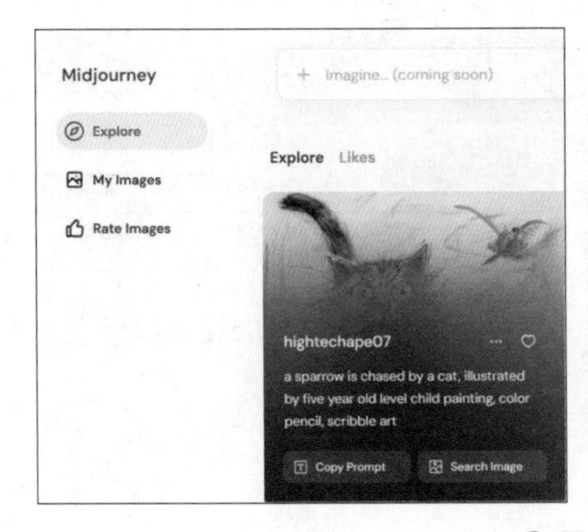

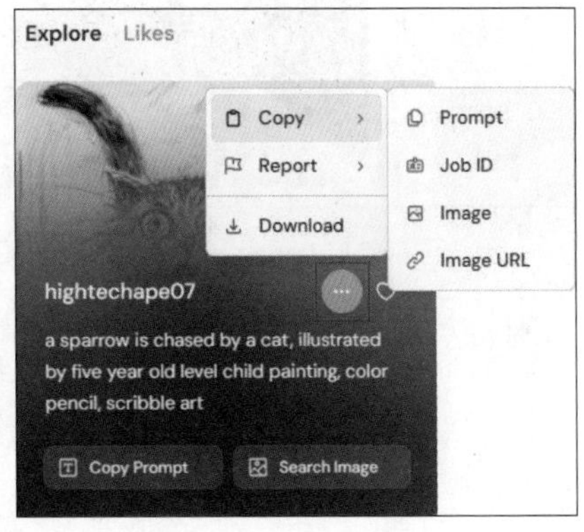

⊙ 图 1-4

选择网站左侧的 My Images（我的图片库）选项，跳转到图片库页面。这里会按照日期顺序展示输出的所有图像作业。将鼠标指针移至日期旁边的小图标上，会显示 Download all（下载所有）按钮，单击该按钮后，会以压缩包的形式将该日期生成的所有图像下载至本地，如图 1-5 所示。单击图片库中的任一图像，页面变为单图布局形式，右侧展示此图像的信息，并同样提供复制和下载功能，如图 1-6 所示。

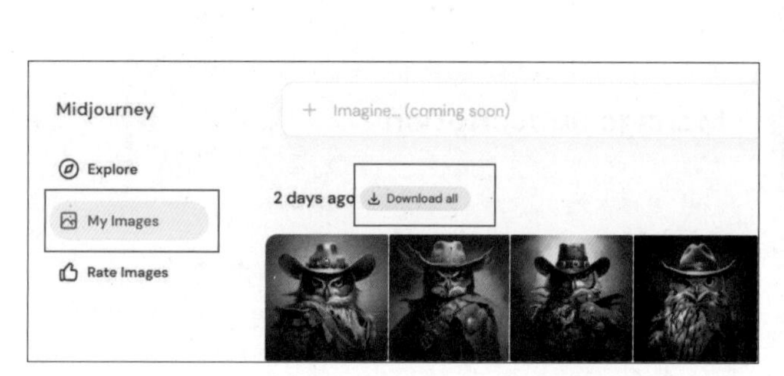

⊙ 图 1-5

⊙ 图 1-6

单击网站左下角的 Community（社区）按钮，接受邀请，进入 Discord 社区，如图 1-7 所示。

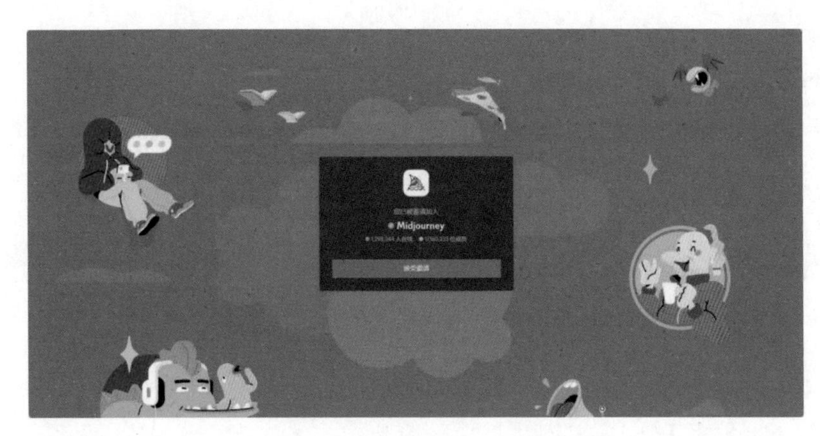

⊙ 图 1-7

提示

Discord 也被称为“D 站”，是目前世界上最流行的社群类通信软件，Midjourney 将交互系统搭载在 Discord 平台上，通过机器人插件在频道中提供所有服务。

2 创建和登录 Discord 账户

打开 Discord 官方网站（网址是 www.discord.com），如图 1-8 所示，选择下载 Discord 应用程序或者在浏览器中打开。单击网站右上角的 Open Discord（打开 Discord）按钮，进入 Discord 平台界面。

⊙ 图 1-8

若尚未注册 Discord 账户，则需要填写出生日期（注意，必须年满 18 周岁）并提供电子邮箱地址进行账户创建，然后单击邮箱中收到的确认注册链接，验证后完成注册，如图 1-9 所示。

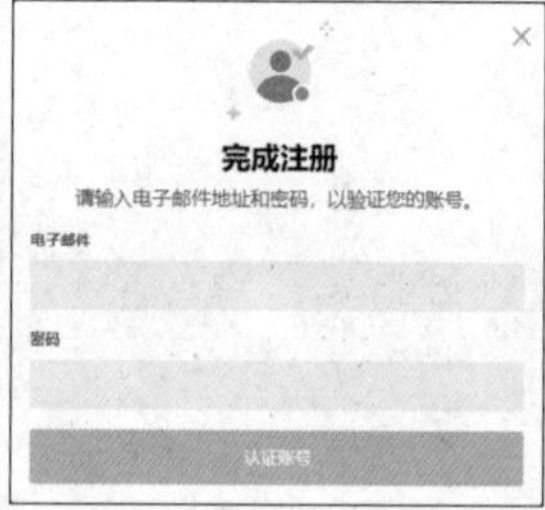

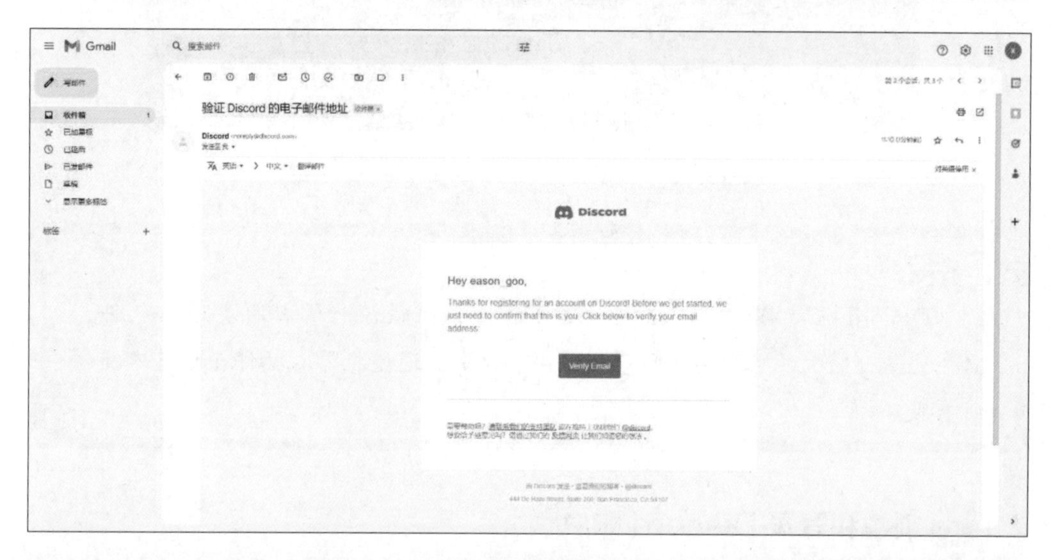

⊙ 图 1-9

若已拥有Discord账户，则需要在登录界面输入电子邮箱地址及密码，然后单击“登录”按钮进入 Discord 平台，如图 1-10 所示。

⊙ 图 1-10

3 Discord 平台界面

登录后的 Discord 平台界面如图 1-11 所示。单击左下角的用户名，可以编辑用户资料和切换账号，单击“管理账户”按钮，在弹窗中可以退出当前账号及添加账户，如图 1-12 所示。单击用户名右侧的“用户设置”图标，可进入用户设置界面，如图 1-13 所示。

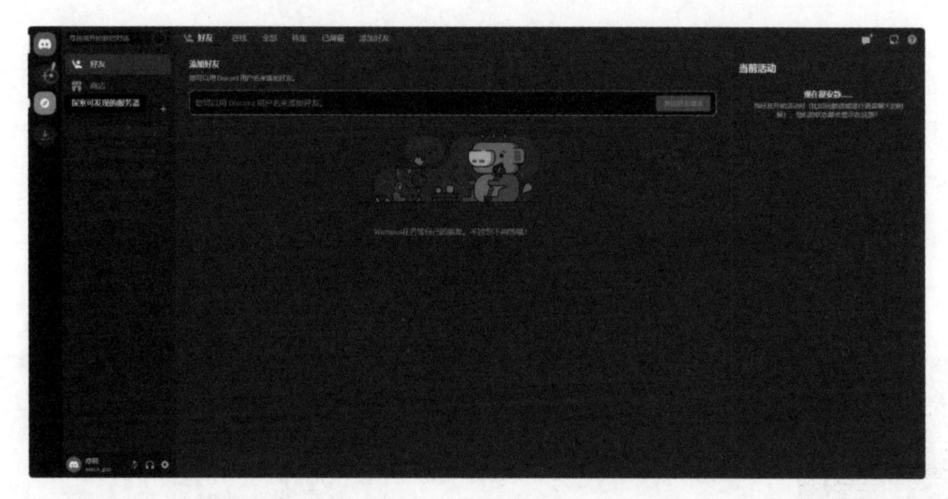

⊙ 图 1-11

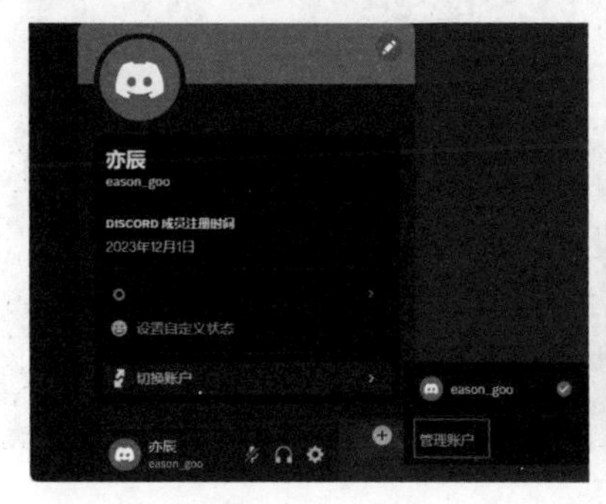

⊙ 图 1-12

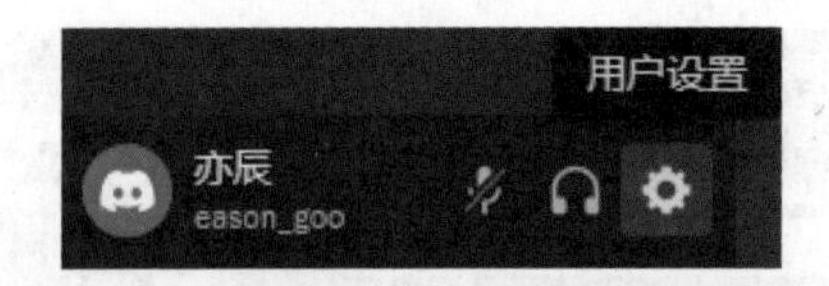

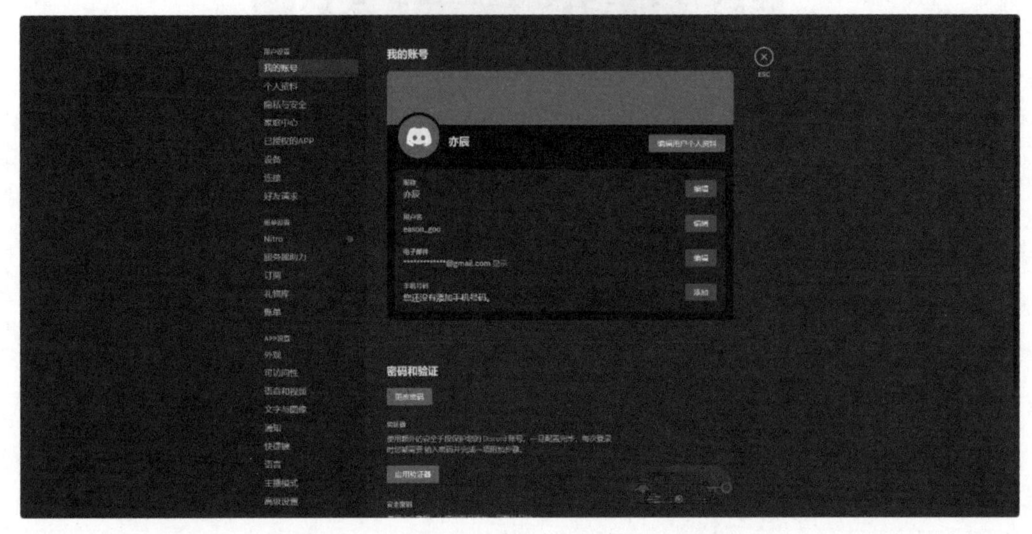

⊙ 图 1-13

单击 Discord 界面左侧服务器栏中的“探索可发现的服务器”按钮，在社区搜索框中输入 Midjourney，按 Enter 键进行服务器搜索，如图 1-14 所示。在搜索结果中，选择帆船图标的 Midjourney 服务器，如图 1-15 所示。

进入 Midjourney 服务器频道后，界面如图 1-16 所示。左侧与服务器相邻的一栏为子频道，界面右侧的成员列表可通过单击顶部成员名单按钮切换显示或者隐藏。

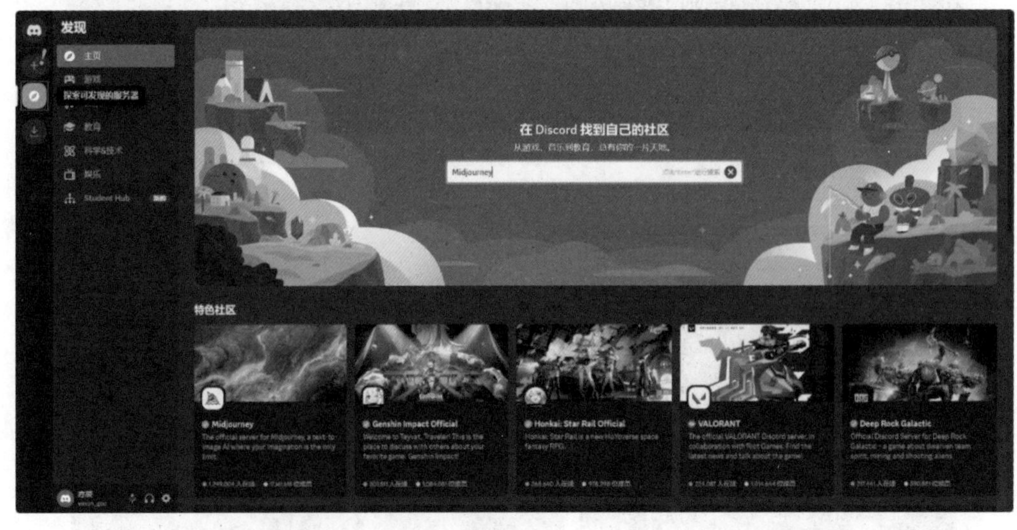

⊙ 图 1-14

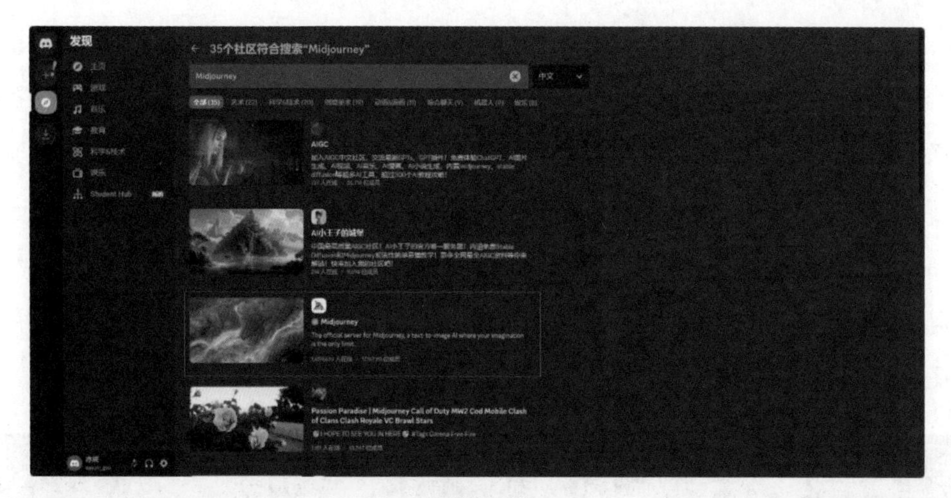
发现
35个社区符合搜索"Midjourney"
Midjourney
AIGC
AI小王子的城堡
Midjourney
Passion Paradise | Midjourney Call of Duty MW2 Cod Mobile Clash of Clans Clash Royale VC Brawl Stars

⊙ 图 1-15

Midjourney
announcements
关注
主页
INFO
announcements
status
rules
getting-started
community-updates
micro-polls
SUPPORT
trial-support
member-support
NEWCOMER ROOMS
newbies-45
newbies-15
niji · journey
加入
关注该频道，在自己的服务器获知该频道的更新。
关注
TEAM — 5
MIDJOURNEY BOT — 1
Midjourney Bot
MODERATOR — 11

INFO
announcements
status
rules
getting-started
community-updates
micro-polls
SUPPORT
trial-support
member-support
NEWCOMER ROOMS
newbies-45
newbies-15
Midjourney Bot

⊙ 图 1-16

在子频道中，announcements（公告栏）为版本升级、服务器维护、会员权益等内容的发布区域，如图 1-17 所示。从 community-updates（社区更新）栏里可以看到有关版本、功能、参数等更新升级的具体内容，如图 1-18 所示。status（状态）栏用于显示对一些功能的维护和修复，如图 1-19 所示，当操作受限的时候，可以通过 status（状态）栏查看是不是由系统功能出错导致的。rules（规则）栏展示了社区规则、隐私政策等，如图 1-20 所示。getting-started（开始）栏提供了订阅链接、操作说明等，如图 1-21 所示。

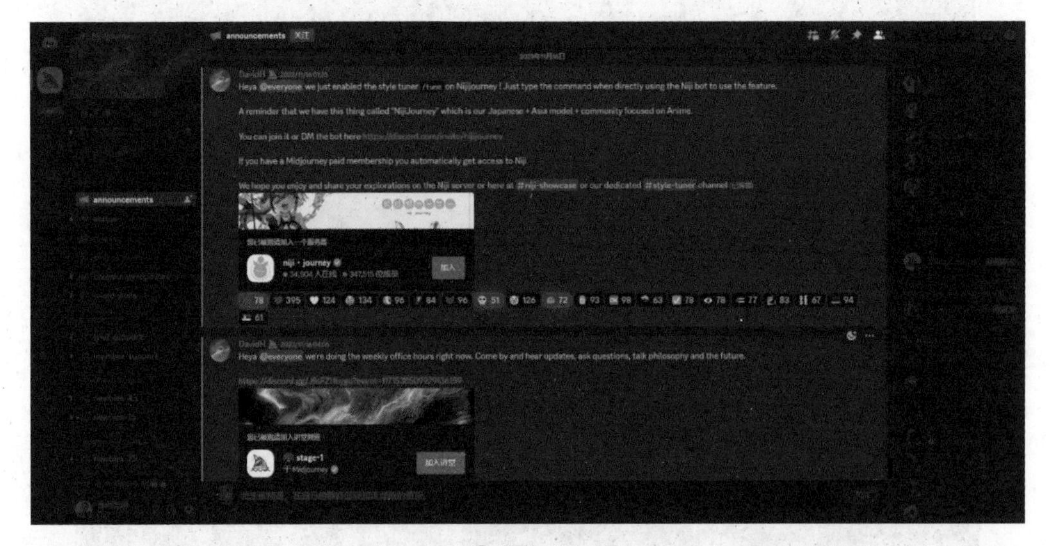

⊙ 图 1-17

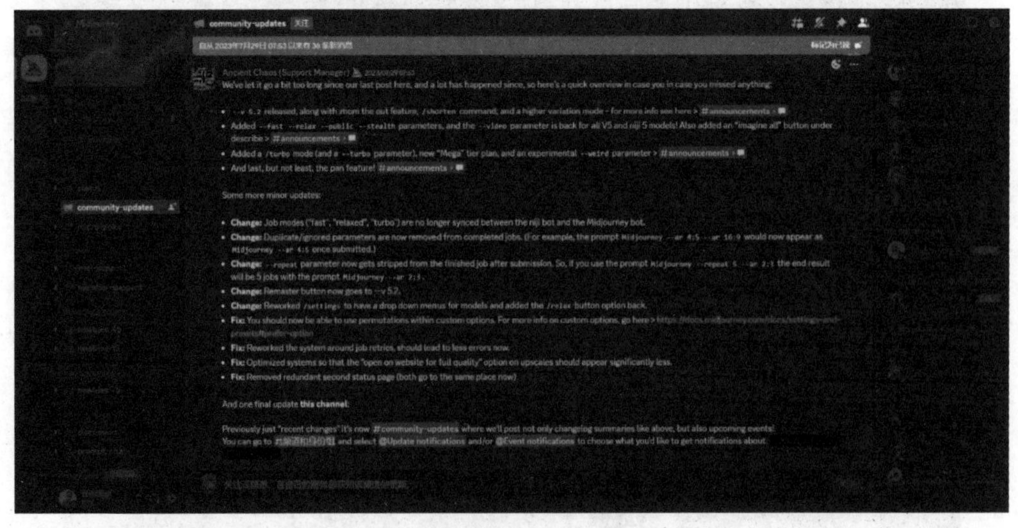

⊙ 图 1-18

⊙ 图 1-19

⊙ 图 1-20

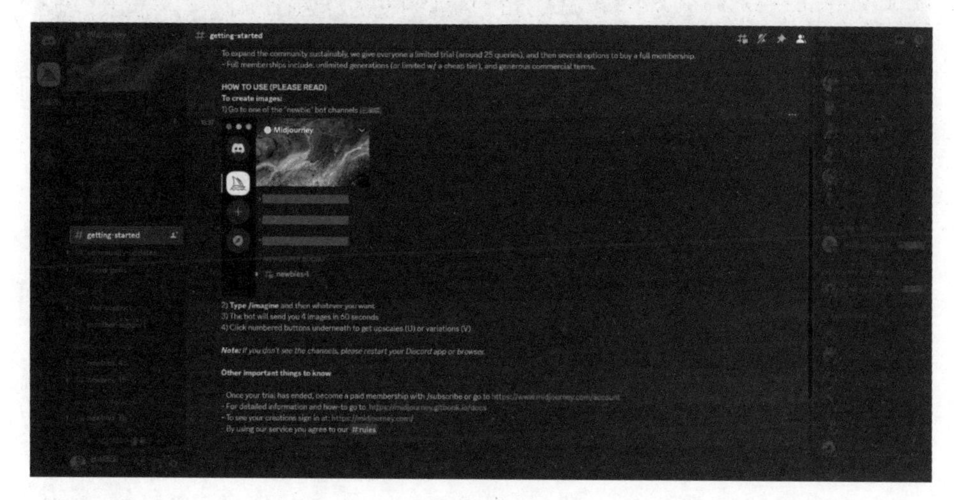

⊙ 图 1-21

4 创建服务器频道

Midjourney 官方服务器频道的消息非常多，滚动速度快，用户发出的内容很快会被海量消息淹没，所以需要创建一个自己的服务器频道来发送消息。

单击 Discord 界面最左侧的“添加服务器”按钮，如图 1-22 所示，在“创建服务器”弹窗中依次选择“亲自创建”-“仅供我和我的朋友使用”选项，自定义服务器名称和图标后单击“创建”按钮，如图 1-23 所示，创建完成后默认进入新创建的服务器界面，如图 1-24 所示。

⊙ 图 1-22

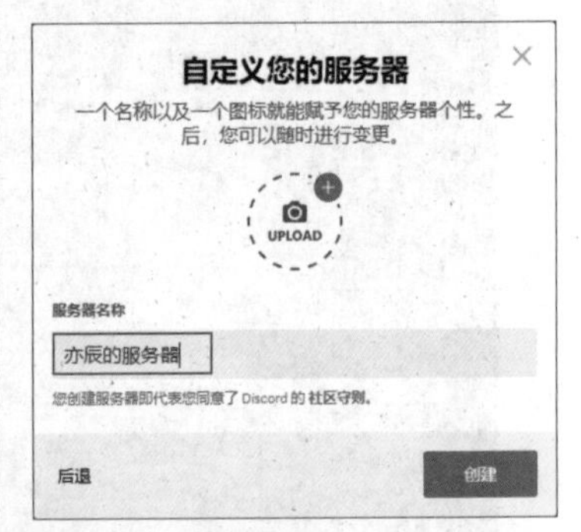

⊙ 图 1-23

⊙ 图 1-24

接着，我们可以创建多个子频道以满足不同需求或便于管理分类。单击“+”图标，创建频道，如图 1-25 所示。在弹窗中输入自定义名称后单击“创建频道”按钮，如图 1-26 所示。创建完一系列子频道后，界面显示如图 1-27 所示。单击单个子频道并拖动，可以调换频道顺序，在任一子频道上单击鼠标右键，在弹出的菜单中可以选择“删除频道”，如图 1-28 所示。

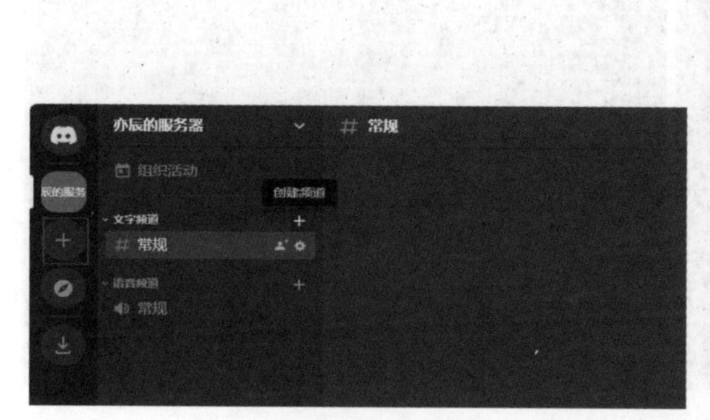

⊙ 图 1-25

⊙ 图 1-26

⊙ 图 1-27

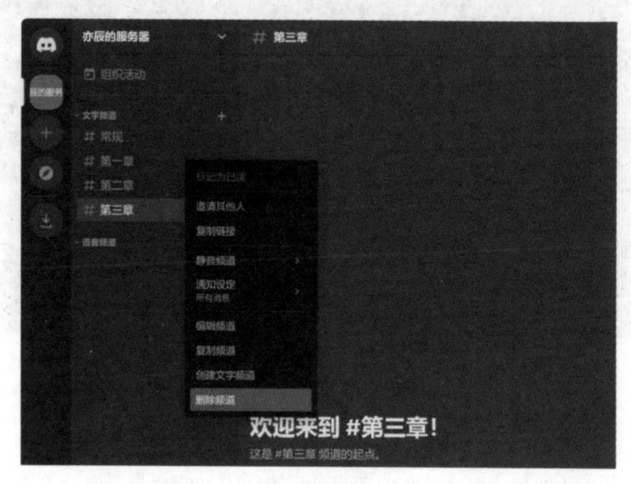

⊙ 图 1-28

单击服务器名称，选择“服务器设置”，在新窗口中的左侧列表底部可以选择删除该服务器，如图 1-29 所示。

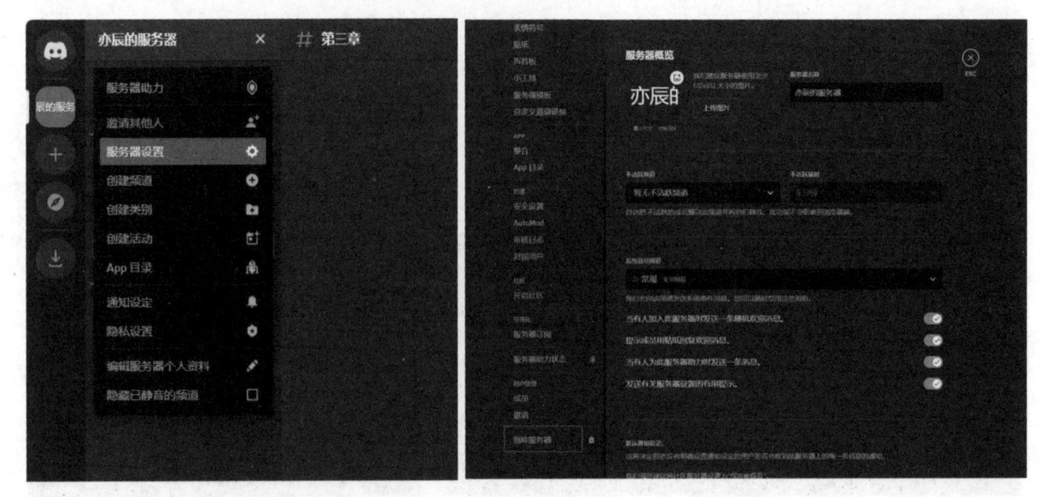

⊙ 图 1-29

5 将 Midjourney 机器人加入创建的服务器频道

在左侧服务器栏中单击 Midjourney 图标，界面右上角开启“显示成员名单”，找到 Midjourney 机器人，单击“添加 APP”按钮，如图 1-30 所示。

⊙ 图 1-30

在弹窗中的“添加至服务器”下拉列表框中选择目标服务器，如“亦辰的服务器”，单击“继续”按钮并同意“授权”，添加成功的提示信息中包含了前往服务器的跳转按钮，如图 1-31 所示。回到服务器后，在右侧的成员名单里就会显示 Midjourney Bot，如图 1-32 所示。

⊙ 图 1-31

⊙ 图 1-32

利用 Midjourney 机器人进行绘图，需要返回 Midjourney 官网，单击左下角账户按钮右边的“...”图标，选择进入 Manage Subscription（管理订阅）界面。也可以在底部输入框中，用英文输入法输入“/”，在弹出的列表中选择“/imagine prompt”指令，接着随意输入一个英文单词，按 Enter 键发送消息，如图 1-33 所示。随后，

Midjourney 返回的报错信息中会包含一个订阅链接，单击该链接跳转到订阅计划页面进行购买即可，如图 1-34 所示。

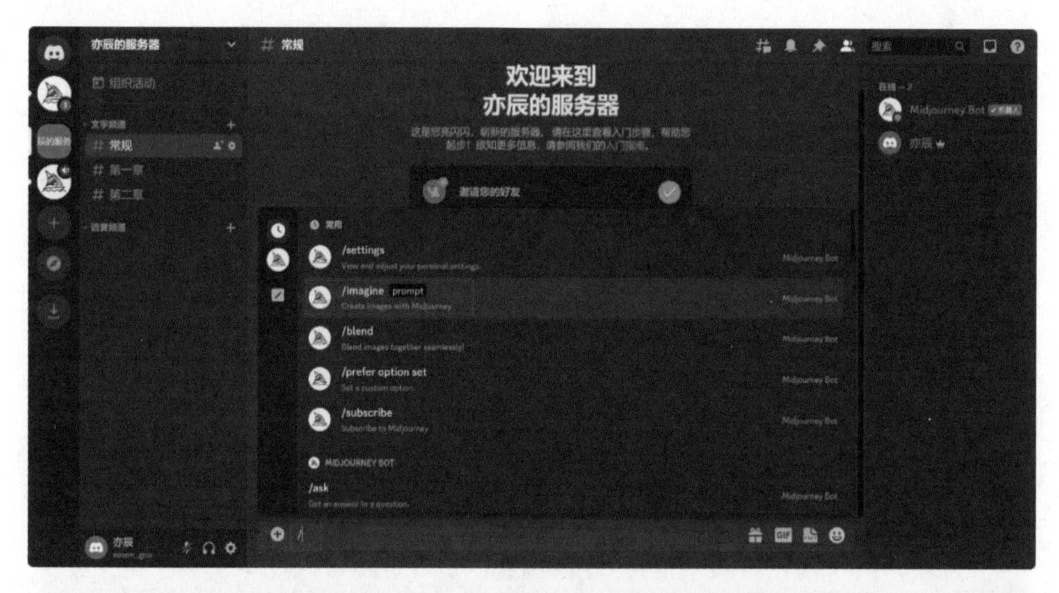

⊙ 图 1-33

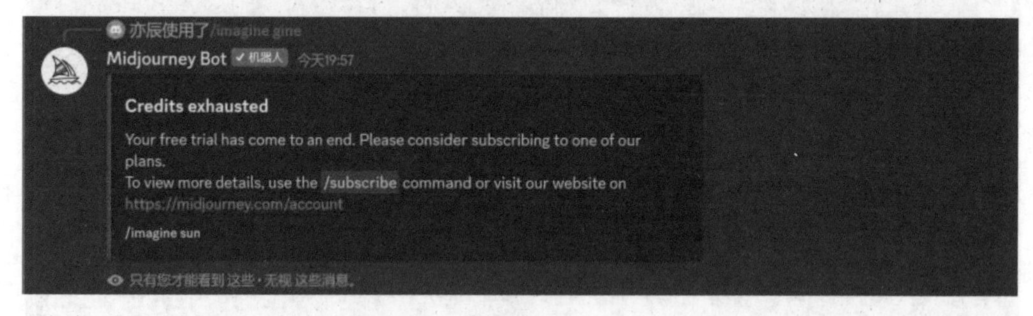

⊙ 图 1-34

1.2 Midjourney 绘图步骤详解

本节将介绍 3 种简单的 Midjourney 绘图方式，分别为文生图（关键词描述生成图像）、图生图（参考垫图结合关键词描述生成图像）和图生文（系统解析提取图像关键词后生成新图像）。

1 文生图

在输入框中，用英文输入法输入“/”，然后选择“/imagine prompt”指令，如图 1-35 所示。接着输入想要绘制图像的英文单词，即关键词，如“tiger”（老虎），按 Enter 键发送消息，如图 1-36 所示。此时，系统提示“Waiting to start”（等待开始），则指令发送成功，如图 1-37 所示。

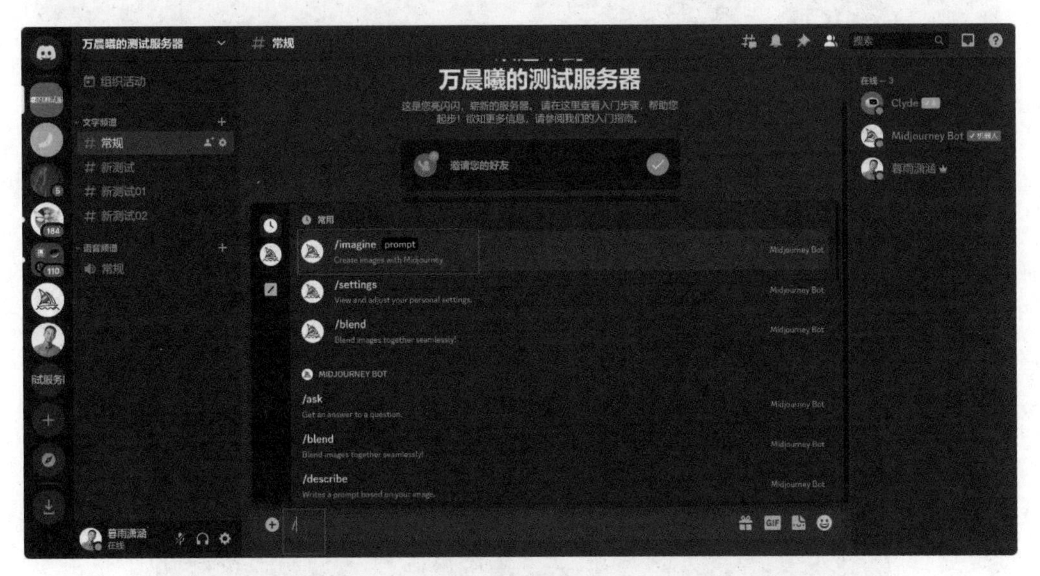

⊙ 图 1-35

⊙ 图 1-36

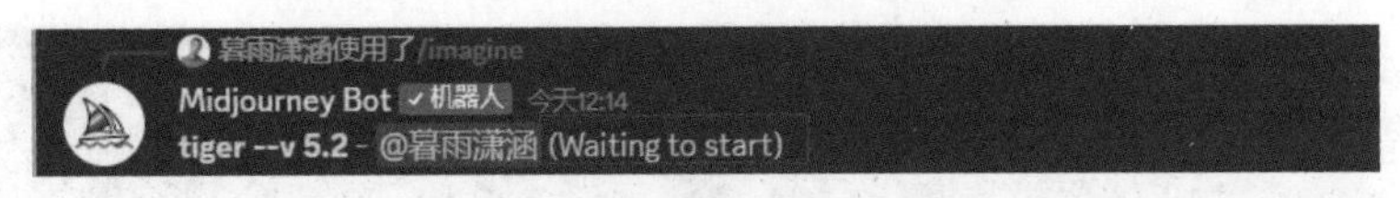

⊙ 图 1-37

当作业开始运行时，我们可以看到图像的生成进度和模式，如图 1-38 所示。一共有 3 种模式，Turbo mode（涡轮模式）和 Fast mode（快速模式）均为快速出图模式，Relax mode 为放松模式，放松模式下的出图速度根据服务器情况而定，一般出图较慢。

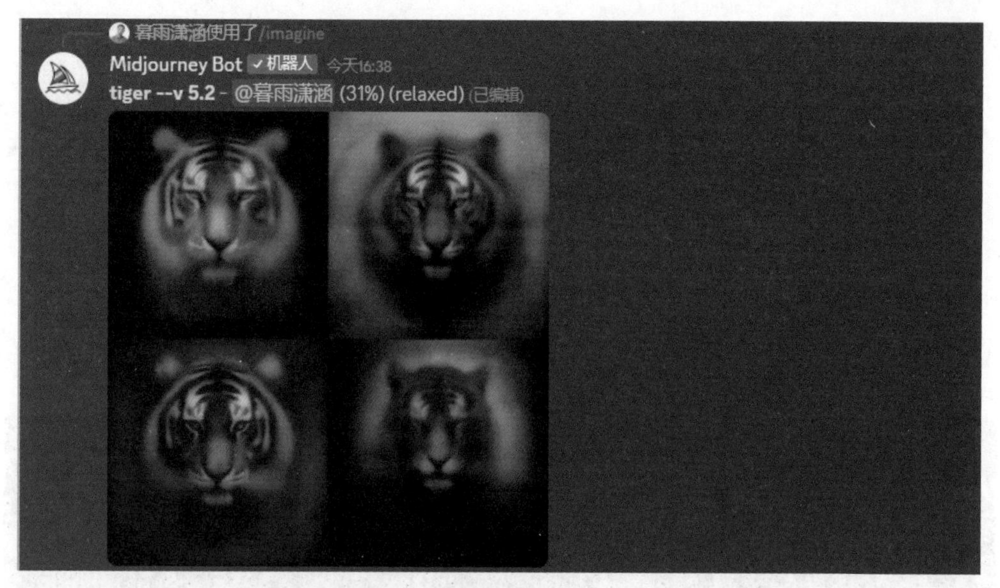

⊙ 图 1-38

通过“/settings”指令可以设置出图模式，步骤如下。

步骤 ① 在输入框中，用英文输入法输入“/”，然后选择“/settings”指令，如图 1-39 所示，按 Enter 键即可打开设置界面。

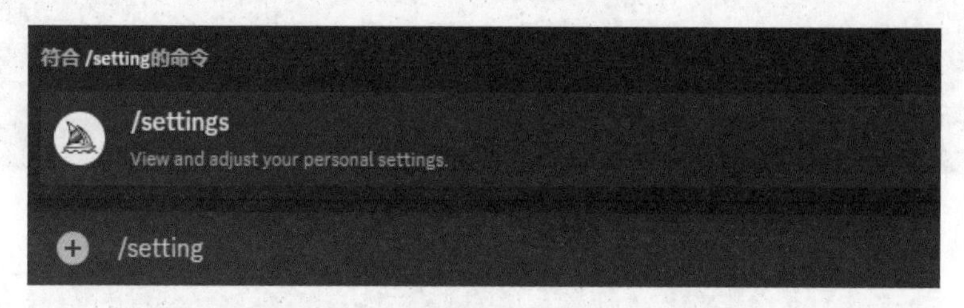

⊙ 图 1-39

步骤 ② 单击 Fast mode（快速模式）按钮，使其高亮显示，即完成快速出图模式的设置，如图 1-40 所示。

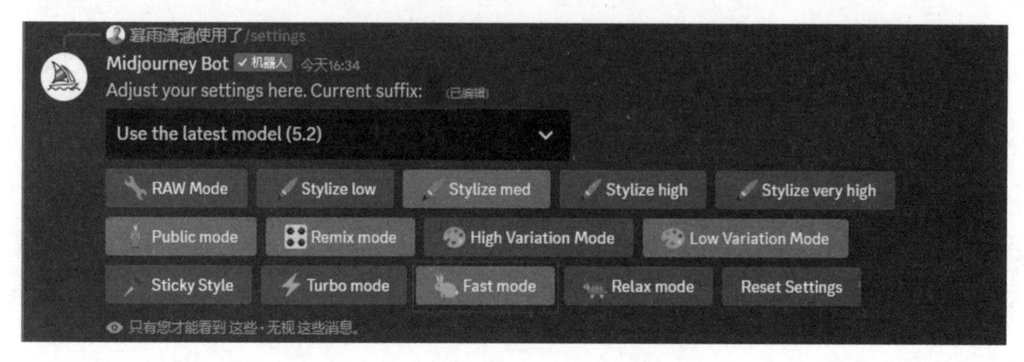

⊙ 图 1-40

稍等片刻后，Midjourney 生成的老虎图像如图 1-41 所示。若出现如图 1-42 所示的提示，说明此刻服务器繁忙，需要等待服务器响应后才能继续作业。

⊙ 图 1-41

⊙ 图 1-42

用户也经常会收到如图 1-43 所示的提示，表示作业正在队列中，需要等待上一个作业完成才能继续。

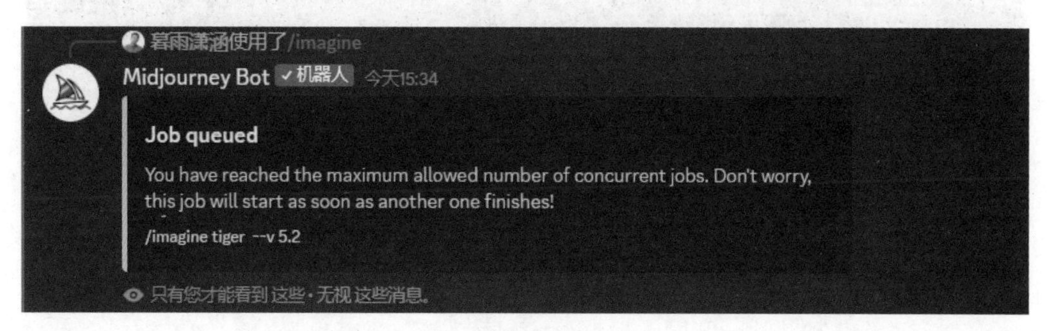

⊙ 图 1-43

若不再需要某张图像，可以单击对应图像右上角的“...”（更多）按钮，执行“删除信息”命令，确认删除即可，如图 1-44 所示。

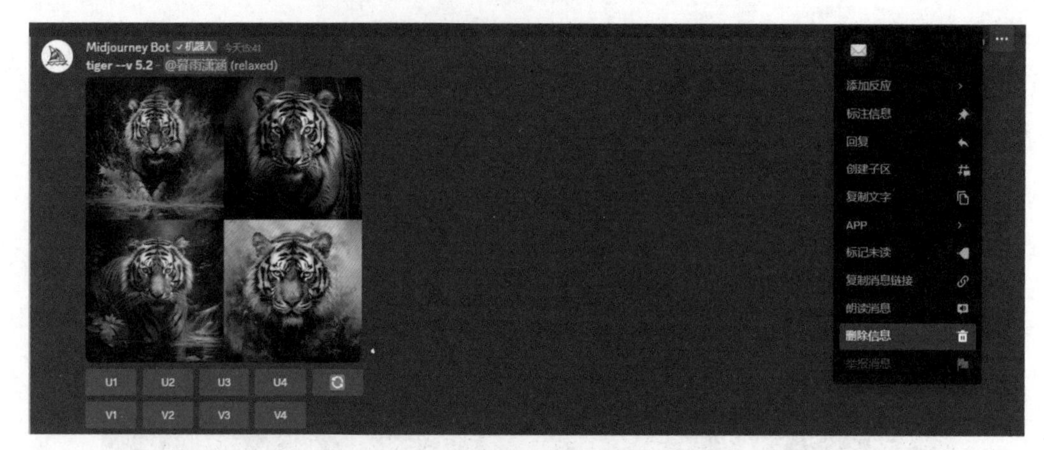

⊙ 图 1-44

同样，在图像右上角的“...”（更多）菜单中，可以选择对此图像进行标注，执行“标注信息”命令后，在弹出的界面中确认标注即可，如图 1-45 所示。当需要某张图像的时候，可以单击界面上部的“已标注信息”图标，在弹出的列表中，找到对应的图像消息，然后单击消息右上角的“跳到”按钮，实现快速定位。若单击“×”（删除）按钮，则移除此消息标注，如图 1-46 所示。

⊙ 图 1-45

⊙ 图 1-45（续）

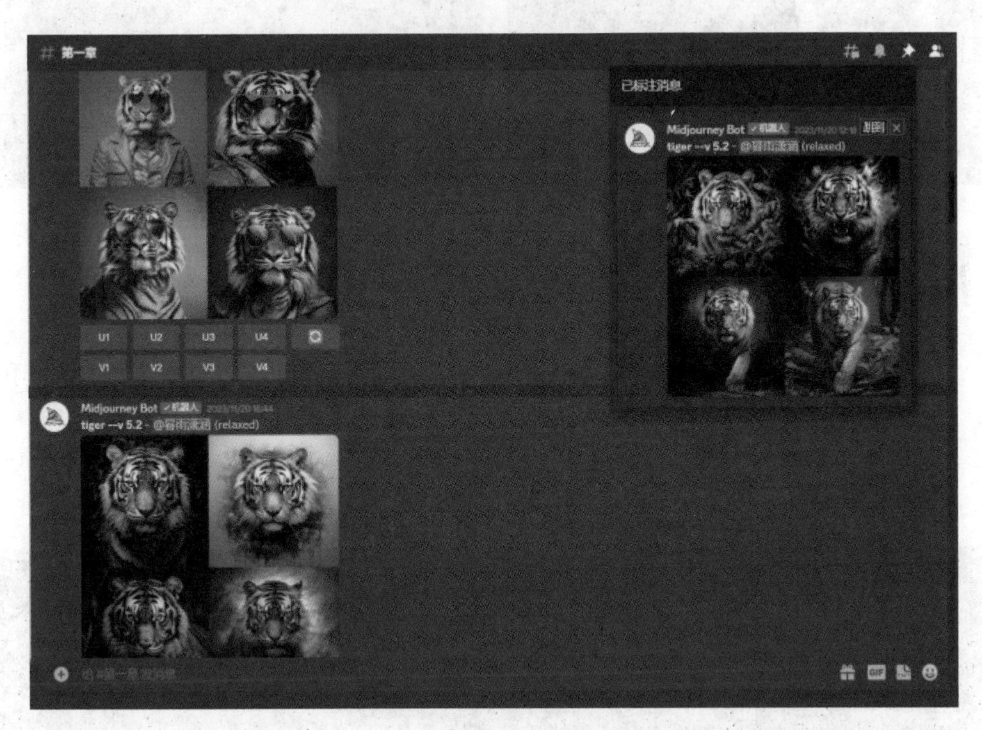

⊙ 图 1-46

现在，我们可以发挥想象力，输入更多的英文关键词来测试 Midjourney 的绘图能力，如输入“tiger, sunglasses”（老虎，墨镜），如图 1-47 所示。注意，在一条指令下输入多个关键词时，需要用英文输入法的“,”对各个关键词进行分隔。

Midjourney按照正常思维逻辑结合老虎和墨镜这两个关键词绘制的图像如图1-48所示。

在描述非常精简的情况下，提供两个关键词（tiger 和 sunglasses）与提供一个完整句式（A tiger wearing sunglasses, 一只戴着墨镜的老虎）相比，Midjourney 出图的效果是非常相近的，如图 1-49 所示。

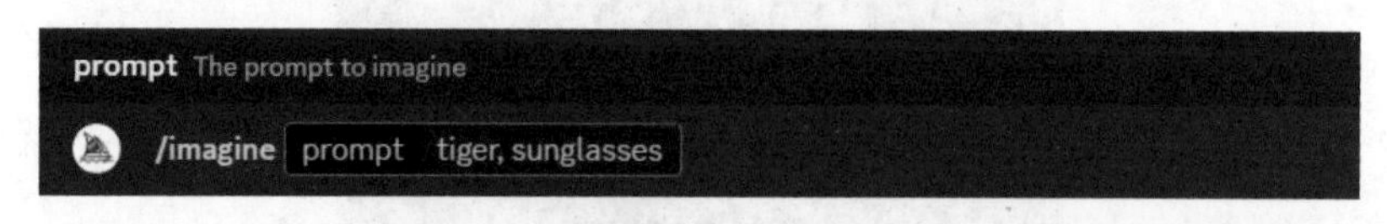

⊙ 图 1-47

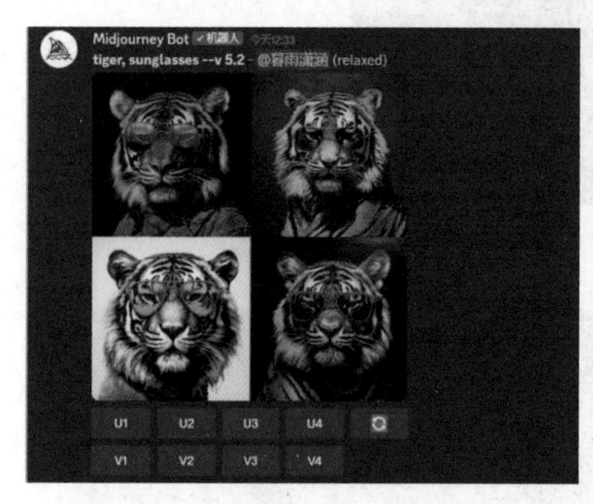

⊙ 图 1-48

⊙ 图 1-49

2 图生图

图生图是指通过上传参考垫图让 Midjourney 生成相似风格的图像，具体操作步骤如下。

步骤① 单击输入框前面的“+”号，选择“上传文件”选项，如图 1-50 所示。

⊙ 图 1-50

步骤② 选择预先准备的本地图像，单击“打开”按钮，如图 1-51 所示。

⊙ 图 1-51

步骤③ 为图像命名后按 Enter 键发送消息，也可以不输入内容，直接按 Enter 键发送消息，如图 1-52 所示。

⊙ 图 1-52

本地图像成功上传到服务器的界面显示如图 1-53 所示。

⊙ 图 1-53

步骤 ④ 在输入框中，用英文输入法输入“/”，选择“/imagine prompt”指令，然后单击并拖动已上传的图像至输入框中，图像自动转为链接，如图 1-54 所示。

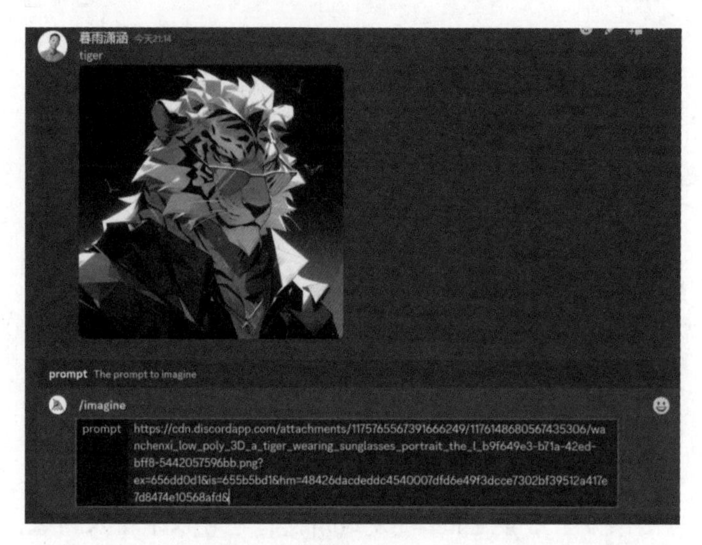

⊙ 图 1-54

步骤 ⑤ 在输入框中的图像链接后面，使用英文输入法输入一个空格，接着输入关键词“tiger, sunglasses”（老虎，墨镜），如图 1-55 所示。

⊙ 图 1-55

步骤 ⑥ 输入完成后，按 Enter 键发送消息，Midjourney 参考垫图的绘制风格、色彩搭配等生成的酷炫风格老虎图像如图 1-56 所示。

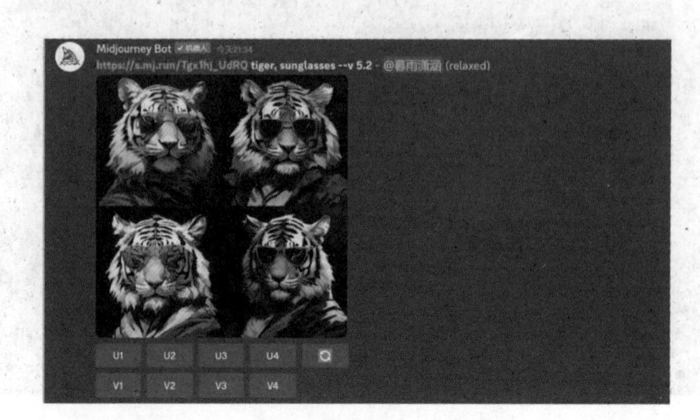

⊙ 图 1-56

步骤 7 更换图像，使用图 1-57 作为垫图参考，Midjourney 输出的图像效果如图 1-58 所示。在这组图像中，Midjourney 参考了垫图的坐姿形态，描绘出了老虎的身体和四肢。

⊙ 图 1-57

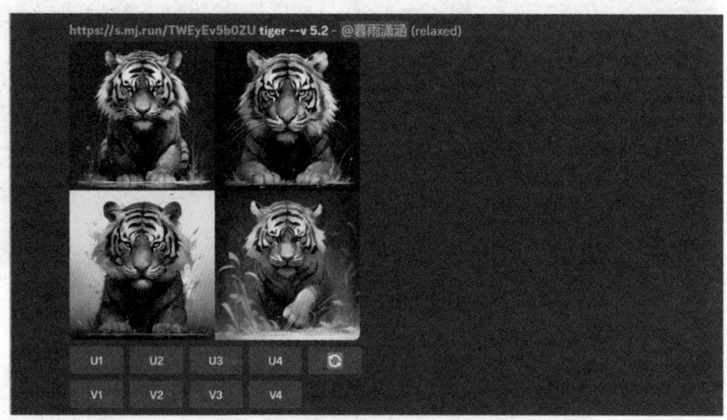

⊙ 图 1-58

步骤 8 再次更换图像，使用图 1-59 作为垫图参考，Midjourney 输出的偏可爱风格的老虎图像如图 1-60 所示。

⊙ 图 1-59

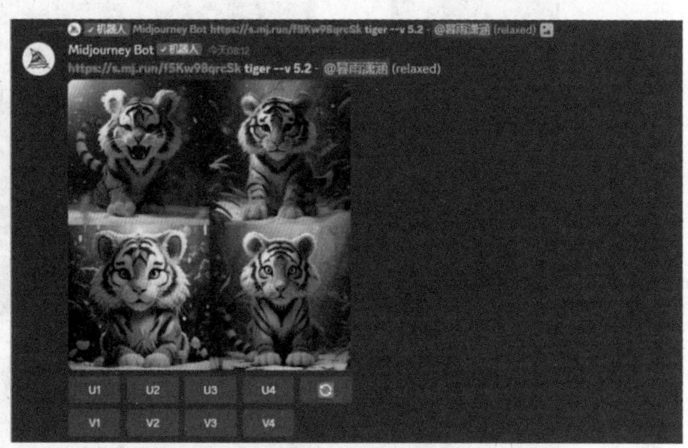

⊙ 图 1-60

3 图生文

在输入框中，用英文输入法输入“/”，选择“/describe”指令，如图 1-61 所示。将预先准备的图像上传到 image 图像框内，如图 1-62 所示，按 Enter 键发送消息。Midjourney 会自动解析上传的图像风格并生成 4 条描述语，如图 1-63 所示。

常用
/imagine
Create images with Midjourney
/settings
View and adjust your personal settings
/describe image
Writes a prompt based on your image
/info
View information about your profile
/blend
Blend images together seamlessly!
MIDJOURNEY BOT
/ask
Get an answer to a question
GIF

⊙ 图 1-61

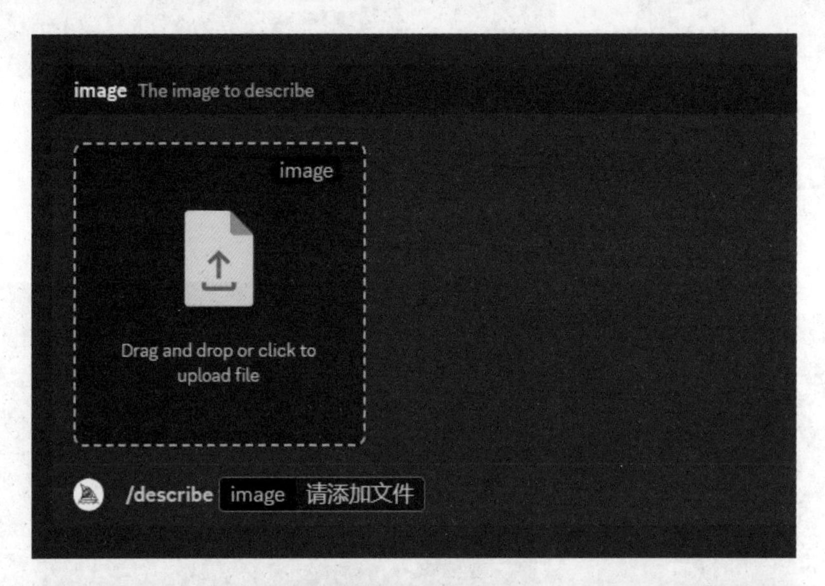
image The image to describe
image
Drag and drop or click to upload file
/describe image 请添加文件

image The image to describe
image: wanchenxi_an_imag...
/describe image wanchenxi_an_image_of_a_cactus_in_a_hat_in_t

⊙ 图 1-62

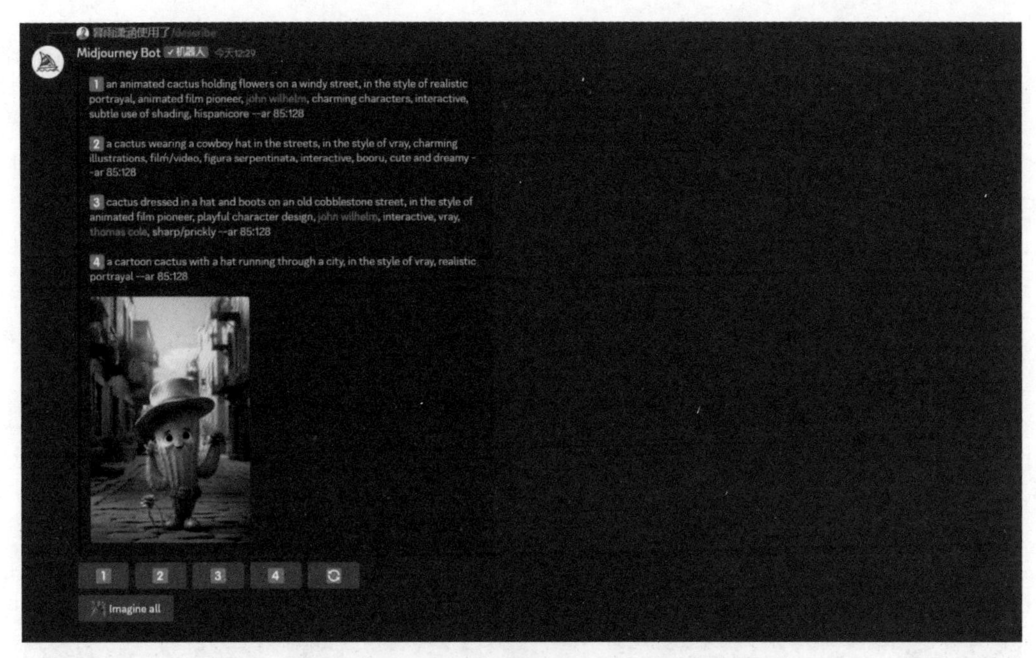

⊙ 图 1-63

单击图像下面的“1”“2”“3”“4”按钮，Midjourney 会自动提取对应数字序号的描述语，逐条生成新的图像。若还有剩余的快速时长，选择 Fast mode（快速模式）出图后，单击 Imagine all 按钮，Midjourney 会将 4 条描述语批量输出，如图 1-64 所示。

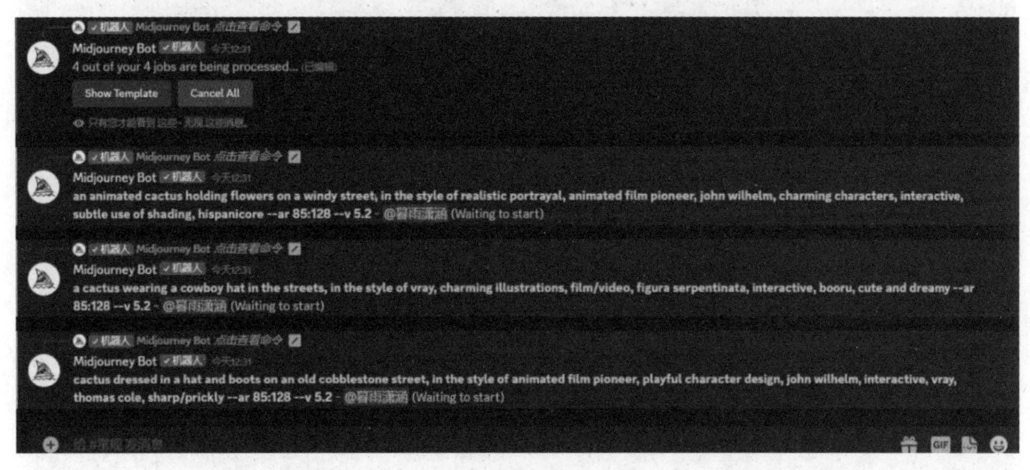

⊙ 图 1-64

若启用的是 Relax mode（放松模式）出图，单击 Imagine all 按钮后，系统会返回报错提示，无法在放松模式下提交批处理作业，如图 1-65 所示。

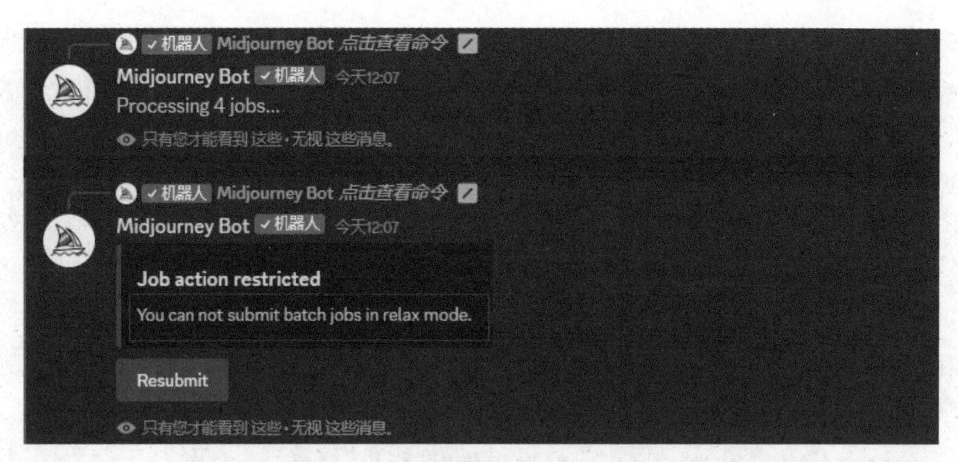

⊙ 图 1-65

以下是 Midjourney 分别提取 4 条描述语生成的 4 份作业结果，如图 1-66 所示。

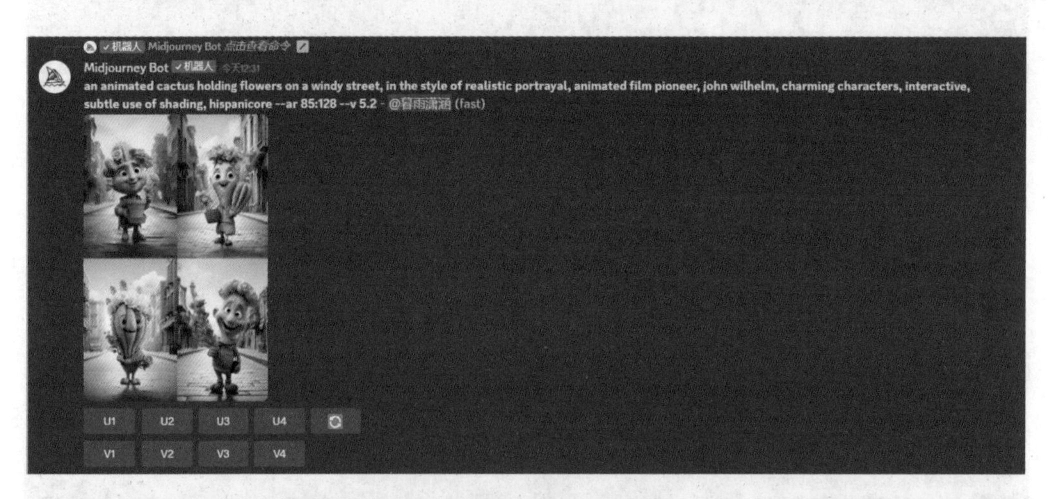

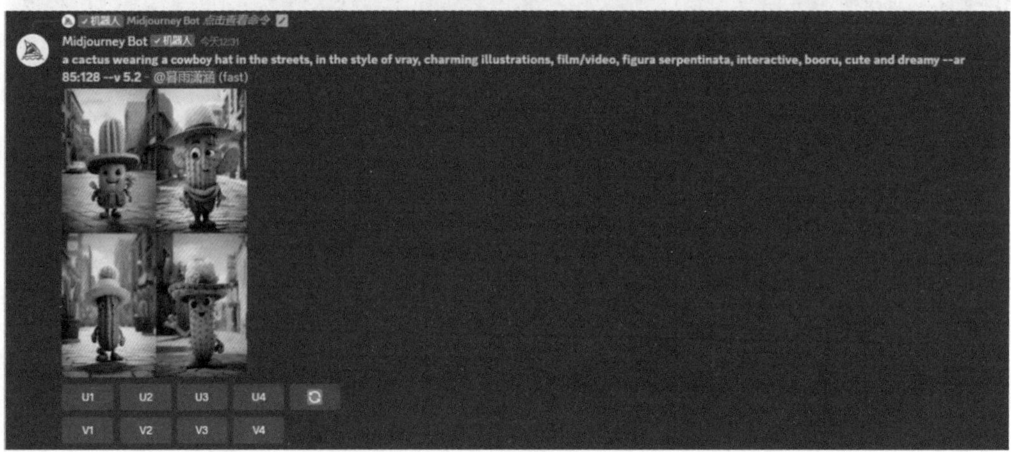

⊙ 图 1-66

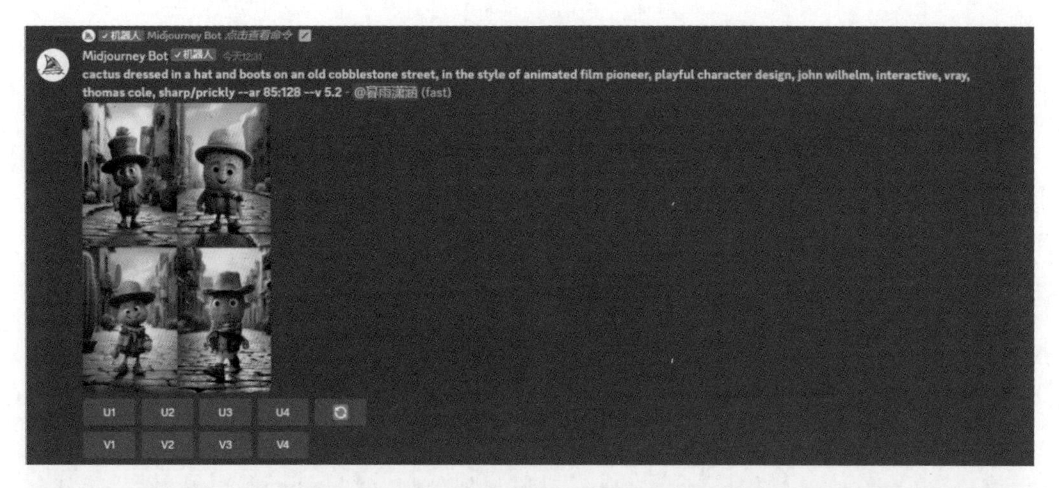

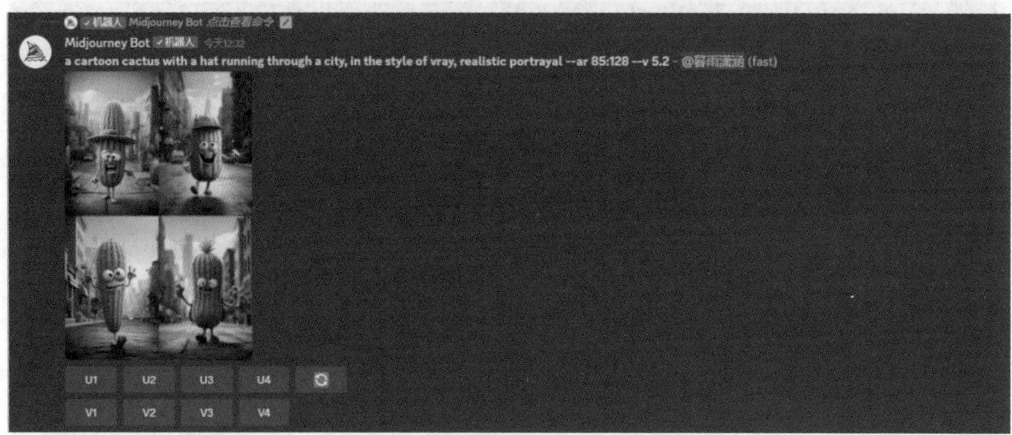

⊙ 图 1-66（续）

对比以上作业结果，我们认为使用 2 号描述语生成的图像风格与原图相似度较高，可以使用 2 号描述语做关键词的修改或描述内容的扩展。使用翻译器将 2 号描述语翻译成中文（见图 1-67）后，修改其关键词，把“cactus”（仙人掌）改为“owl”（猫头鹰），然后复制这段修改后的描述语“an owl wearing a cowboy hat in the streets, in the style of vray, charming illustrations, film/video, figura serpentinata, interactive, booru, cute and dreamy --ar 85:128”，单击图 1-63 下面的 2 号按钮，在弹出的描述框中，把这段描述语粘贴进去，单击“提交”按钮，如图 1-68 所示。Midjourney 生成的猫头鹰图像如图 1-69 所示。

⊙ 图 1-67

⊙ 图 1-68

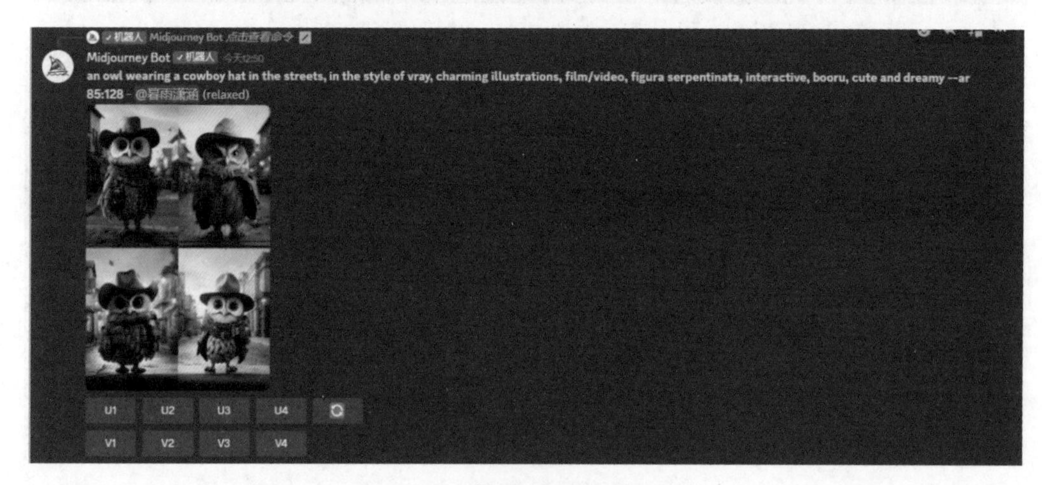

⊙ 图 1-69

继续替换关键词为“banana”（香蕉）和“caterpillar”（毛毛虫），Midjourney 输出的图像如图 1-70 所示。

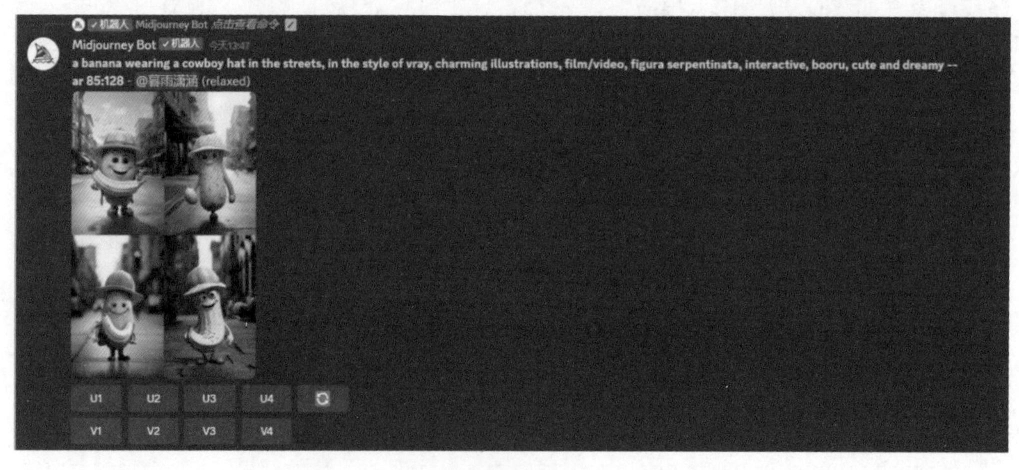

⊙ 图 1-70

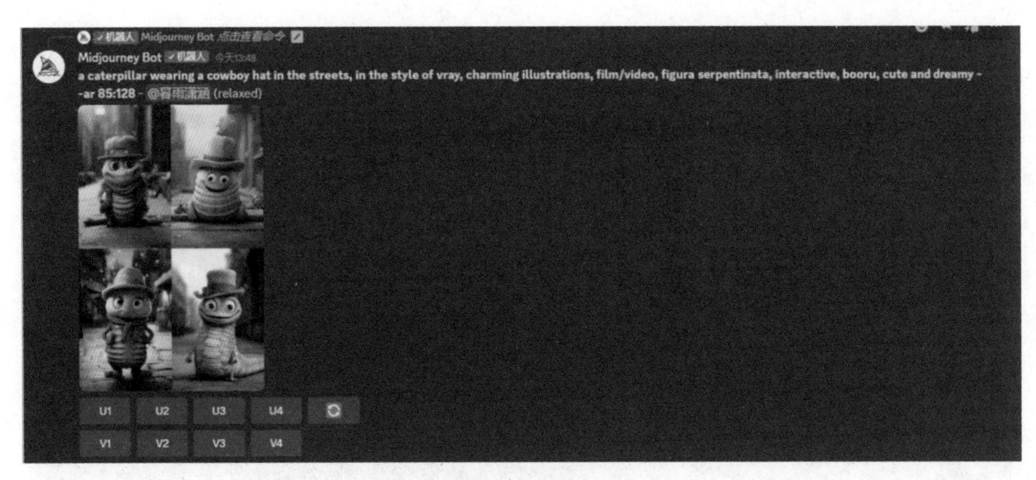

⊙ 图 1-70（续）

1.3 图像功能按钮介绍

通过输入描述语生成的网格图像，或者获取的单张图像下方都会出现很多不同的按钮，本节将对这些按钮的功能进行具体讲解。

1 Midjourney 生成的网格图像下的功能按钮

（1）U 按钮。

U（Upscaler）开头的 4 个按钮分别对应 4 张网格图像的单张放大并优化细节后的图像，如 U1 就是单张放大第一张图像，U2 就是单张放大第二张图像，以此类推，如图 1-71 所示。

⊙ 图 1-71

单击 U1 按钮，Midjourney 会把 1 号图像以单张图的形式返回给用户，如图 1-72 所示。接着单击图像，图像会被放大并在左下角显示文字“在浏览器中打开”，如图 1-73 所示。继续单击文字，浏览器会打开一个新的页面，如图 1-74 所示，在图像上单击鼠标右键，选择“图片另存为”选项，将图像保存到本地，也可以复制浏览器的链接（即图像地址）。

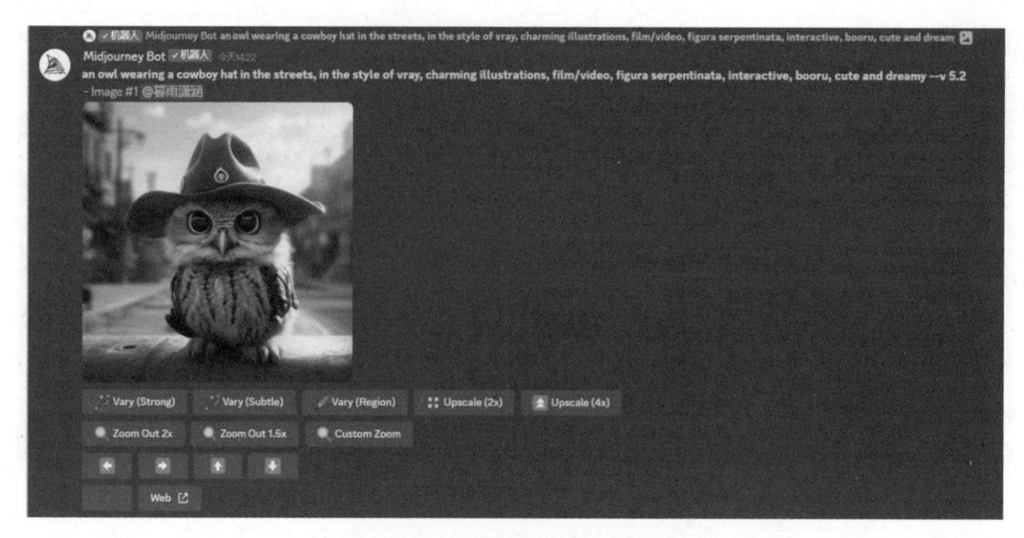

⊙ 图 1-72

⊙ 图 1-73

⊙ 图 1-74

（2）V 按钮。

V（Variations）开头的按钮用来创建与对应的网格图像风格、构图相似的新网格图像，相当于创建对应编号图像的变体风格图像。

单击 V4 按钮，系统提示等待为 4 号图像制作变体，如图 1-75 所示。稍等片刻后，Midjourney 生成的图像如图 1-76 所示。

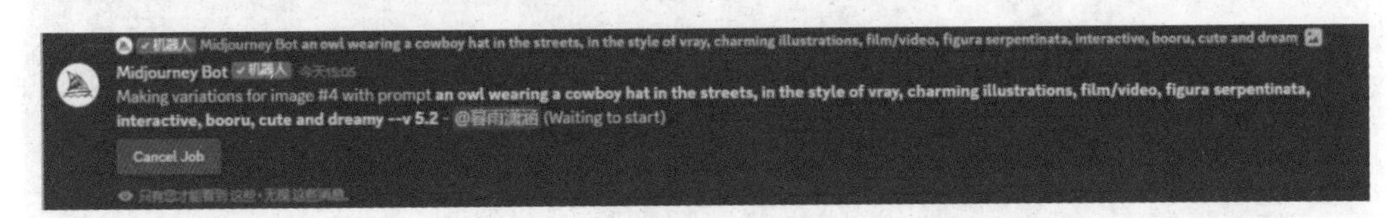

⊙ 图 1-75

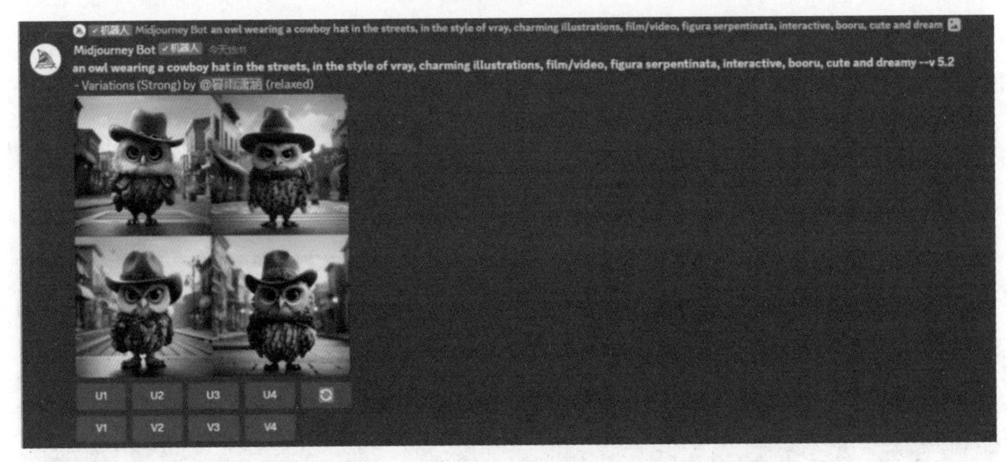

⊙ 图 1-76

若单击 V4 按钮后服务器提示“该交互失败”，如图 1-77 所示，是因为服务器此刻繁忙，需要耐心等待一段时间后重新单击。

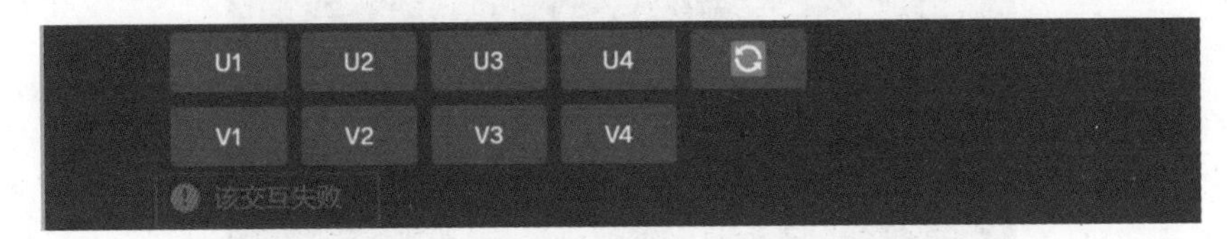

⊙ 图 1-77

（3）刷新按钮🔄。

U4 按钮右侧的🔄为刷新按钮，它的作用是使用原描述语重新运行一次作业，生成一组新的网格图像。单击刷新按钮后，Midjourney 生成的新一组猫头鹰图像如图 1-78 所示。可以多次单击此按钮，Midjourney 的每一次出图都会有差异。

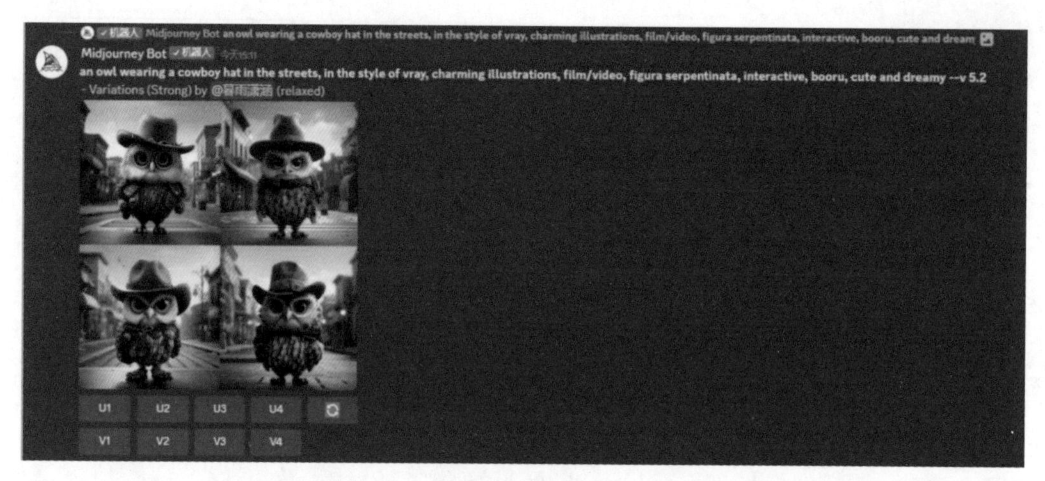

⊙ 图 1-78

可以通过“/settings”设置指令，选择激活“Remix mode”（混合模式），如图 1-79 所示。然后单击刷新按钮，系统就会出现提示语弹窗，此时可以对关键词进行细微调整，例如，将“in the streets”（在街上）改为“in the desert”（在沙漠中），如图 1-80 所示，单击“提交”按钮后，Midjourney 生成的图像如图 1-81 所示。

⊙ 图 1-79

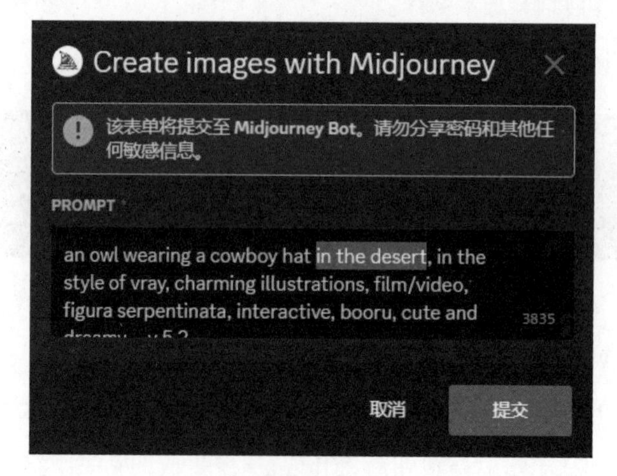

⊙ 图 1-80

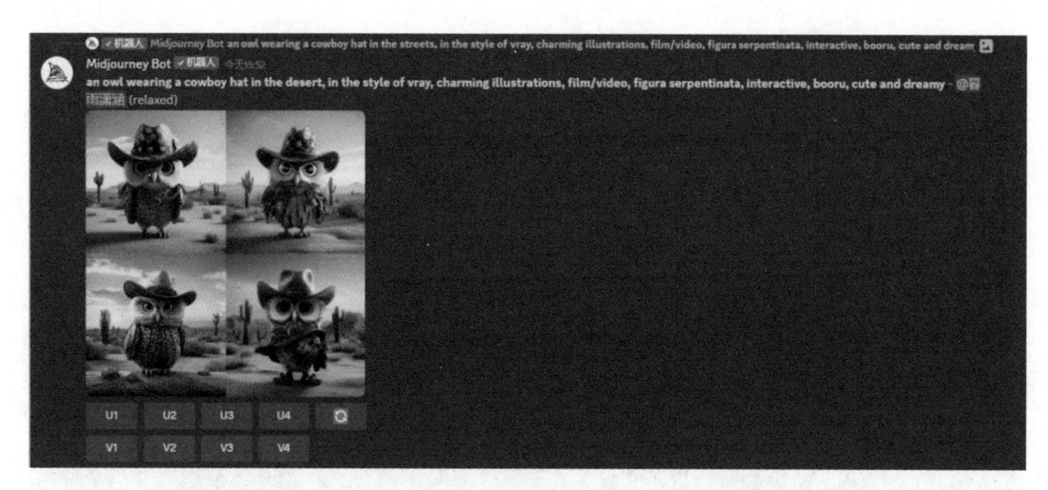

⊙ 图 1-81

2 单张图像下的功能按钮

（1）Vary（变化）按钮。

在网格图像中，使用 U 按钮获取所选图像后，图像下方出现新的功能按钮，如图 1-82 所示。以 Vary 开头的 3 个按钮分别对应 Vary (Strong)（强变化）、Vary (Subtle)（微妙变化）和 Vary (Region)（局部重绘）。

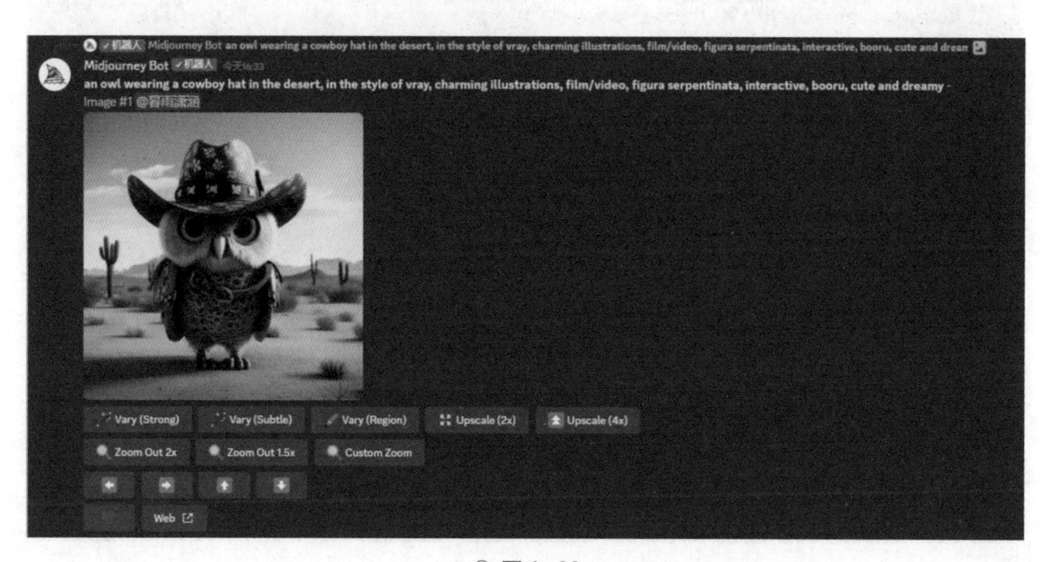

⊙ 图 1-82

单击 Vary(Strong)（强变化）按钮，新生成的一组网格图像在原图基础上有很大改变，包括身形、服饰、背景等，如图 1-83 所示。单击 Vary (Subtle)（微妙变化）按钮后生成的网格图像与原图基本一致，只在一些细微处做了改变，如图 1-84 所示。

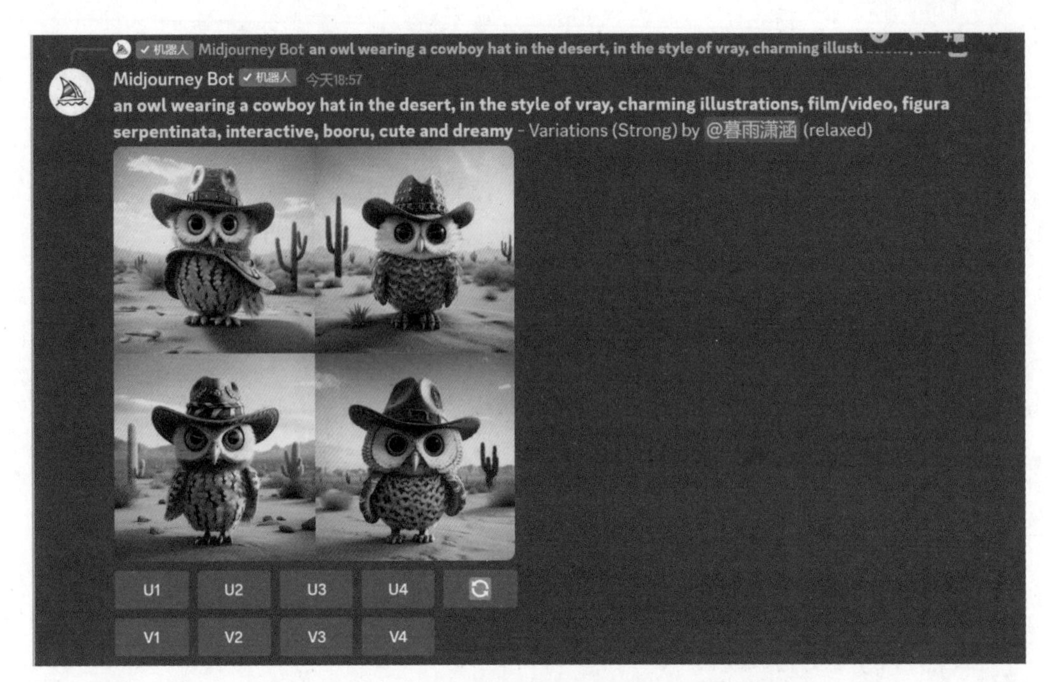

⊙ 图 1-83

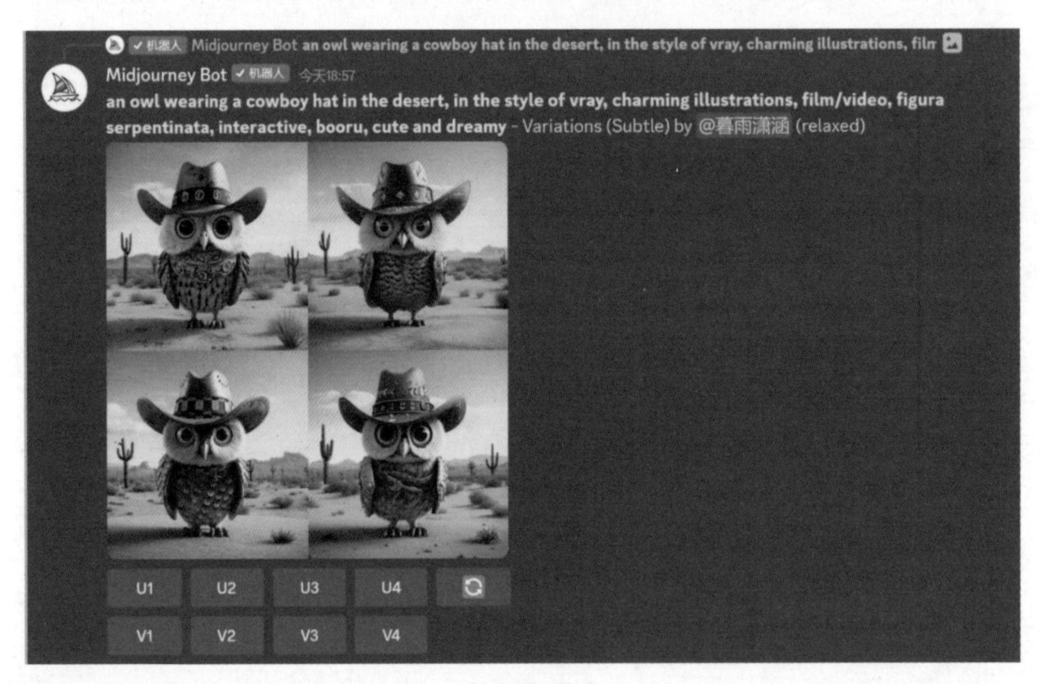

⊙ 图 1-84

单击 Vary (Region)（局部重绘）按钮后，Midjourney 弹出的界面如图 1-85 所示。使用左下角的框选工具或者套索工具在图像中绘制出需要重绘的区域，接着在输入框中输入重绘内容，最后单击确认重绘按钮即可。

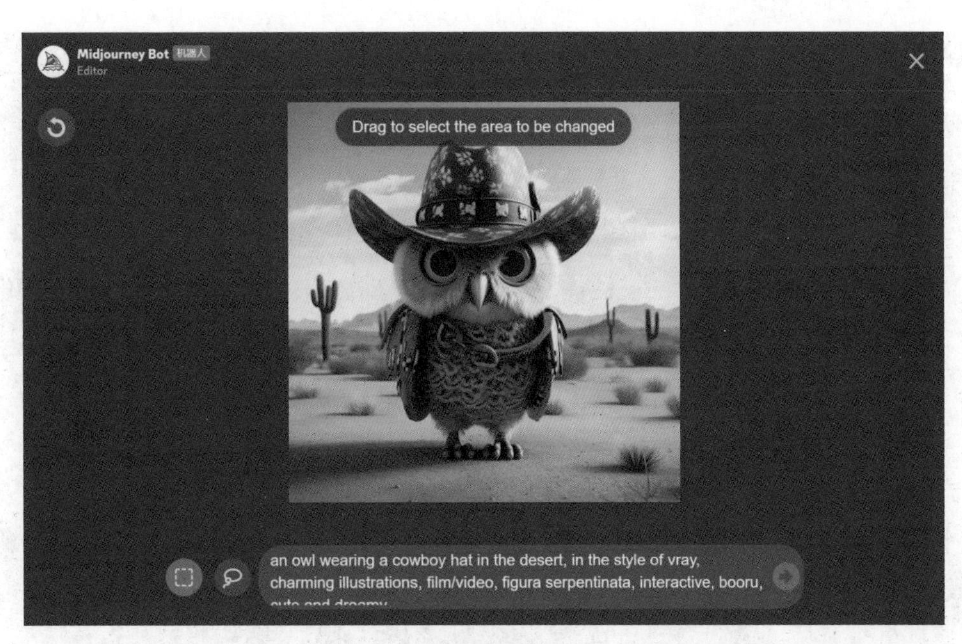

⊙ 图 1-85

使用框选工具在猫头鹰的胸部位置绘制矩形区域（见图 1-86）后，将原描述语中的“wearing a cowboy hat”（戴着牛仔帽）替换成“wearing metal punk necklace”（戴着金属朋克项链），操作完成后单击确认重绘按钮。假如绘制的区域有误，需要重新绘制，可以单击左上角的取消按钮。使用局部重绘功能后，Midjourney 输出的图像如图 1-87 所示。

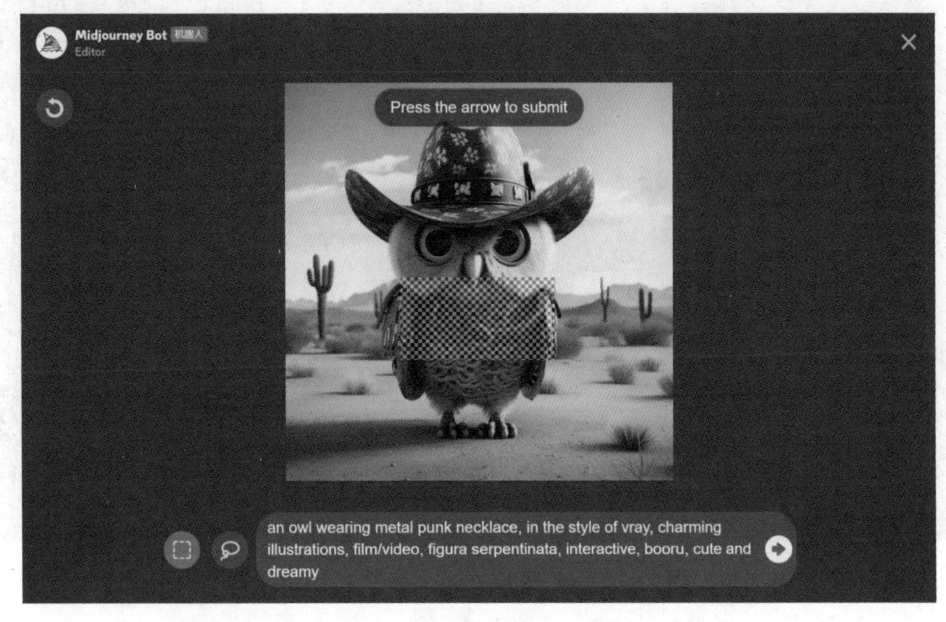

⊙ 图 1-86

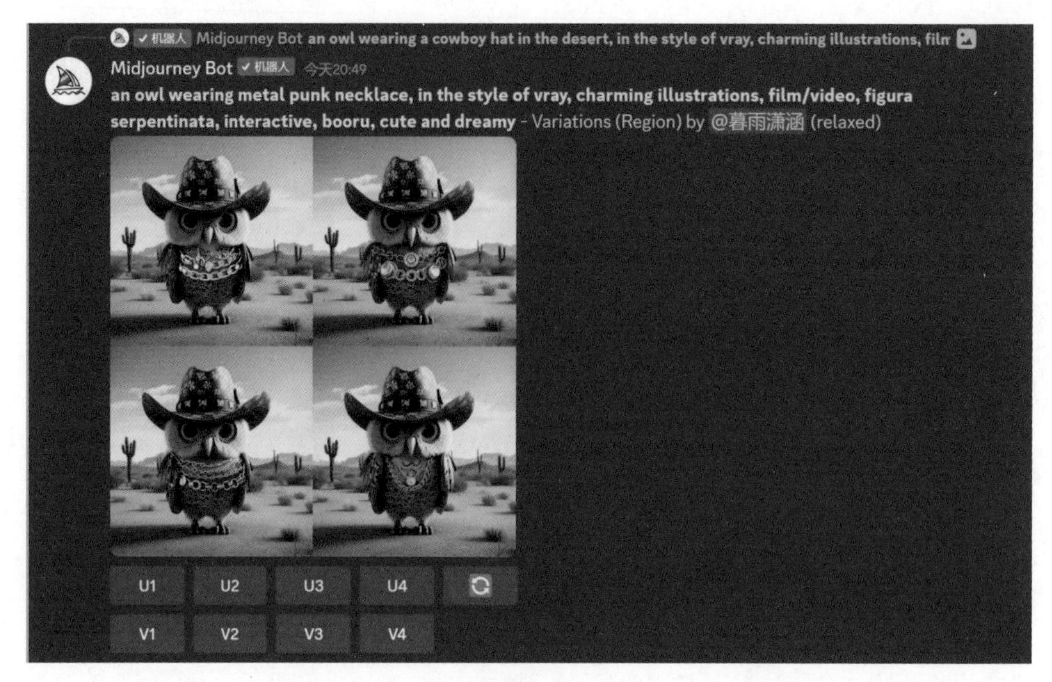

⊙ 图 1-87

若选择在眼部位置重绘，可将描述语修改成“wearing sunglasses”（戴着太阳镜），如图 1-88 所示。Midjourney 重绘的戴着太阳镜的猫头鹰图像如图 1-89 所示。

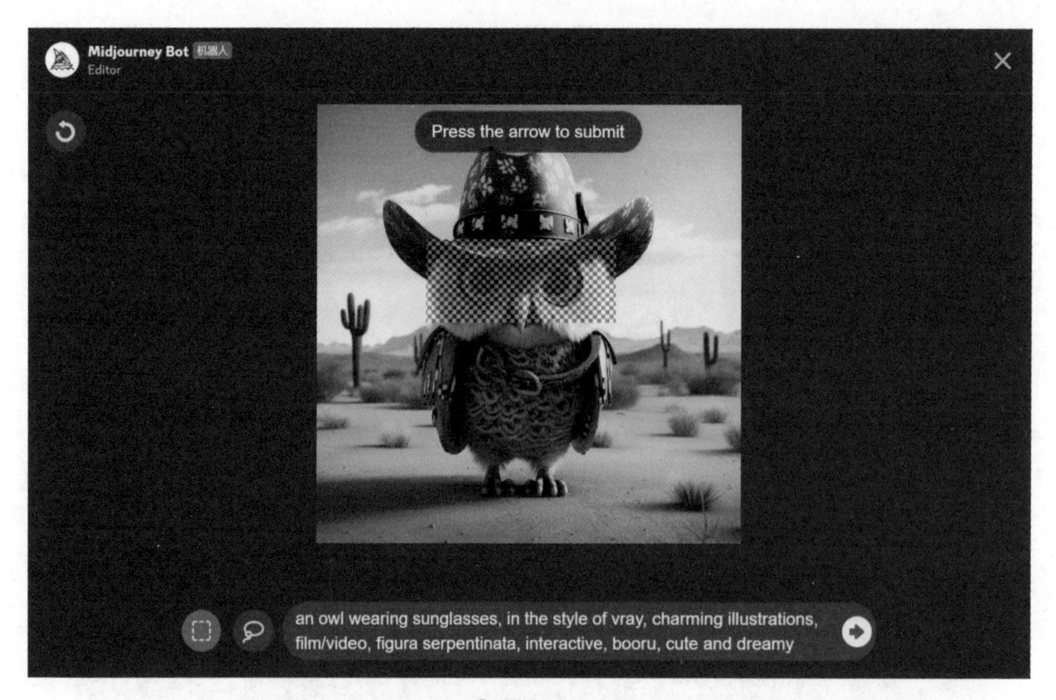

⊙ 图 1-88

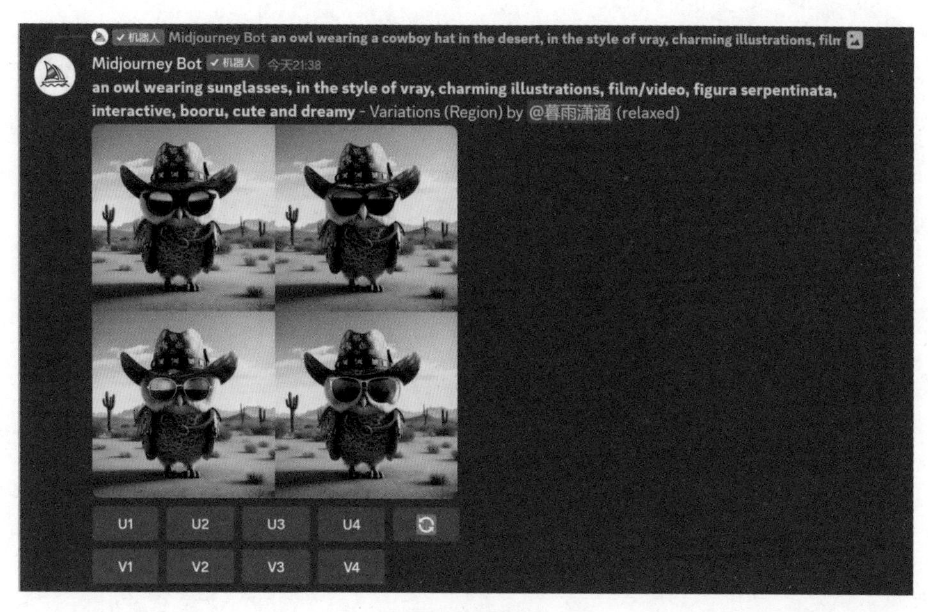

⊙ 图 1-89

（2）Upscale（放大）按钮。

Upscale 为图像放大按钮。单击 Upscale(2x) 按钮，Midjourney 返回的图像如图 1-90 所示，看似没有任何变化，我们需要在浏览器中打开才能获得更大的图像尺寸，如图 1-91 所示。通过图 1-92 可以看到放大 2 倍后的图像与原图的图像大小对比，原图宽度为 1024 像素，图像放大后的宽度为 2048 像素。同理，若单击 Upscale(4x) 按钮，则可以得到在原图基础上放大 4 倍的图像。

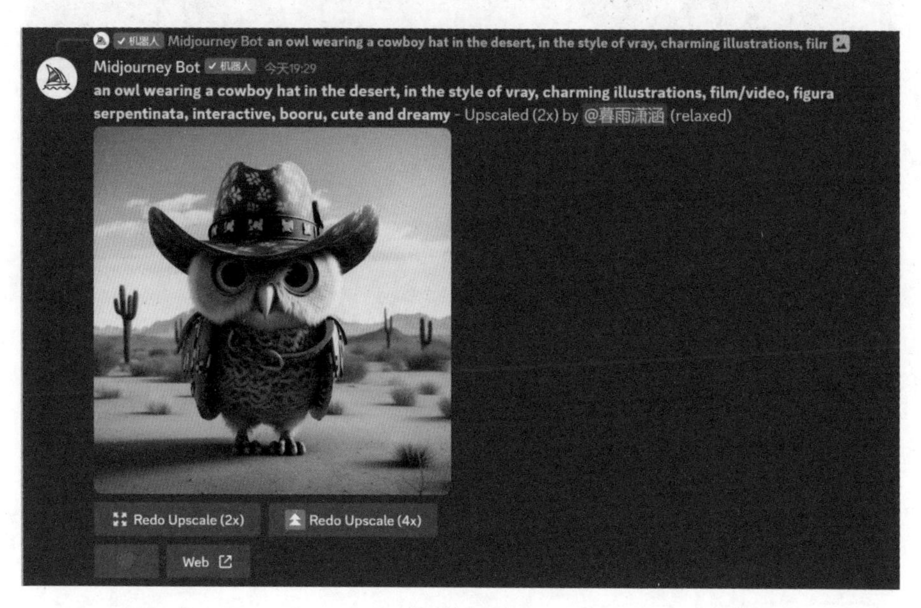

⊙ 图 1-90

⊙ 图 1-91

图像大小: 3.00M
尺寸: 1024 像素 × 1024 像素
调整为: 原稿大小
宽度(D): 1024
像素
高度(G): 1024
像素
分辨率(R): 72
像素/英寸
重新采样(S): 自动
确定
复位

图像大小: 12.0M
尺寸: 2048 像素 × 2048 像素
调整为: 原稿大小
宽度(D): 2048
像素
高度(G): 2048
像素
分辨率(R): 72
像素/英寸
重新采样(S): 自动
确定
取消

⊙ 图 1-92

（3）Zoom Out（拉远）按钮。

Zoom Out 2x 可以理解为将镜头拉远 2 倍去观看同一个画面，并在边缘处自动补齐场景，如图 1-93 所示。这里的主体元素因镜头拉远而缩小，但是整体的图像大小是不变的，如图 1-94 所示。若使用 Zoom Out 2x 的画面效果过于夸张，可以单击 Zoom Out 1.5x 按钮，使用较小数值的画面扩展，如图 1-95 所示。

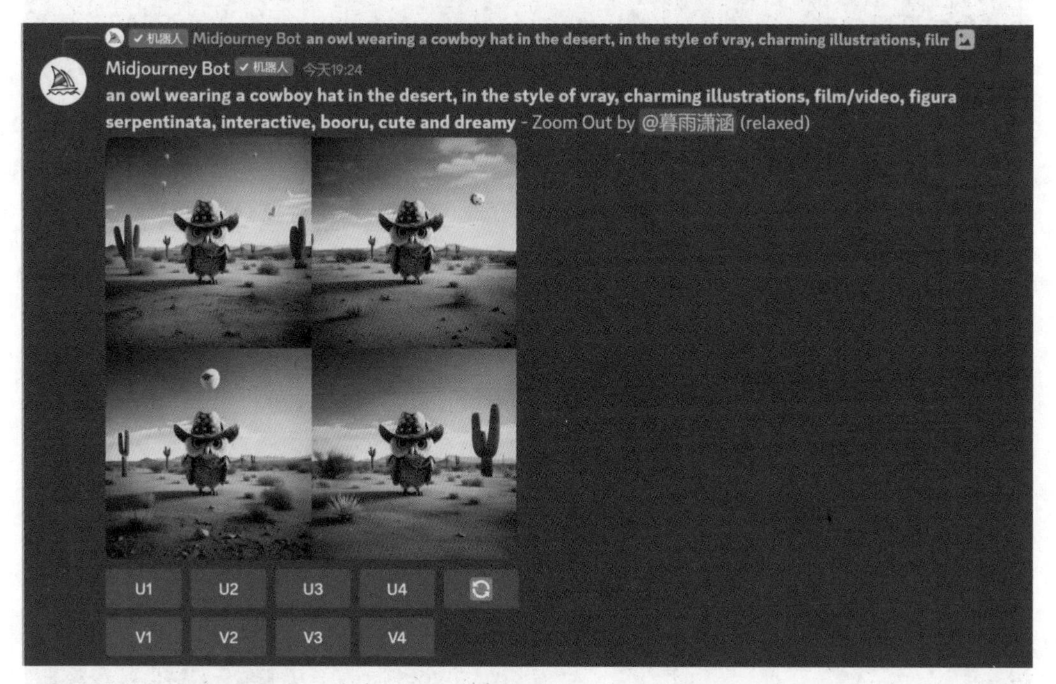

⊙ 图 1-93

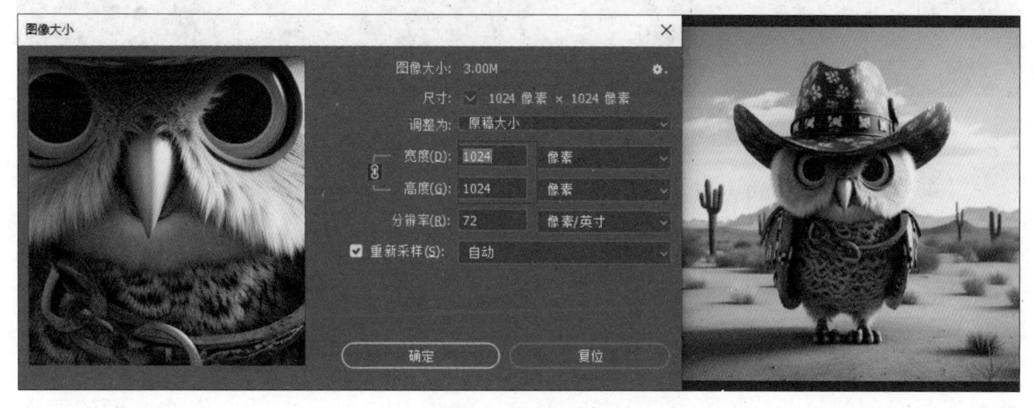

⊙ 图 1-94

⊙ 图 1-94（续）

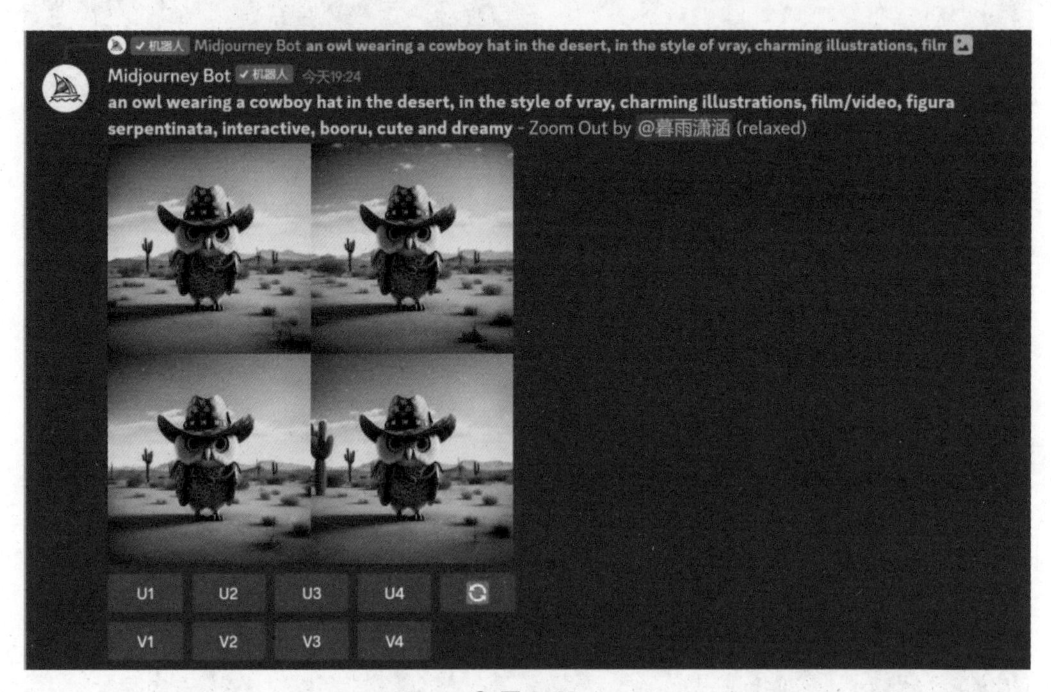

⊙ 图 1-95

（4）Custom Zoom（自定义变焦）按钮。

Custom Zoom 可以简单理解为自定义变焦，单击 Custom Zoom 按钮后，在弹出的界面中，可以修改描述语末尾“--ar”及“--zoom”的后缀参数值，这里我们将数值修改为“--ar 2:1 --zoom 2”，如图 1-96 所示。Midjourney 按照描述语执行作业，修改了画面比例并做了 2 倍的自动扩充补齐，如图 1-97 所示。“--ar”为画面的宽高比例，我们会在第 4 章中做详细介绍。“--zoom”参数值的区间为 1 ~ 2，超出该区间会出现报错提醒，如图 1-98 所示。

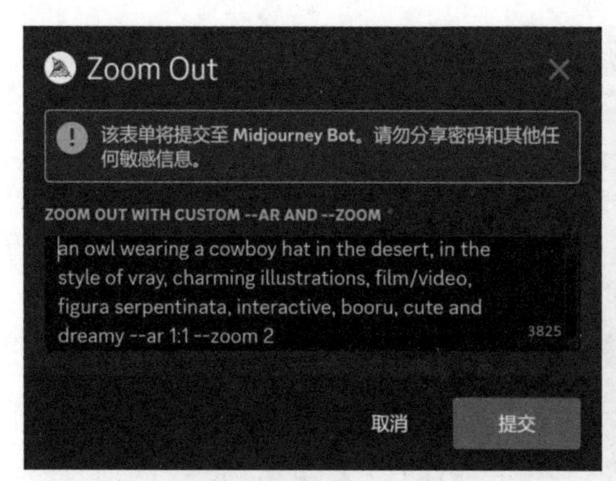

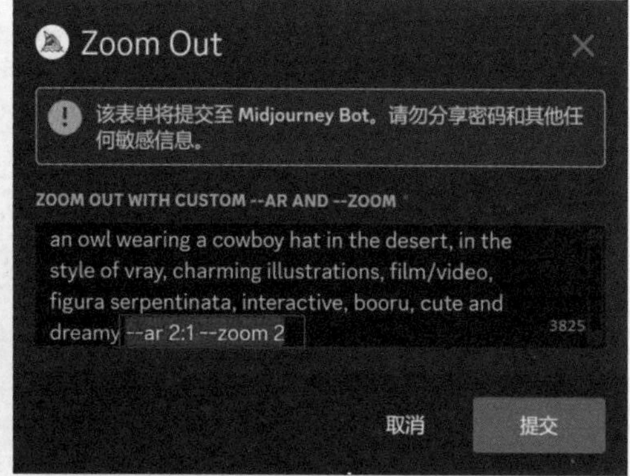

⊙ 图 1-96

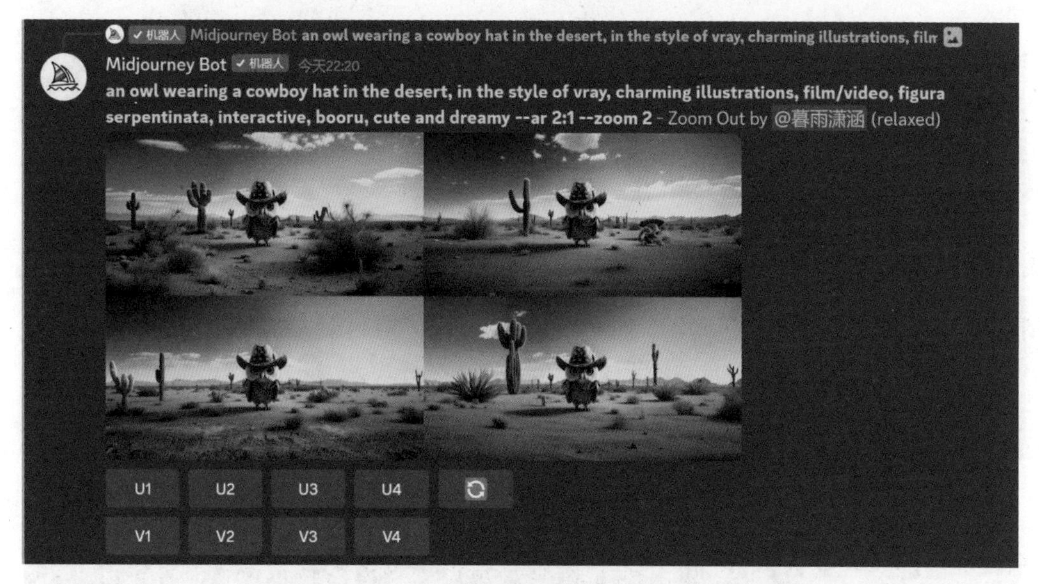

⊙ 图 1-97

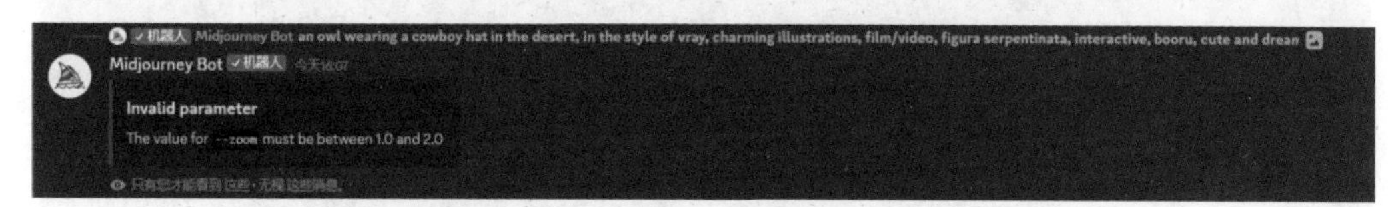

⊙ 图 1-98

（5）方向键按钮。

⬅ ➡ ⬆ ⬇ 4 个方向键分别代表向左、向右、向上和向下进行画面扩展，此操作会直接改变原图像比例。单击向左扩展按钮后的画面效果如图 1-99 所示。向右扩展的画面效果如图 1-100 所示。画面向上扩展也呈现了不错的效果，如图 1-101 所示。

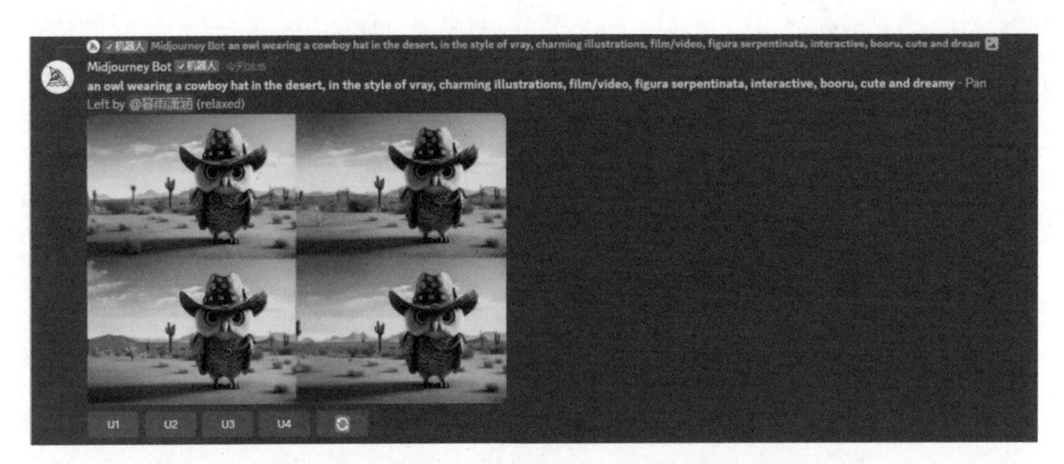

⊙ 图 1-99

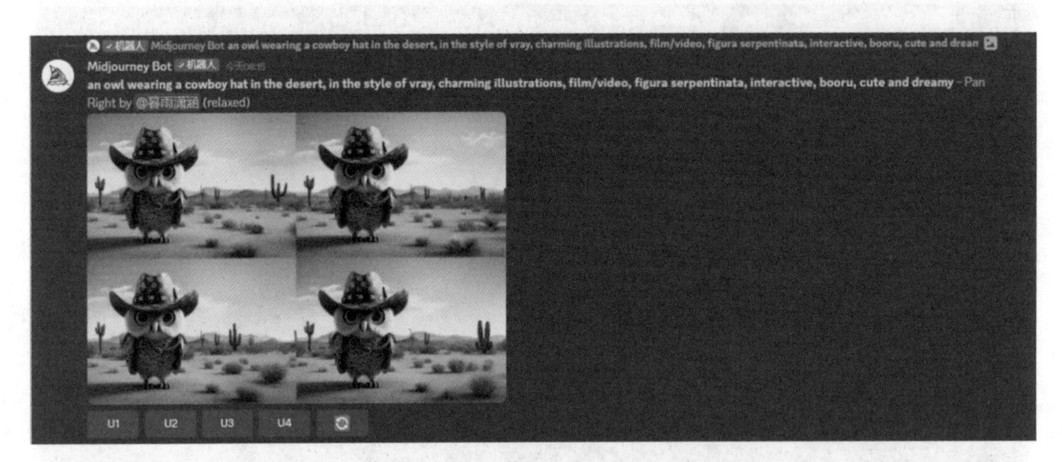

⊙ 图 1-100

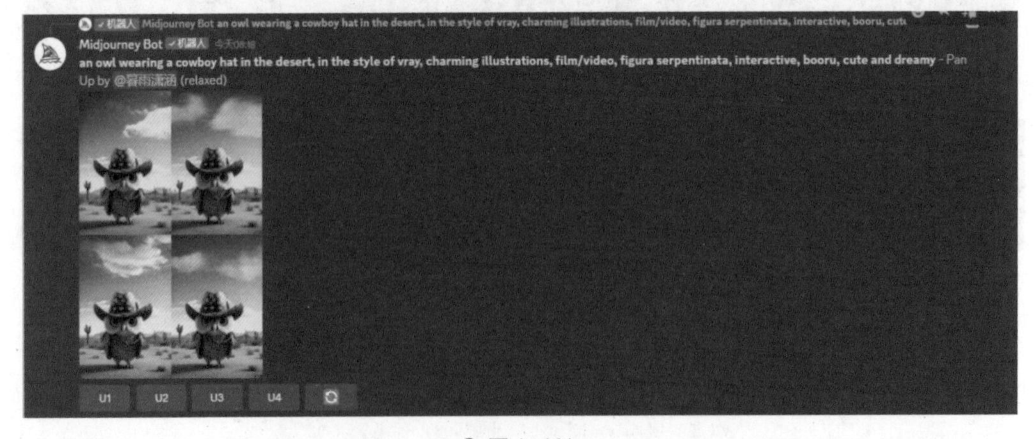

⊙ 图 1-101

而选择向下扩展的时候，Midjourney 进行画面补齐的效果并不理想，如图 1-102 所示。此时，需要打开“/settings”设置指令，激活 Remix mode（混合模式）后，重新向下扩展，在提示语弹窗中描述出需要补齐的画面内容，这里我们输入“Desert Scenery”（沙漠景观），如图 1-103 所示。最后，Midjourney 输出的画面如图 1-104 所示。

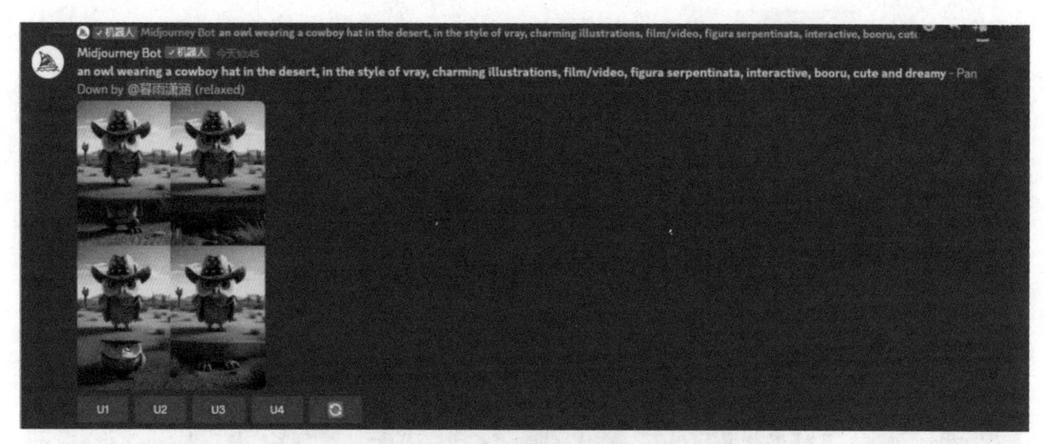

⊙ 图 1-102

⊙ 图 1-103

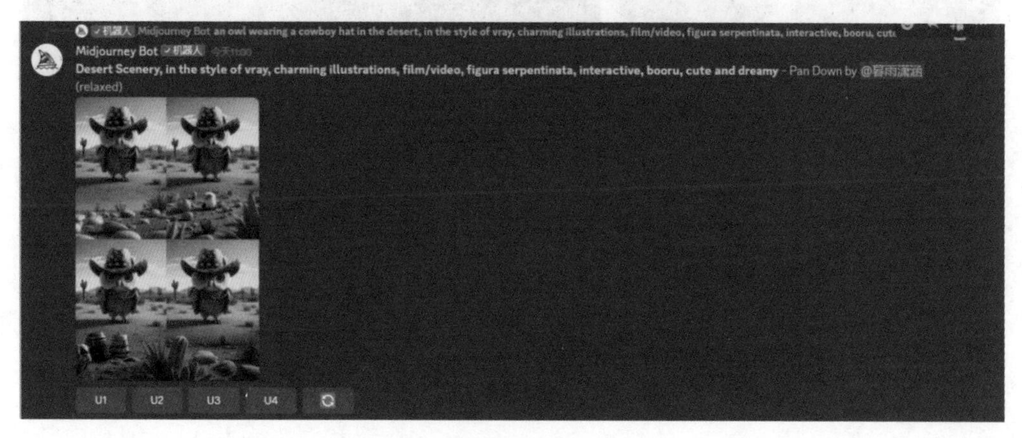

⊙ 图 1-104

（6）Make Square（制作方形）按钮。

在 Midjourney 生成的网格图像中，使用 U 按钮获取所选的单张图像后，若图像并非正方形，也就是图像宽高比非 1:1 的情况下，图像下方会多出一个 Make Square（制作方形）按钮 [Make Square]。单击此按钮后，Midjourney 会将图像扩展为方形。若原始图像为纵向，则画面进行左右扩展，如图 1-105 所示。若原始图像为横向，则画面进行上下扩展，如图 1-106 所示。

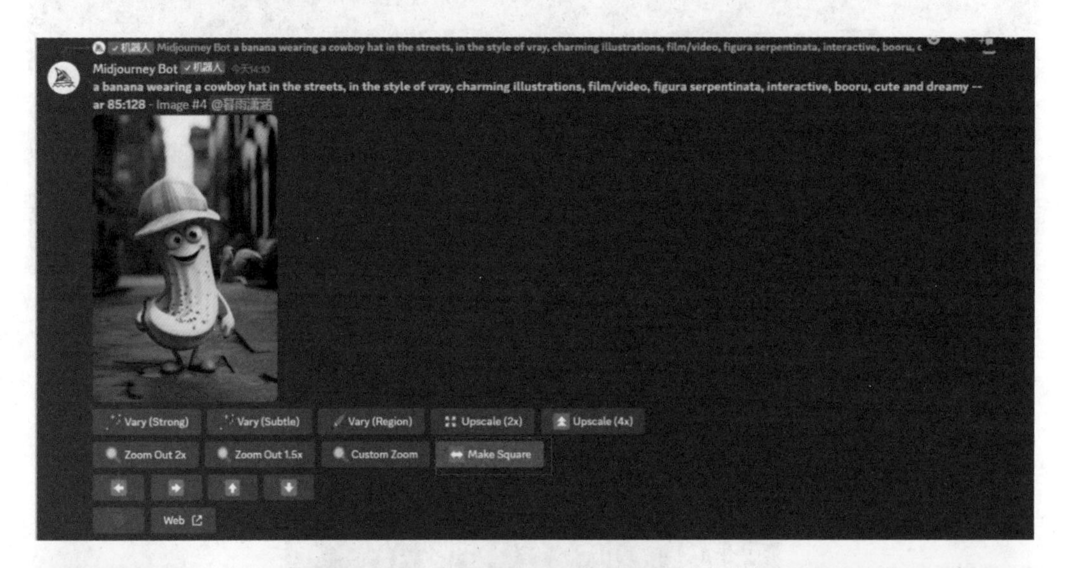

⊙ 图 1-105

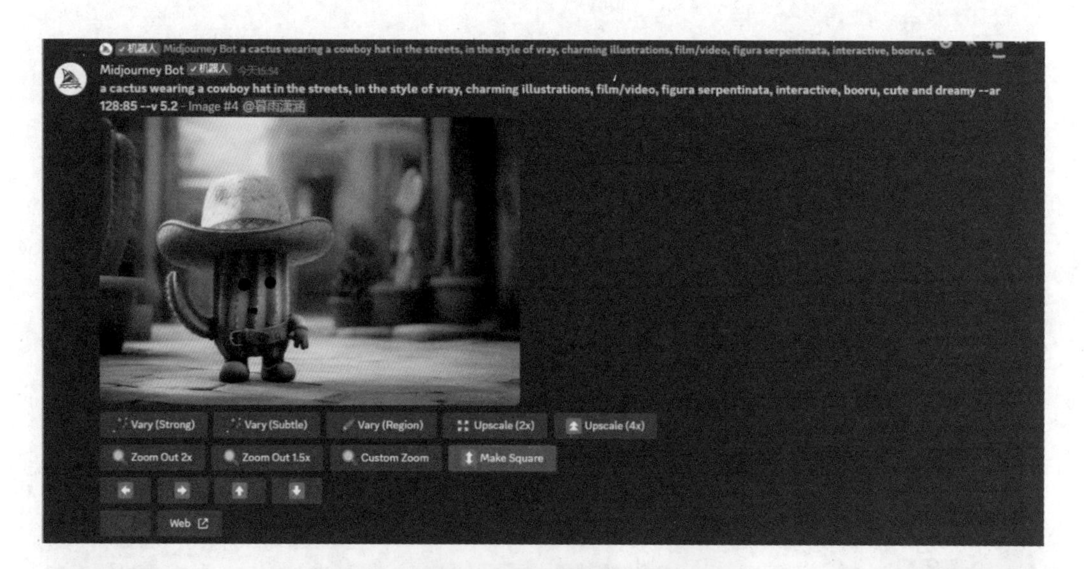

⊙ 图 1-106

本章其他拓展视频：

如何用中文玩 Midjourney

第2章 Midjourney基本指令

学习提示

本章具体介绍 Midjourney 的各种交互指令并提供操作示例，包括“/settings”（设置）指令中对于绘图模型版本的选择，风格化和变化参数预设，5.2 模型版本中新增黏性风格的使用说明，“/blend”（混合）指令中多图的混合效果，“/prefer”（偏好）指令组中自定义偏好后缀设置和清除方式，以及部分不常用指令，如帮助、提问、展示图像指令等。

扫码观看教学视频

settings 命令与 blend 命令

prefer 命令组

设置模式切换

2.1 交互指令——“/settings”（设置）

我们可以通过“/settings”（设置）指令选择模型版本，进行图像风格化及差异化的预设，或切换出图模式。

1 模型版本

Model V5.2 是写作本书使用的模型版本，如图 2-1 所示。随着版本的更新迭代，美学系统不断增强，Midjourney 在处理图像的色彩、细节、构图、清晰度等方面都会表现得越来越卓越，版本升级带来的功能、命令也会愈加丰富完善。

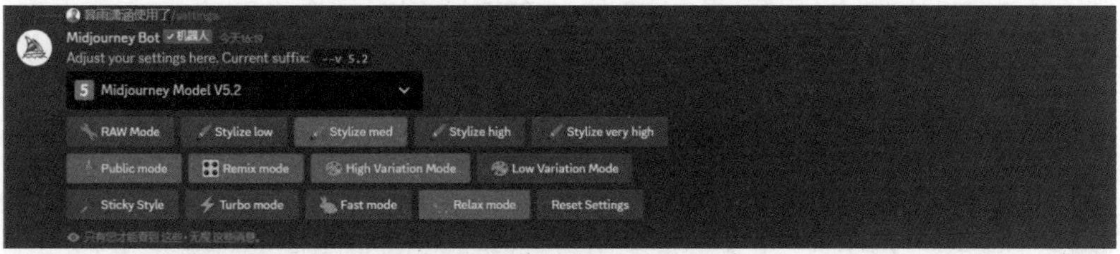

图 2-1

在输入框中，用英文输入法输入“/”，然后选择“/setting”指令，按 Enter 键即可打开设置界面。在图 2-2 所示的下拉菜单中，可以选择使用不同版本的模型。这里默认使用 Midjourney Model V5.2 版。

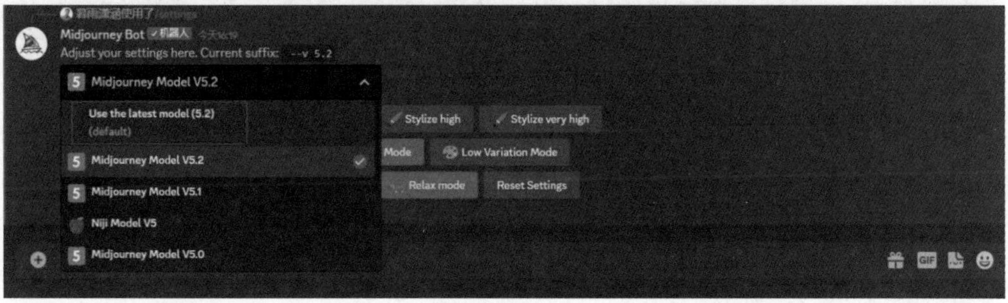

图 2-2

其中，Niji Model V5 是一个制作二次元风格图像的动漫模型版本，如图 2-3 所示。选择此模型版本后，Midjourney 会在描述语结尾处自动添加“--niji 5”后缀参数。

我们也可以在选择默认模型版本的情况下，通过在描述语末尾留一空格（英文输入法状态）后，手动输入“--niji 5”后缀调用此模型版本。

有关 Niji Model V5 模型下的 5 种模式风格，在第 4 章中会有详细阐述。

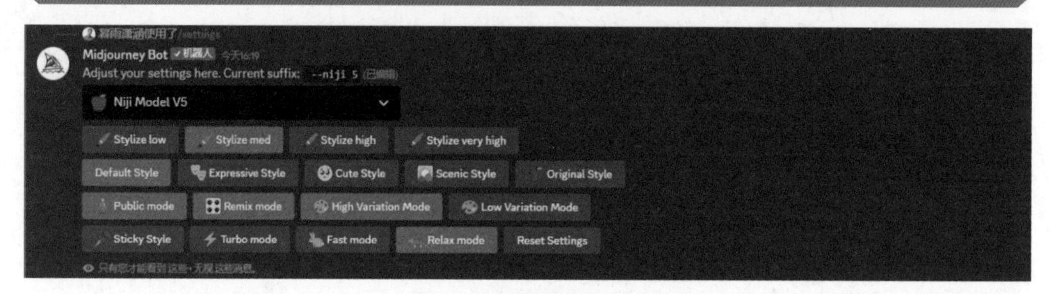

⊙ 图 2-3

选择 Niji Model V5 版本，在“/imagine prompt”指令后输入 tiger，按 Enter 键发送，Midjourney 生成的动漫图像如图 2-4 所示。

⊙ 图 2-4

选择默认版本 Midjourney Model V5.2，如图 2-5 所示，在 tiger 关键词后面留一空格（英文输入状态），手动输入后缀参数“--niji 5”，完整描述语为“tiger --niji 5”，接着按 Enter 键发送消息，如图 2-6 所示。Midjourney 同样会调取 Niji 模型生成动漫风格图像，如图 2-7 所示。

注意 “--niji”与“5”中间有空格。

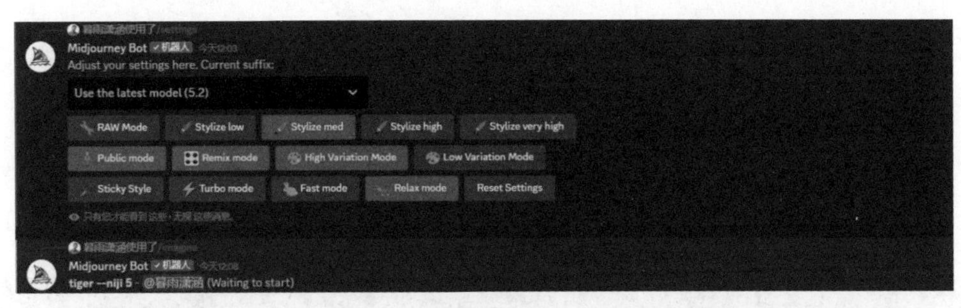

⊙ 图 2-5

⊙ 图 2-6

⊙ 图 2-7

使用一幅老虎图像（见图 2-8）作为参考垫图，Midjourney 在 Niji 模型下绘制的老虎如图 2-9 所示。因为垫图为动漫图像，所以使用 Niji 模型生成的图像与垫图相似度会更高。

⊙ 图 2-8

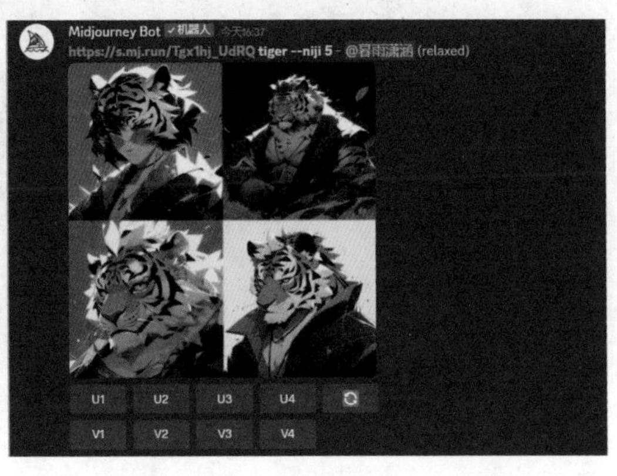

⊙ 图 2-9

2 RAW Mode（原始模式）

使用 RAW Mode（原始模式）生成的图像会更加写实。单击 RAW Mode 按钮，使其高亮显示，如图 2-10 所示，接着在提示语框中输入“tiger”（老虎），按 Enter 键发送消息，Midjourney 会自动在描述语后面添加后缀参数“--style raw”，如图 2-11 所示。

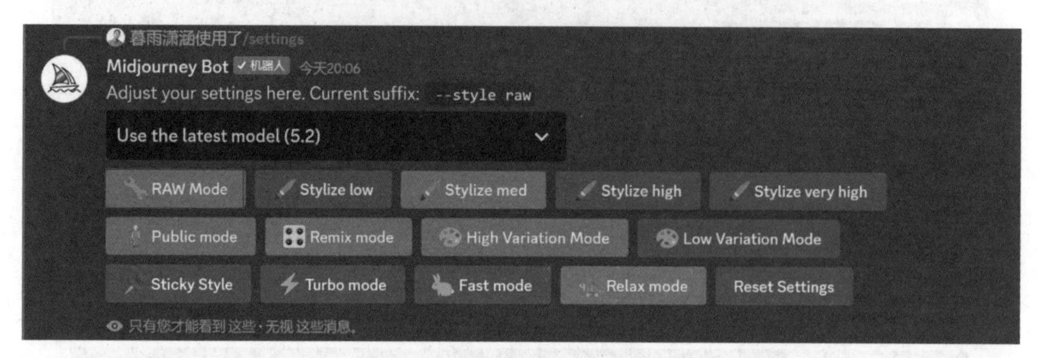

⊙ 图 2-10

⊙ 图 2-11

选择“RAW Mode”（原始模式）与未选择“RAW Mode”（原始模式）的图像对比如图 2-12 所示。

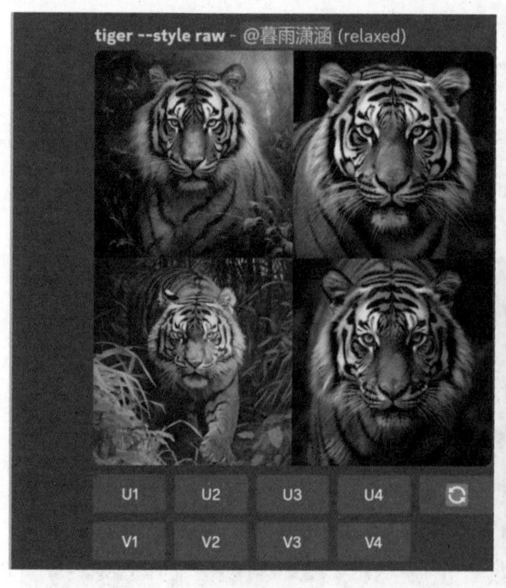

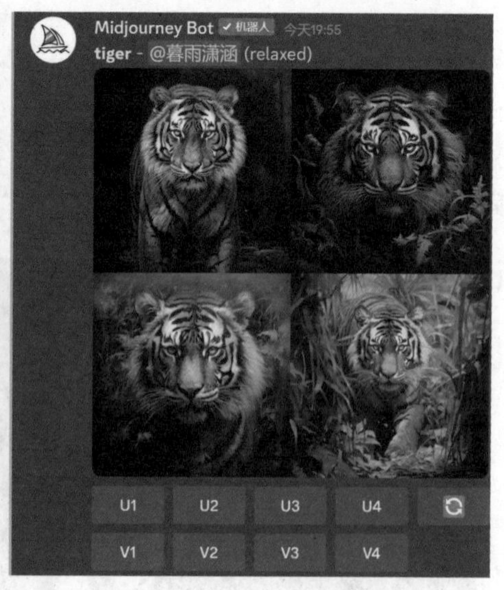

⊙ 图 2-12

若未选择“RAW Mode”（原始模式），在提示语框中输入“tiger”（老虎）后输入一个英文空格，接着输入后缀参数“--style raw”，也可以调用此模式，如图 2-13 所示。

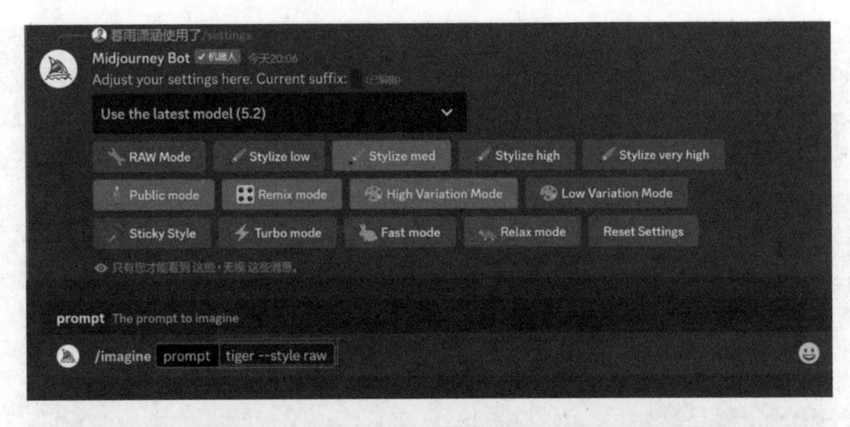

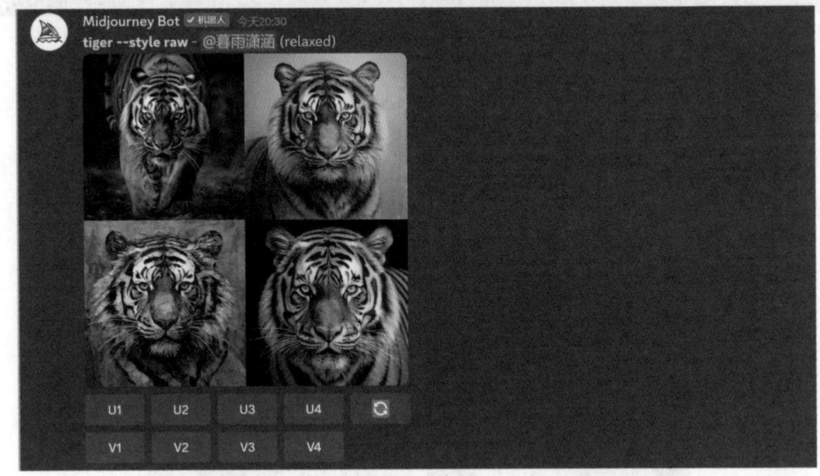

⊙ 图 2-13

3 Stylize（风格化）

以“Stylize”（风格化）开头的 4 个按钮，分别为 4 个不同的风格化等级设定，即“Stylize low”（低风格化）、“Stylize med”（中风格化）、“Stylize high”（高风格化）、“Stylize very high”（非常高风格化）。选择的等级越高，Midjourney 生成的图像艺术化程度就会越高。系统默认选择“Stylize med”（中风格化）。

我们选择“Stylize low”（低风格化），在提示语框中输入“a cute baby duck”（一只可爱的小鸭子），按 Enter 键发送消息后，Midjourney 自动在描述语后面添加了后缀参数“--s 50”，如图 2-14 所示。经过测试，我们得出“Stylize high”（高风格化）对应“--s 250”，“Stylize very high”（非常高风格化）对应“--s 750”，“Stylize med”（中风格化）对应“--s 100”，是风格化默认值，所以当选择“Stylize med”（中风格化）时，Midjourney 不会再添加后缀参数。

⊙ 图 2-14

对比不同的“Stylize”（风格化）选项的图像效果，如图 2-15 所示。“Stylize”（风格化）等级低的图像在主体以及背景方面都做了简化处理。“Stylize”（风格化）等级高的图像，其背景丰富，毛发质感更加细腻，光影更加真实。

⊙ 图 2-15

以“Bird’ s Nest on the Tree”（树上的鸟巢）为例，对比出图效果，如图 2-16 所示。“Stylize”（风格化）等级低的图像只能绘制出巢和蛋，与描述语更接近。使用高等级的“Stylize”（风格化）选项，Midjourney 输出的画面细节更多，内容更丰富。

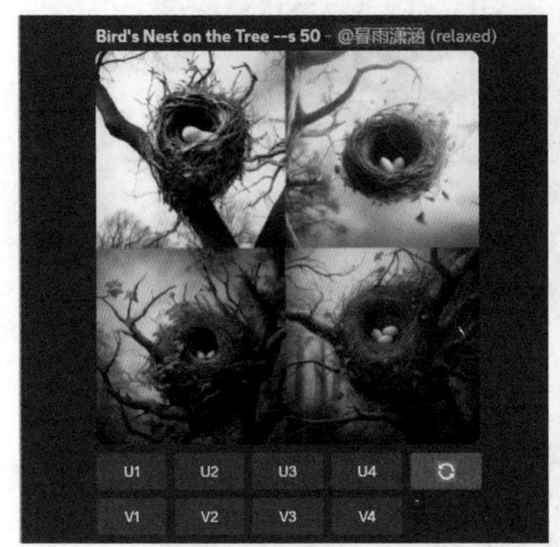

⊙ 图 2-16

4 Public mode（公开模式）

“Public mode”（公开模式）为默认选中项，对应的是只有高级订阅会员（专业计划 Pro Plan 及以上）才享有的“Stealth mode”（隐私模式）。

打开“Public mode”（公开模式）意味着我们的图像在 Midjourney 网站上将被其他人看到。若尝试取消该模式，系统会发送升级订阅的提示消息，如图 2-17 所示。假设我们已享有隐私模式权限，则可以通过“/stealth”指令快速切换。

⊙ 图 2-17

5 Remix mode（混合模式）

使用“Remix mode”（混合模式）可以激活提示语弹窗，实现对描述语的二次修改，达到微调画面的目的。以描述语“A rabbit wearing pajamas”（一只穿着睡衣的兔子）生成的图 2-18 为例，未选中“Remix mode”（混合模式）时，单击图像下方的 V3 按钮，Midjourney 会直接输出一组 3 号图像风格的新变体图像，如图 2-19 所示。

⊙ 图 2-18

⊙ 图 2-19

现在使用“/settings”指令，单击 Remix mode （混合模式）按钮，使其呈高亮选中状态，如图 2-20 所示。接着单击图 2-18 中的 V3 按钮，此时便会出现提示语弹窗，我们可以修改关键词来调整画面细节，例如，加入关键词“pink”（粉色），如图 2-21 所示，Midjourney 使用新的描述语“A rabbit wearing pink pajamas”（一只穿着粉色睡衣的兔子），并延续 3 号图像风格输出一组新变体图像，如图 2-22 所示。

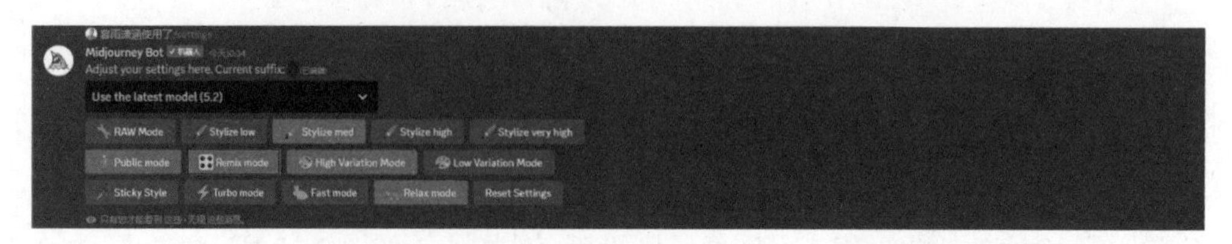

⊙ 图 2-20

⊙ 图 2-21

⊙ 图 2-22

单击图 2-18 中的 U3 按钮，获取 3 号图像后，单击图像下方的 Vary (Strong)（强变化）功能按钮，如图 2-23 所示。

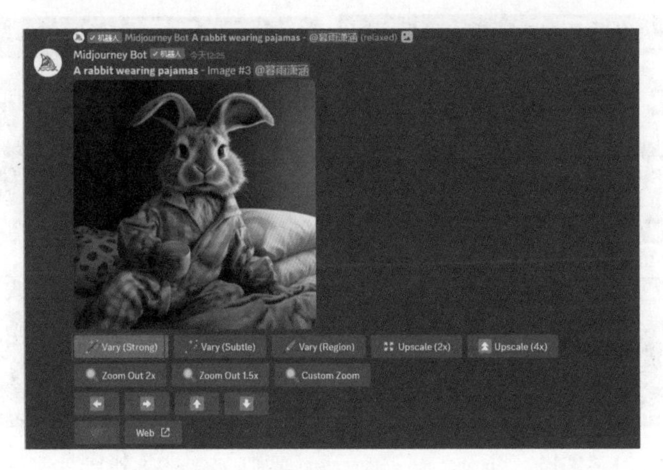

⊙ 图 2-23

在提示语弹窗中，将描述语修改为“A polar bear wearing pajamas”（一只穿着睡衣的北极熊），如图 2-24 所示。Midjourney 输出的图像如图 2-25 所示。也可以通过“/prefer remix”指令开启或关闭 Remix mode（混合模式）。

⊙ 图 2-24

⊙ 图 2-25

6 Variation Mode（变化模式）

“High Variation Mode”（高变化模式）和“Low Variation Mode”（低变化模式）是通过提示语生成的一组四格图像之间的差异程度。我们通过示例查看两者的区别。

使用描述语“cute baby ducks”（可爱的小鸭子），Midjourney 生成的图像如图 2-26 所示。选择“High Variation Mode”（高变化模式）生成的四格图像在画面布局、镜头角度、主体形象上的差异较大。相反，选择“Low Variation Mode”（低变化模式）的四格图像看起来更统一。

高变化模式

低变化模式

⊙ 图 2-26

输入“sunflowers”（向日葵），选择“High Variation Mode”（高变化模式），呈现出的四格图像绘图风格差异大，如图 2-27 所示。选择“Low Variation Mode”（低变化模式）则图像相似度较高，如图 2-28 所示。

⊙ 图 2-27

⊙ 图 2-28

通过输入“/prefer variability”指令可以实现高低变化模式的快速切换，详见 2.3 节。

7 Sticky Style（黏性风格）

激活“Sticky Style”（黏性风格）按钮后，Midjourney 会将上一次使用过的“--style”参数自动添加在描述后缀中。再次单击该按钮，取消选择，则按钮功能失效，应用示例如下。

步骤 ① 单击 Sticky Style （黏性风格）按钮，使其高亮显示，如图 2-29 所示。

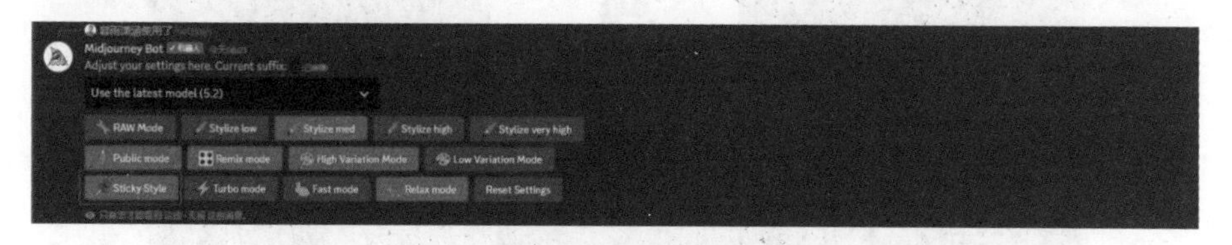

⊙ 图 2-29

步骤 ② 通过“/tune”指令获取“--style”参数，运行“White Swan with Crown --style raw-3fqZ5mQiREs”这段描述语生成的图像如图 2-30 所示。

⊙ 图 2-30

步骤 ③ 在"/imagine prompt"输入框中输入任意内容的描述语，如输入"A black swan wearing a crown"（一只戴着王冠的黑天鹅），按 Enter 键发送消息后，Midjourney 自动在描述语末尾添加"--style raw-3fqZ5mQiREs"后缀参数以输出类似风格的新图像，如图 2-31 所示。

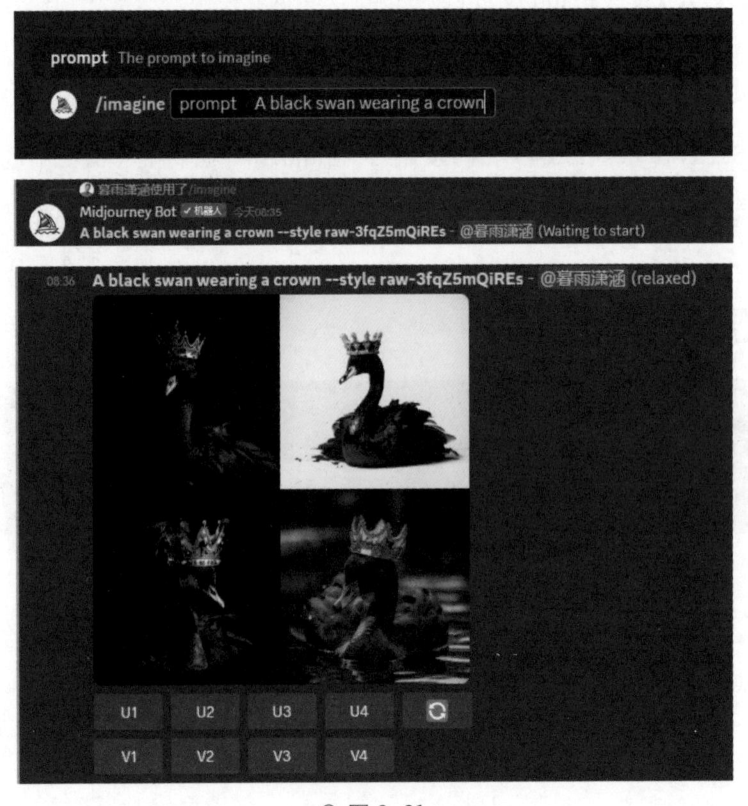

⊙ 图 2-31

继续使用“Sticky Style”（黏性风格），分别测试“A White Fox wearing a crown”（一只戴着王冠的白狐狸）和“A tiger wearing a crown”（一只戴着王冠的老虎）生成的两组图像效果，如图 2-32 所示。

⊙ 图 2-32

通过“/tune”指令获取“--style”参数的操作步骤如下。

步骤 ① 在输入框中，用英文输入法输入“/”，然后选择“/tune”指令，输入描述语“White Swan with Crown”（一只戴着王冠的白天鹅），按 Enter 键发送消息，如图 2-33 所示。

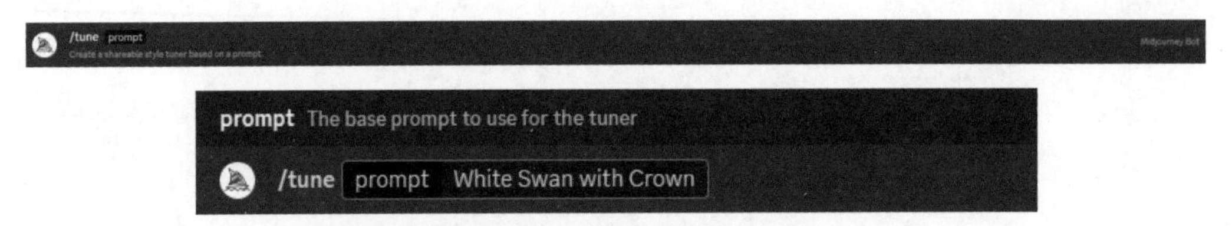

⊙ 图 2-33

步骤② 系统返回的消息界面如图2-34所示。在第一个下拉菜单中选择样式数量，在第二个下拉菜单中可以选择模型风格，如图2-35所示。然后单击Submit（提交）按钮，之后会要求用户再次确认并提示此操作会消耗GPU快速时长，如图2-36所示。

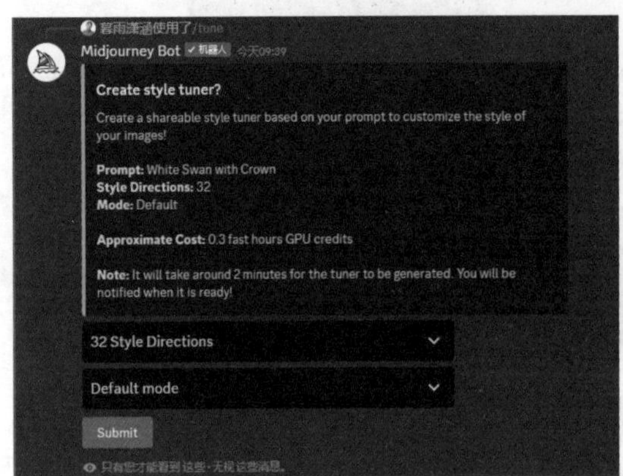

⊙ 图 2-34

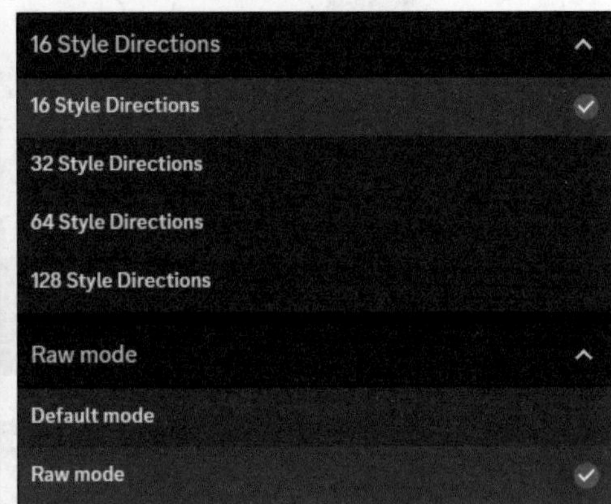

⊙ 图 2-35

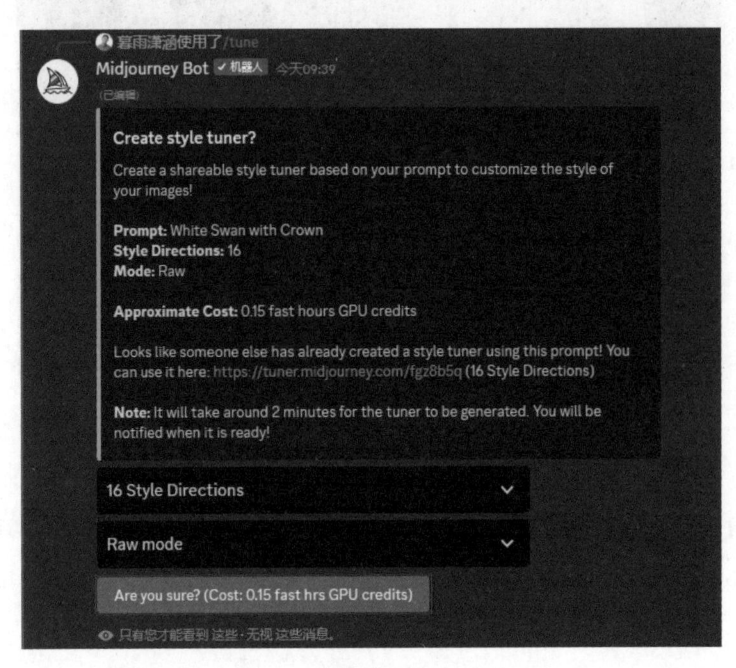

⊙ 图 2-36

步骤③顺利发送消息后，系统会提示作业正在处理，我们需要等待一段时间。Midjourney 会在作业完成后，再次发送一条带有链接的消息提示，如图 2-37 所示。单击链接将会跳转到新的页面，如图 2-38 所示。

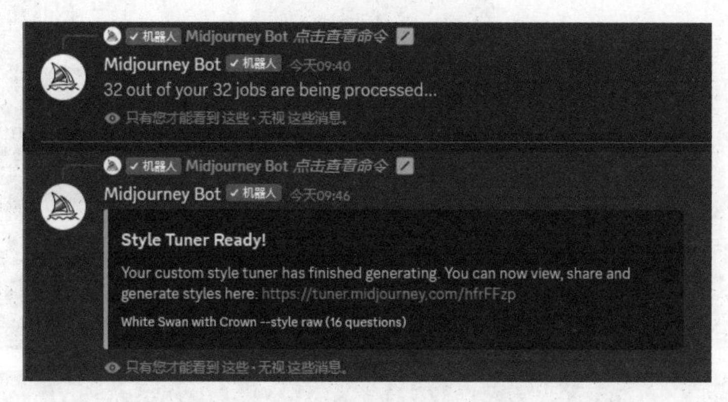

⊙ 图 2-37

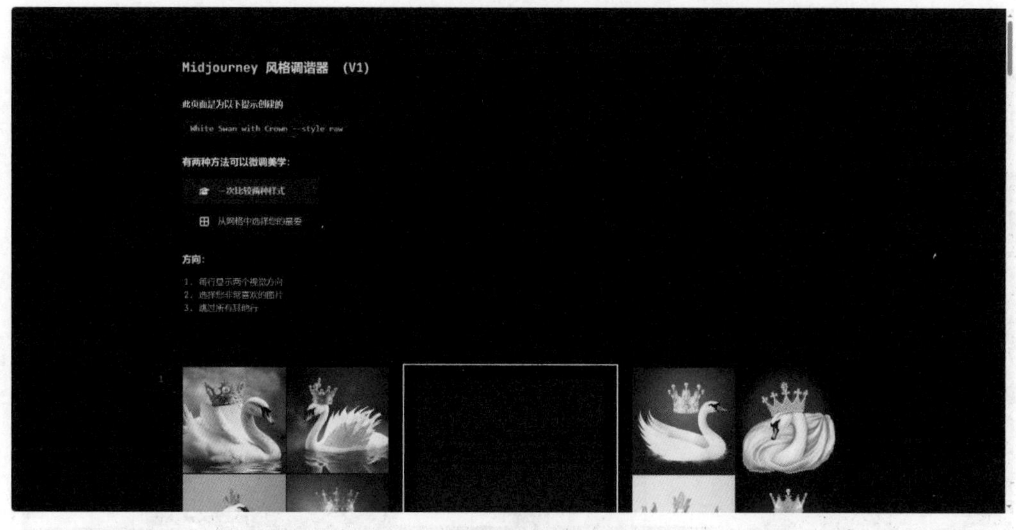

⊙ 图 2-38

步骤④在风格调谐器页面中，选择一个或多个风格的图像后，在页面底部信息栏中单击右侧的“复制”按钮，即可完成“--style”参数的复制，如图 2-39 所示。风格调谐器页面默认为二选一模式，也可以通过单击“田字格”图标切换为大网格模式进行样式挑选，如图 2-40 所示。

⊙ 图 2-39

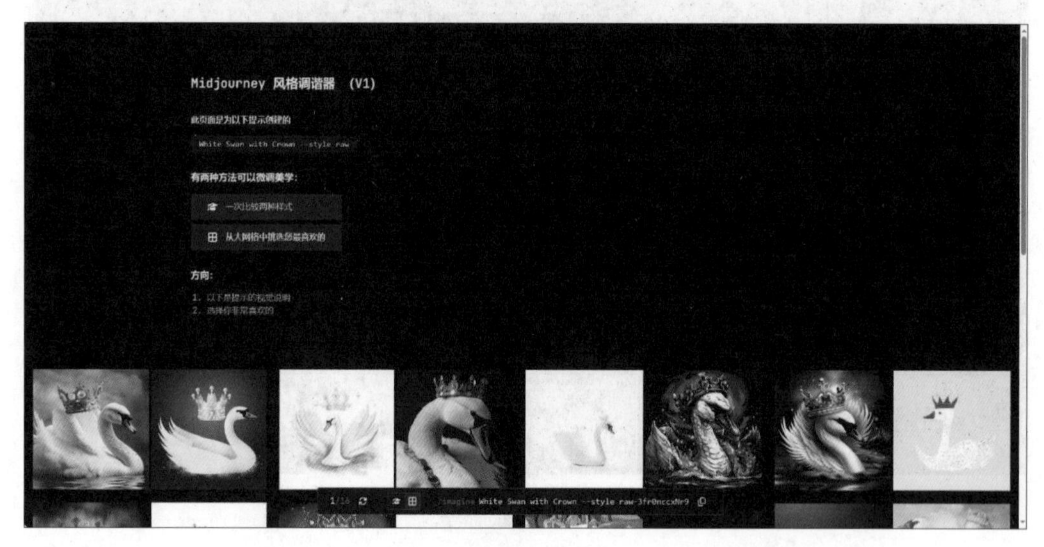

⊙ 图 2-40

8 出图模式

Turbo mode（涡轮模式）、Fast mode（快速模式）以及 Relax mode（放松模式）是 Midjourney 的 3 种出图模式，如图 2-41 所示。

⊙ 图 2-41

Turbo mode（涡轮模式）比 Fast mode（快速模式）出图更快，快速出图模式服务于标准计划及以上的订阅会员，且按照订阅分级享有不同的快速时长，如图 2-42 所示。Relax mode（放松模式）的出图速度根据服务器情况而定，出图较慢。快速时长为 GPU 运行时间而非在线时长。我们可以选择在服务器拥挤的时段启用快速模式提高刷图效率，在服务器空闲时段切换为放松模式。

⊙ 图 2-42

在输入框中输入“/turbo”、“/fast”或“/relax”指令可快速切换出图模式，如图 2-43 所示。

⊙ 图 2-43

9 Reset Settings（重置设置）

在设置界面中可以更改模型版本，进行风格化设定，如图 2-44 所示。单击 Reset Settings（重置设置）按钮后，各设置项会恢复到初始状态，如图 2-45 所示。

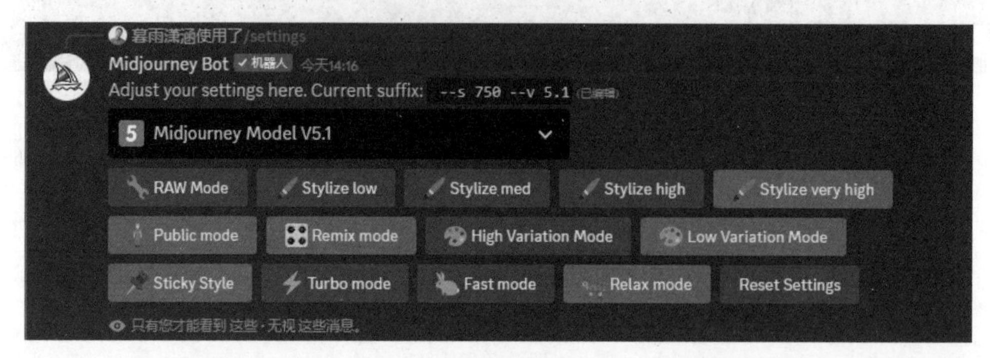

⊙ 图 2-44

暮雨漾涵使用了/settings
Midjourney Bot ✓机器人 今天14:16
Adjust your settings here. Current suffix:
Use the latest model (5.2)
RAW Mode | Stylize low | Stylize med | Stylize high | Stylize very high
Public mode | Remix mode | High Variation Mode | Low Variation Mode
Sticky Style | Turbo mode | Fast mode | Relax mode | Reset Settings
只有您才能看到这些·无视这些消息。

⊙ 图 2-45

2.2 交互指令——“/blend”（混合）

使用“/blend”（混合）指令可以将上传的 2 ~ 5 张图像融合为一张新图像。Midjourney 混合成的新图像元素无法与上传的原图保持一致，只能实现在外观、姿态、色彩、构图等方面的相对统一。

操作步骤为：在输入框中，用英文输入法输入“/”，然后选择“/blend”指令，

如图 2-46 所示。选择两张预先准备的图像，分别上传到两个“image”（图像）框内，如图 2-47 所示，按 Enter 键发送命令。Midjourney 融合成的新图像如图 2-48 所示。

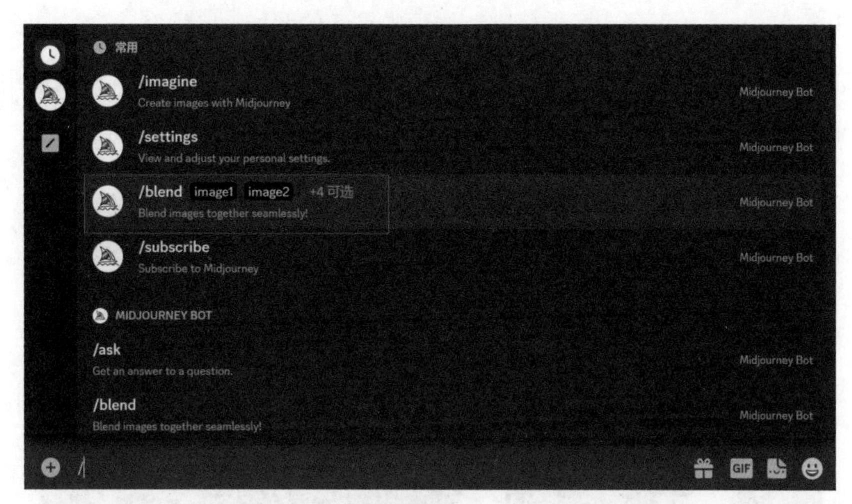

⊙ 图 2-46

⊙ 图 2-47

⊙ 图 2-48

假设想要融合更多的图像，只需要在“image2 请添加文件”后面单击，在“image”（图像）框上面弹出的选项中选择 image3，此时就会出现第 3 个图像框，如图 2-49 所示。接着在 3 个“image”（图像）框内分别上传预先准备的图像，然后发送命令，如图 2-50 所示。Midjourney 融合 3 张图像的结果如图 2-51 所示。以此类推，我们可以使用 2 ~ 5 张图像进行融合。

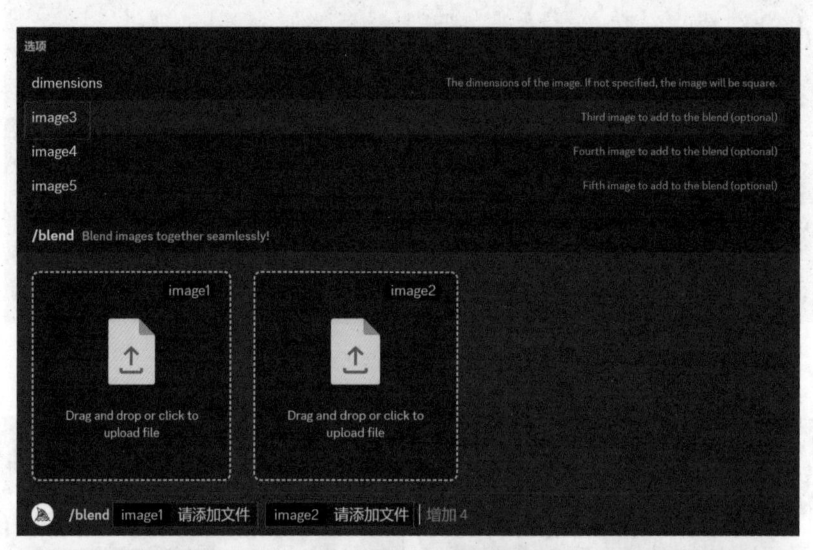

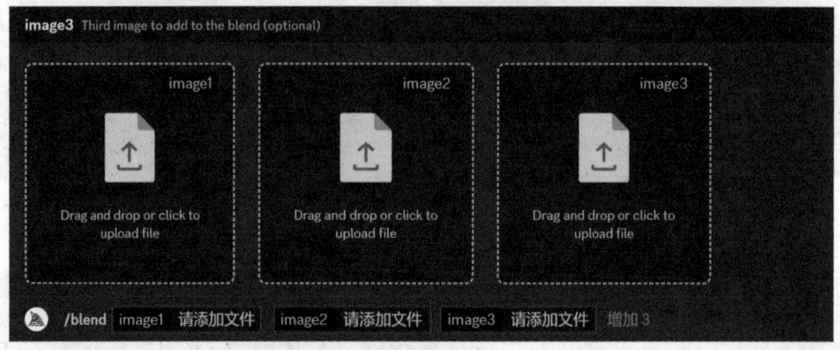

⊙ 图 2-49

⊙ 图 2-50

⊙ 图 2-51

在添加“image3”（图像）框时弹出的选项中，若选择 dimensions（尺寸）选项，如图 2-52 所示，则会多出 3 个格式选项，如图 2-53 所示，分别为：Portrait（纵向）格式，对应图像宽高比例为 2:3；Square（方形）格式，对应图像宽高比例为 1:1；Landscape（横向）格式，对应图像宽高比例为 3:2。若不做尺寸选择，则默认输出方形。

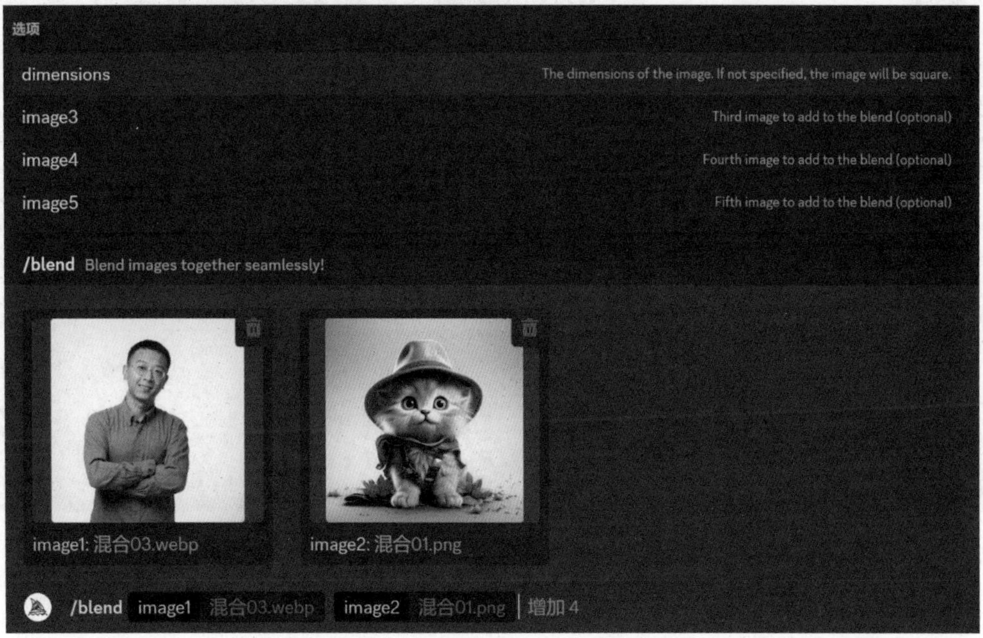

⊙ 图 2-52

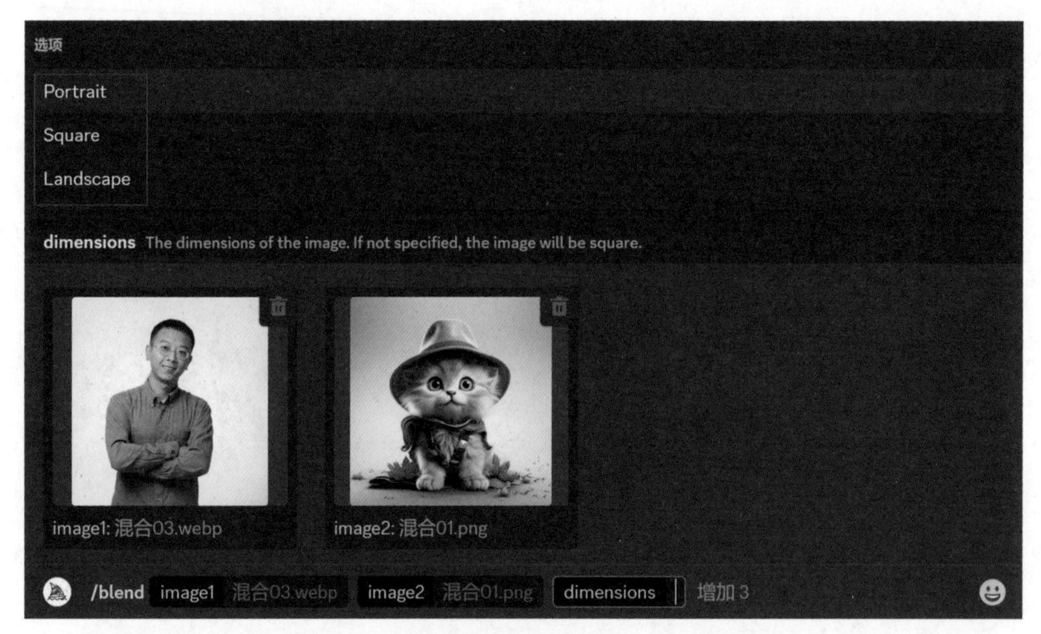

⊙ 图 2-53

我们上传两张图像，选择 dimensions（尺寸）为 Portrait（纵向）格式，发送命令后，Midjourney 会自动在结尾处添加调整图像宽高比的后缀参数“--ar 2:3”修改图像比例，如图 2-54 所示。

⊙ 图 2-54

选择 Square（方形）格式，输出的图像如图 2-55 所示。选择 Landscape（横向）格式，输出的图像如图 2-56 所示。

⊙ 图 2-55

⊙ 图 2-56

2.3 交互指令——“/prefer”（偏好）

“/prefer”（偏好）设置是一个指令组，其中“/prefer suffix”和“/prefer option set”可用于设定后缀参数，“/prefer variability”和“/prefer remix”则用于开启或关闭设置组中的相关选项，如图 2-57 所示。下面系统地学习这一指令组。

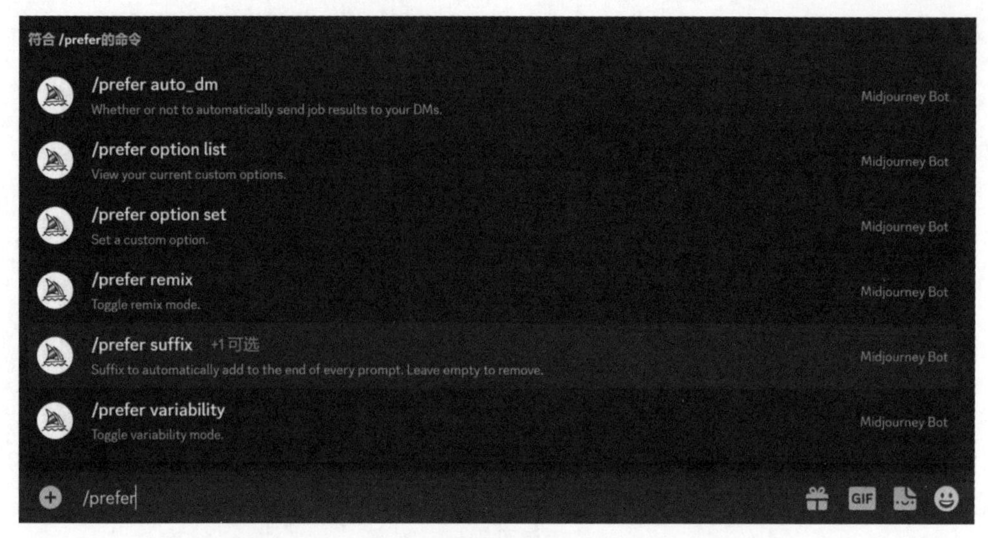

⊙ 图 2-57

1 "/prefer suffix"（偏好后缀）

"/prefer suffix"（偏好后缀）用于设置将指定的后缀参数自动添加到描述语末尾，如图 2-58 所示。

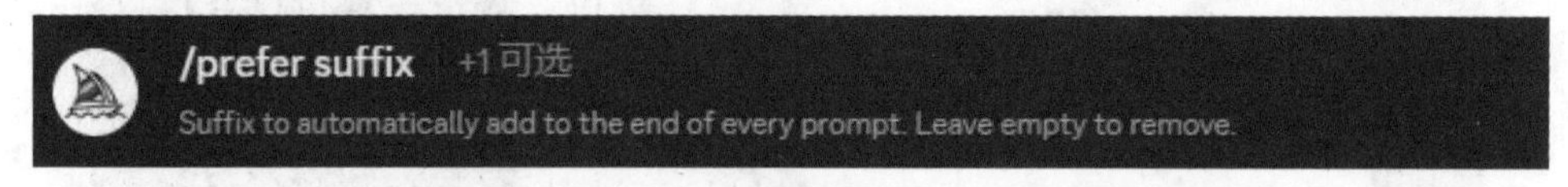

⊙ 图 2-58

在输入框中输入"/prefer suffix"，选择弹出的选项 new_value（新值），输入设置图片宽高比例的参数"--ar 2:1。"--ar"与"2:1"之间留一空格（英文输入法状态下），两个数字之间用英文冒号":"分隔。输入完成后按 Enter 键发送消息。Midjourney 会返回一条设置成功的提示，如图 2-59 所示。

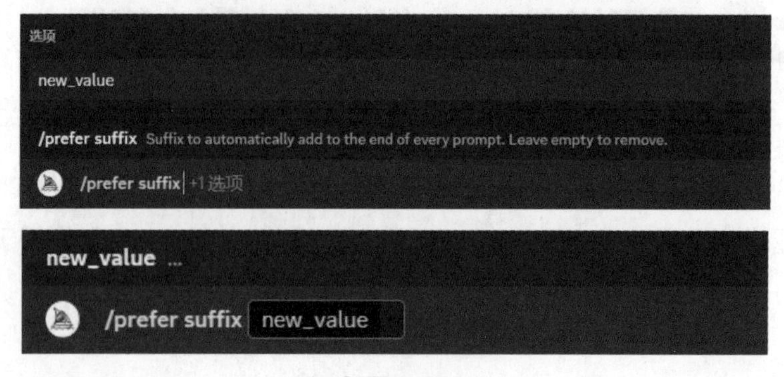

⊙ 图 2-59

图 2-59（续）

接着在输入框中输入"Kung Fu Panda"（功夫熊猫）进行测试，按 Enter 键发送消息后，Midjourney 自动在描述语末尾添加了"--ar 2:1"后缀参数，输出图像，如图 2-60 所示。我们又尝试输入了"Monkey King, Hero Is Back"（孙悟空，大圣归来），同样得到了宽高比为 2:1 的图像，如图 2-61 所示。

⊙ 图 2-60

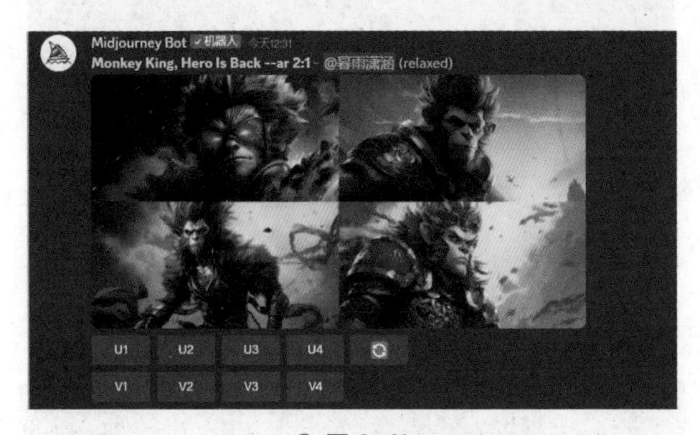

⊙ 图 2-61

假设需要修改偏好后缀，只需要再次调出"/prefer suffix"指令，在"new_value"后面重新输入新的值即可，如图 2-62 所示，我们输入"--ar 3:4 --niji 5"，注意，"--ar 3:4"与"--niji 5"之间需要留一空格（英文输入状态）。接着在输入框中输入"Monkey King, Hero Is Back"（孙悟空，大圣归来），测试结果如图 2-63 所示，

Midjourney 成功应用了修改后的后缀参数输出图像。

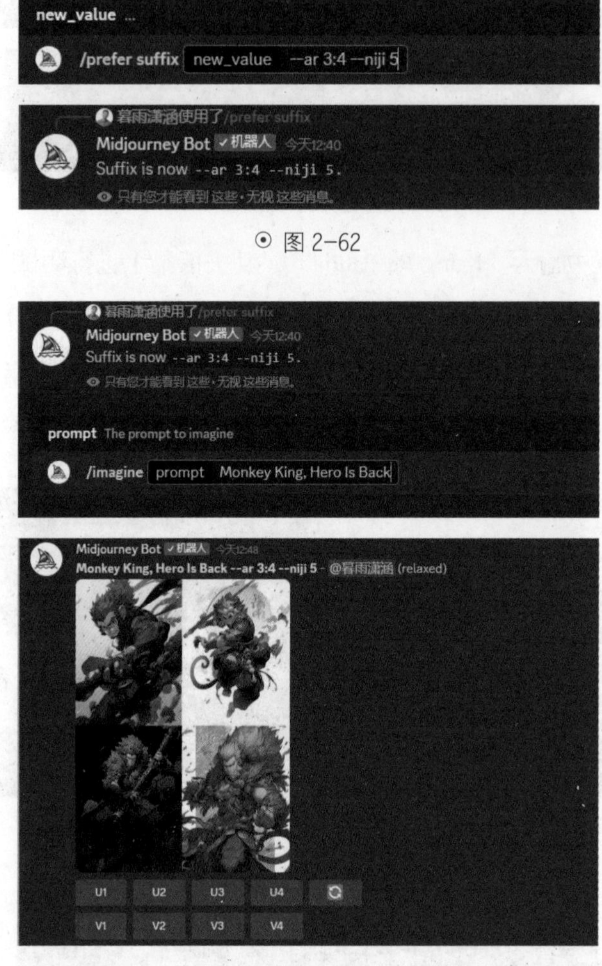

⊙ 图 2-62

⊙ 图 2-63

那么如何取消“/prefer suffix”偏好后缀设定呢？输入“/prefer suffix”后，不选择赋予新值，直接将“new_value”字段留空，按 Enter 键发送消息，Midjourney 就会提示后缀被删除，如图 2-64 所示。

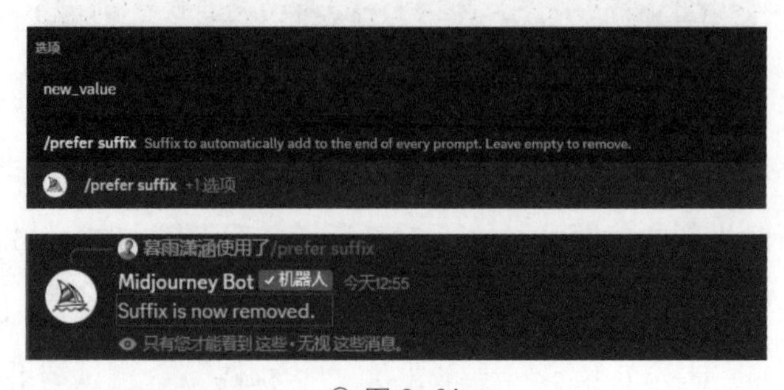

⊙ 图 2-64

2 "/prefer option set"（偏好选项集）

使用"/prefer suffix"指令可以实现相同后缀参数的多图输出。当图像需要适配不同后缀参数的时候，就可以使用"/prefer option set"创建或管理自定义选项，如图 2-65 所示。

⊙ 图 2-65

操作步骤为：调出"/prefer option set"指令后，在"option"后面输入一个自定义选项名称，如"njb"，接着在"option njb"框后面单击，在弹出的选项中选择"value"，在"value"后面输入后缀参数，如"--niji 5"，输入完成后按 Enter 键发送命令。Midjourney 会返回信息，提示自定义选项 njb 设置为 --niji 5，如图 2-66 所示。

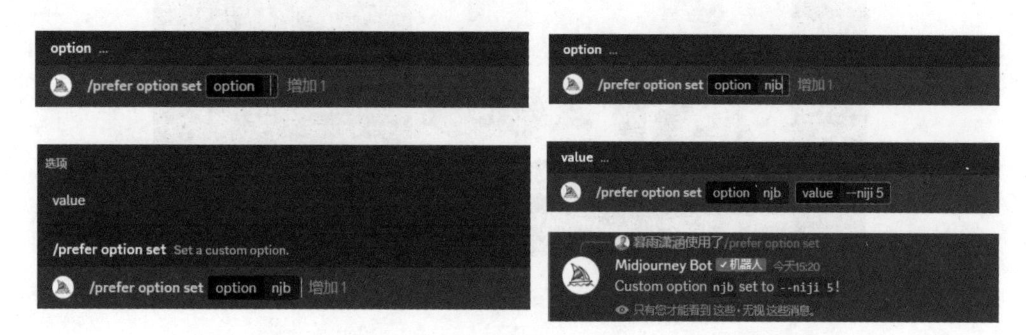

⊙ 图 2-66

继续设置更多的自定义选项，例如，将"str"设置为"--style raw"，将"arp"设置为"--ar 2:3"，如图 2-67 所示。当然也可以将一个自定义选项名称赋予多个后缀参数，如将"njarl"设置为"--niji 5 --ar 4:3"。

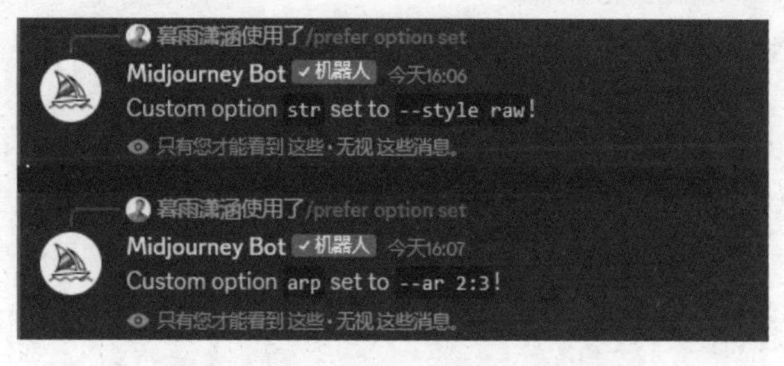

⊙ 图 2-67

最后，只要在描述语末尾输入“-- 自定义选项名称”调用相关后缀参数即可，如“Panda --njb”。按 Enter 键发送消息后，Midjourney 就会调取自定义名称关联的后缀参数并应用于图像，如图 2-68 所示。注意，描述语“Panda”与“--njb”之间需要留一空格（英文输入状态）。同理，使用描述语“Panda --str”输出的图像如图 2-69 所示。使用描述语“Panda --arp”输出的图像如图 2-70 所示。使用描述语“Panda --njarl”输出的图像如图 2-71 所示。

⊙ 图 2-68

⊙ 图 2-69

⊙ 图 2-70

⊙ 图 2-71

3 “/prefer option list”（偏好选项列表）

我们可以通过“/prefer option list”指令查看当前已设置的自定义选项，如图 2-72 所示。操作步骤非常简单，只需要调出“/prefer option list”指令后按 Enter 键发送消息即可，如图 2-73 所示。

⊙ 图 2-72

⊙ 图 2-73

那么如何取消“str”选项设定呢？用户只需调出“/prefer option set”指令，在弹出的选项中选择“str”后，留空“value”字段，直接按Enter键发送消息，Midjourney就会提示我们自定义“str”已被删除，如图2-74所示。此时，再次查看“/prefer option list”，在Midjourney返回的列表中，确实已将“str”选项删除，如图2-75所示。

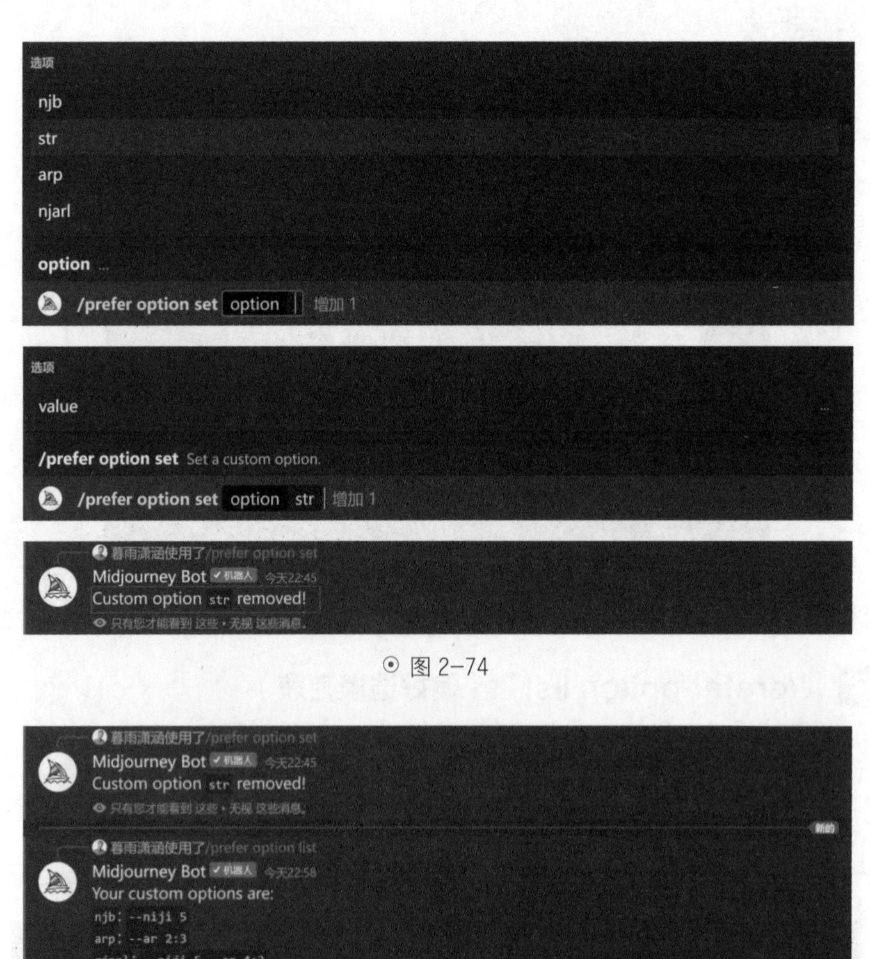

⊙ 图 2-74

⊙ 图 2-75

4 "/prefer auto_dm"（自动消息）

使用"/prefer auto_dm"指令可以开启或关闭自动发送作业结果的私信通知，如图 2-76 所示。dm 表示 Direct Messages（直接消息）。

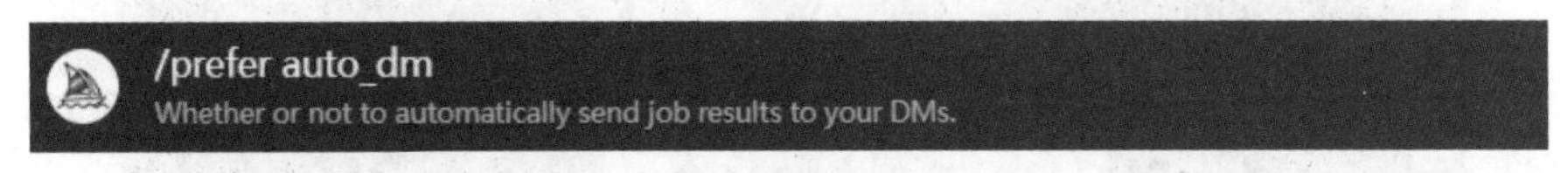

⊙ 图 2-76

调出"/prefer auto_dm"指令，按 Enter 键发送消息后，系统会提示"已启用"，如图 2-77 所示。接着，在输入框中输入描述语"Panda --niji 5"，Midjourney 完成作业后，系统会在左侧菜单以私信的形式发送图像信息，如图 2-78 所示。再次发送"/prefer auto_dm"指令，系统会返回"已禁用"的信息提示，如图 2-79 所示，接下来 Midjourney 完成新的作业后，系统则不会再发送结果私信。

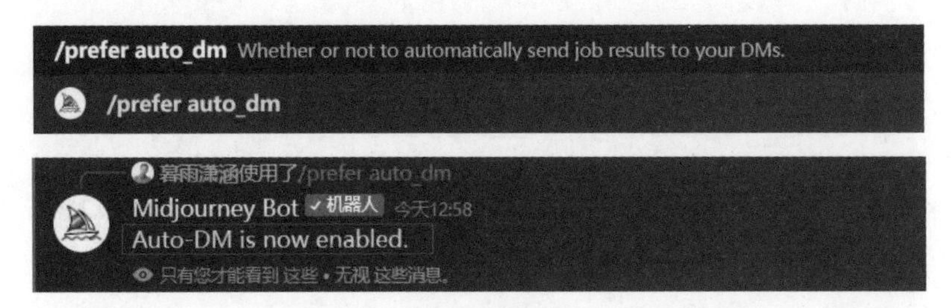

⊙ 图 2-77

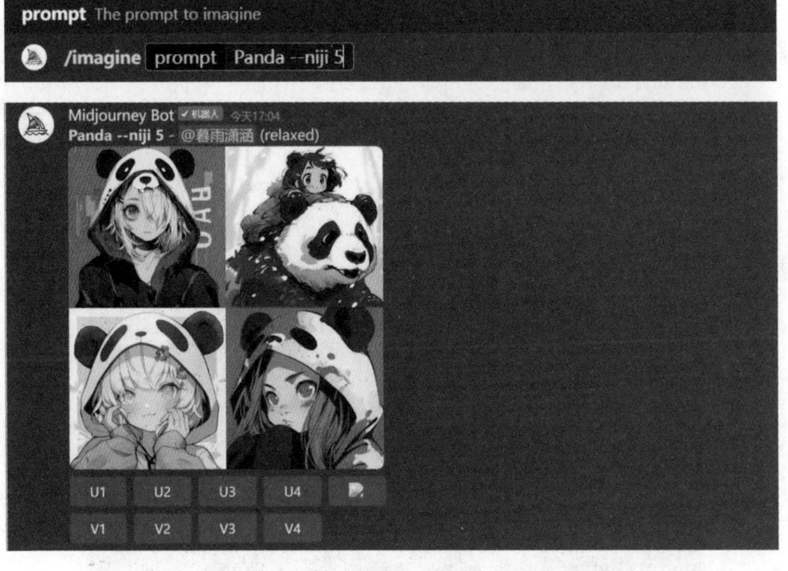

⊙ 图 2-78

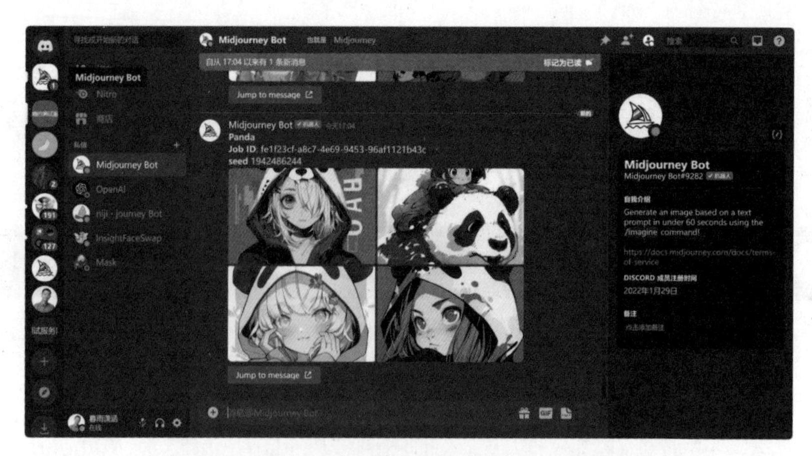

图 2-78（续）

⊙ 图 2-79

5 "/prefer variability"（偏好变化）

通过"/prefer variability"指令可以切换高低变化模式，如图 2-80 所示。Variation 即通过描述语生成的一组四格图像之间的差异程度，详见 2.1 节。

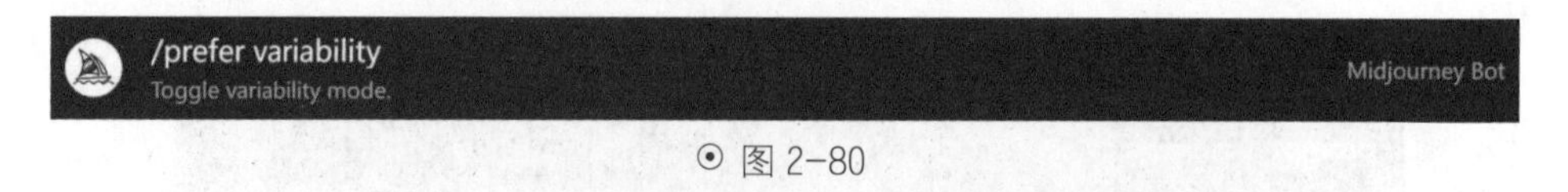

⊙ 图 2-80

调出"/prefer variability"指令后按 Enter 键，系统开启高变化模式，同时在"/setting"（设置）中可以看到 High Variation Mode（高变化模式）为选中状态，如图 2-81 所示。再次运行"/prefer variability"指令，则切换为 Low Variation Mode（低变化模式），如图 2-82 所示。

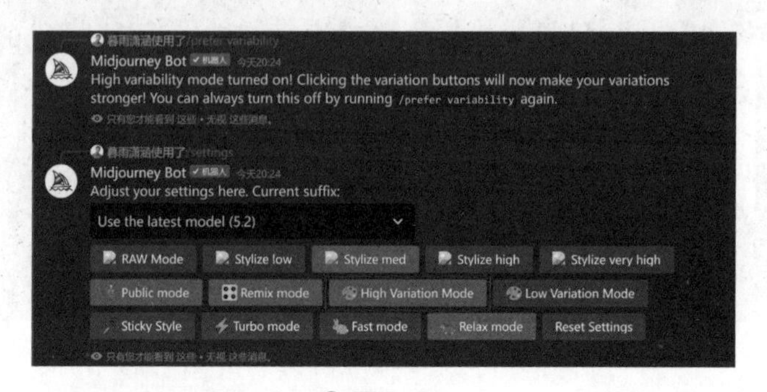

⊙ 图 2-81

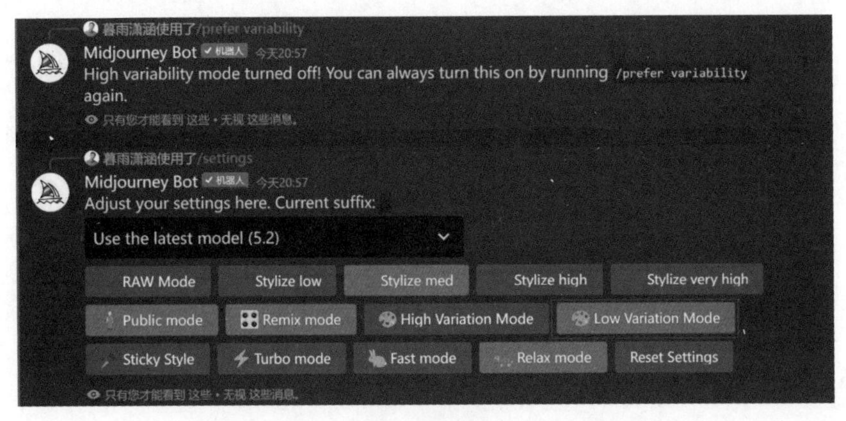

⊙ 图 2-82

6 "/prefer remix"（偏好混合）

使用"/prefer remix"指令可以开启或关闭 Remix mode（混合模式），如图 2-83 所示。

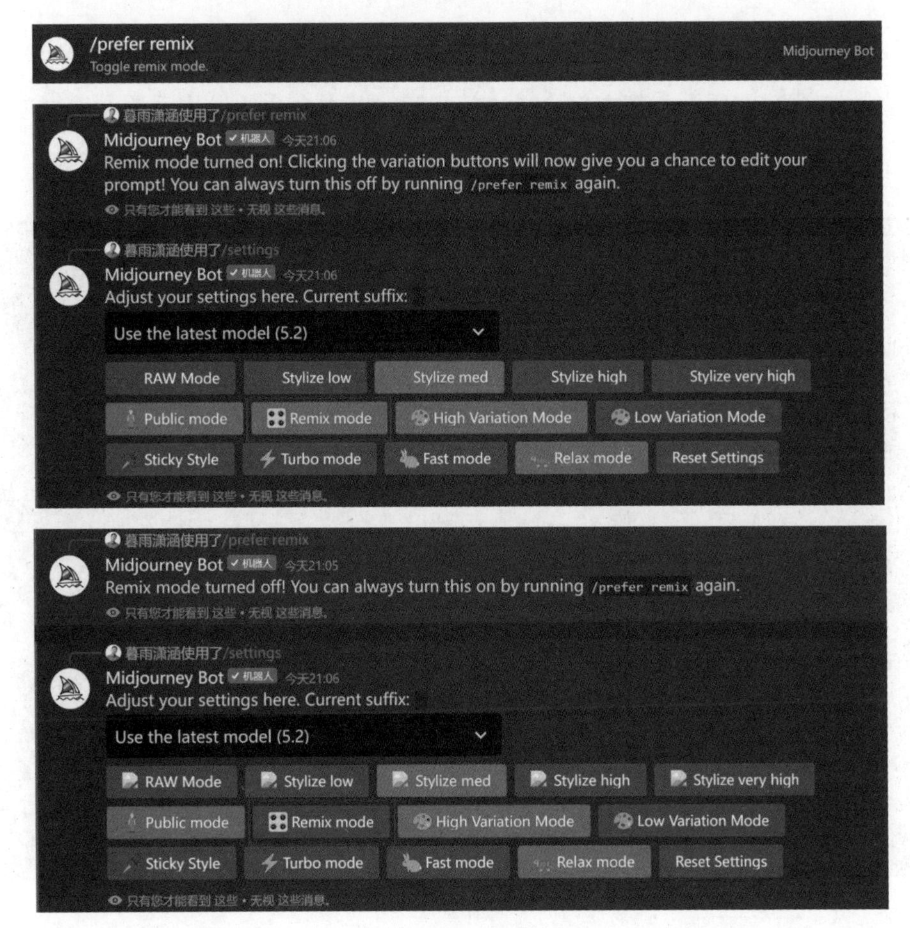

⊙ 图 2-83

2.4 其他交互指令

本节介绍一些不常用的交互指令。

1 “/help”（帮助）

“/help”（帮助）指令如图 2-84 所示。

⊙ 图 2-84

在输入框中输入“/help”（帮助）指令，按 Enter 键后，Midjourney 返回的官方引导信息如图 2-85 所示。其中包含了入门指南、基本命令的操作手册、后缀参数的介绍等。可以单击链接跳转到 Midjourney 文档中进行学习，如图 2-86 所示。

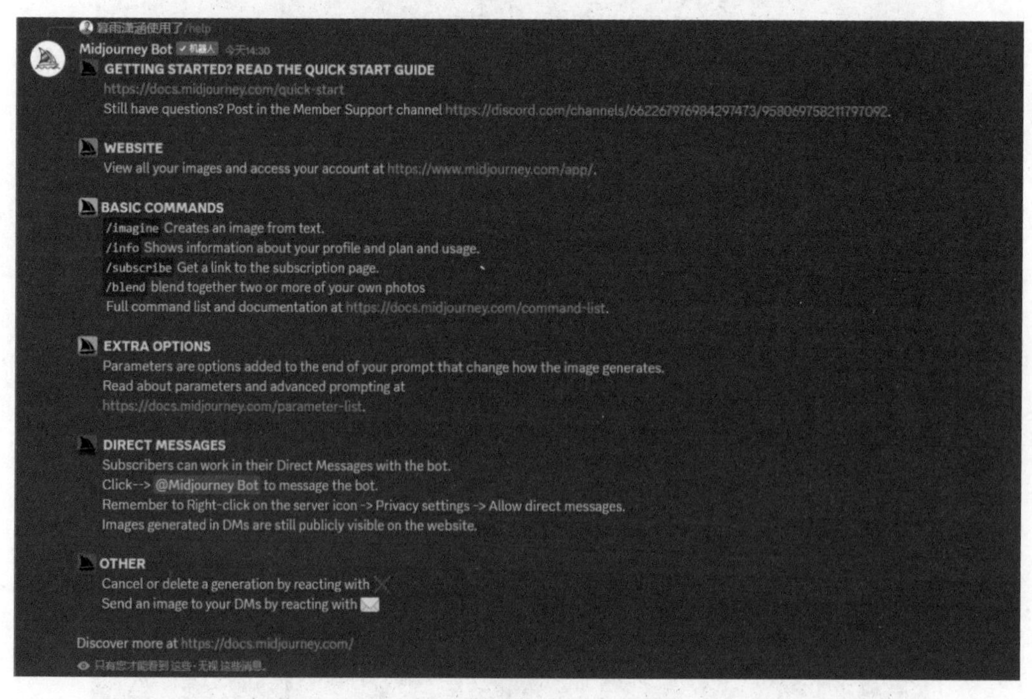

⊙ 图 2-85

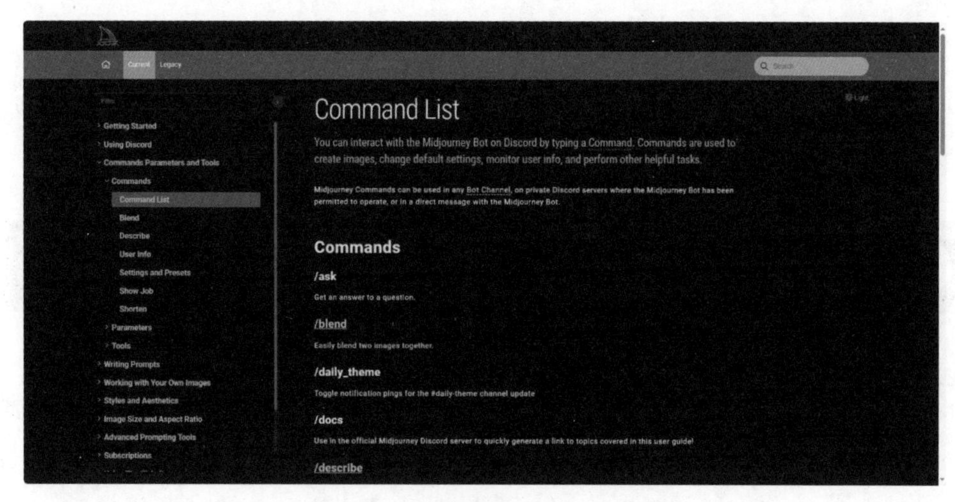

⊙ 图 2-86

2 "/ask"（提问）

使用"/ask"提问指令，可以向机器人提出关于Midjourney方面的问题（见图2-87），例如，如何订阅会员、什么是图像混合、如何使用黏性风格等。

⊙ 图 2-87

调出"/ask"指令，在"/ask question"后面输入要提出的问题，例如，输入"how to use Sticky Style"（如何使用黏性风格），如图 2-88 所示。按 Enter 键发送消息，Midjourney 给出的答案如图 2-89 所示。

⊙ 图 2-88

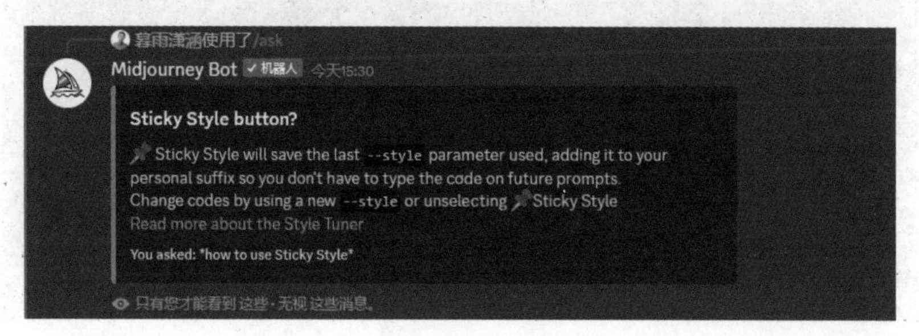

⊙ 图 2-89

3 “/shorten”（缩短）

“/shorten”指令能简化 prompt 描述，如图 2-90 所示。使用简化后的描述生成的新图像有可能丢失部分风格。

⊙ 图 2-90

运行“/shorten”指令，在“/shorten prompt”后面输入描述语“an owl wearing a cowboy hat in the streets, in the style of vray, charming illustrations, film/video, figura serpentinata, interactive, booru, cute and dreamy --ar 85:128”，按 Enter 键发送，如图 2-91 所示。Midjourney 会分析这段描述语，并删除无效的关键词，最后输出 5 条精简后的描述语，如图 2-92 所示。单击数字下面的 Show Details（显示详细信息）按钮，Midjourney 会列出每个关键词的权重明细，数字越大，关键词在画面中的作用越大，如图 2-93 所示。

⊙ 图 2-91

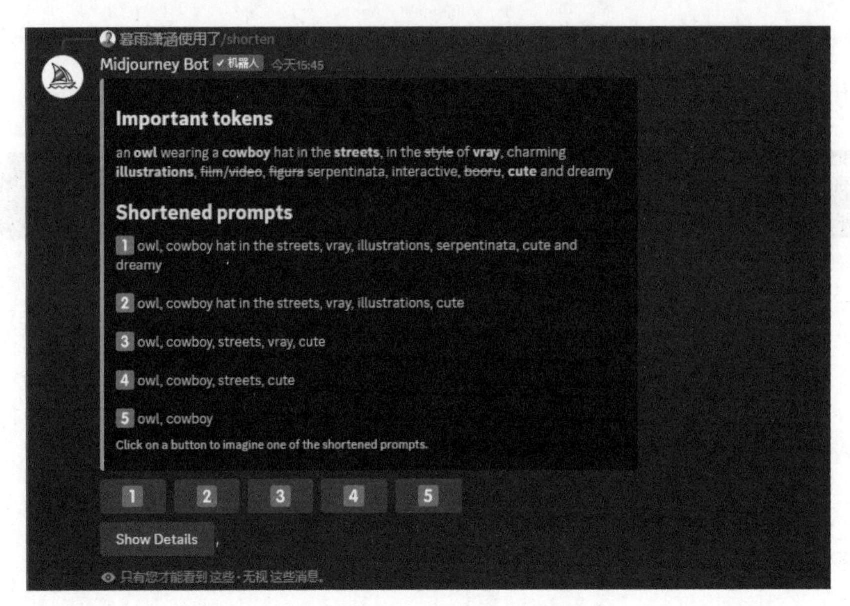

⊙ 图 2-92

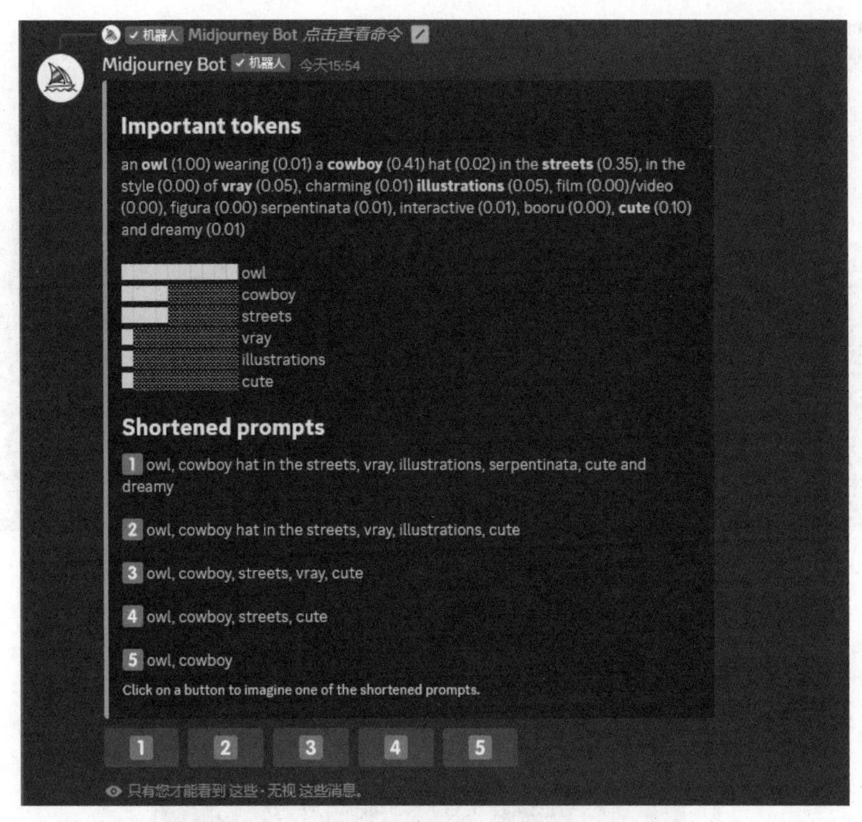

⊙ 图 2-93

单击 5 个数字按钮会输出对应序号描述语的图像。分别单击数字 1 按钮和数字 5 按钮，Midjourney 生成的图像如图 2-94 所示。

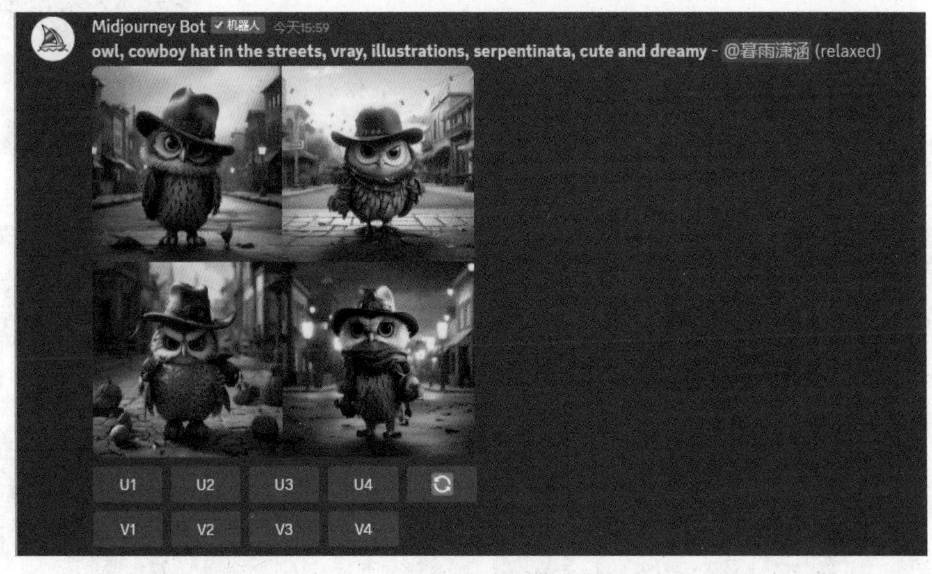

⊙ 图 2-94

⊙ 图 2-94（续）

4 “/show”（展示图像）

使用“/show”指令可实现图像的迁移及找回，如图 2-95 所示。

⊙ 图 2-95

将“新测试 01”频道的图像迁移到“新测试”频道中（见图 2-96）的操作步骤如下。

⊙ 图 2-96

步骤 ① 单击需要迁移的图像右上角的“添加反应”按钮，在弹出的搜索框中输入“envelope”，单击第一个信封图标，如图 2-97 所示。

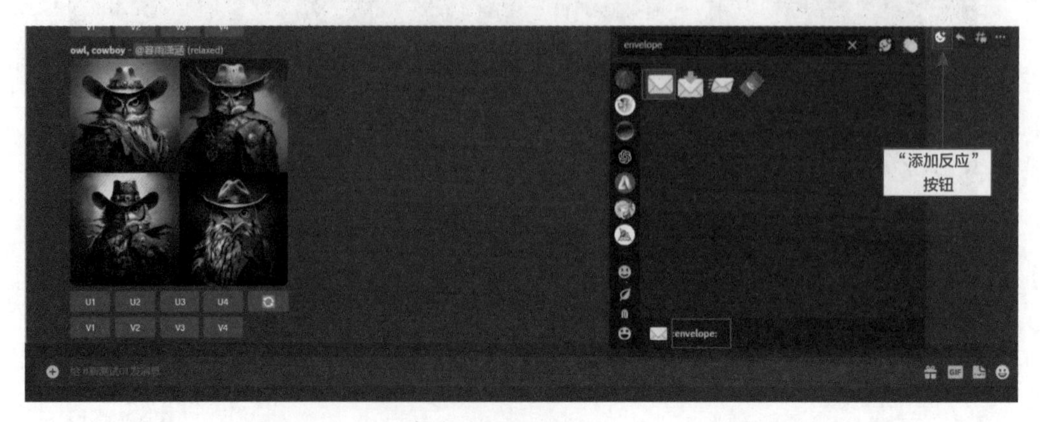

⊙ 图 2-97

步骤② Midjourney 会给用户发送一条私信，复制私信内容中“Job ID”后面的一串字符编号，如图 2-98 所示。

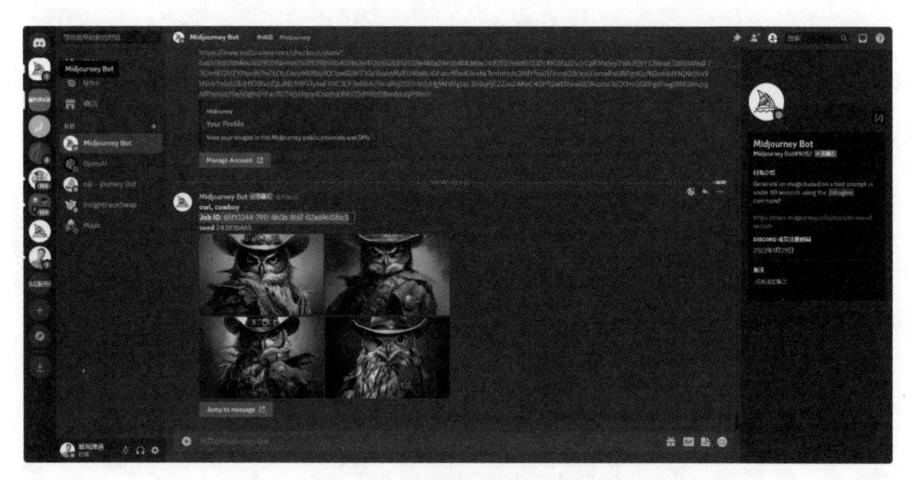

⊙ 图 2-98

步骤③ 进入需要进行图像迁移的目标频道（新测试频道）中，调出“/show”指令，在“/show job_id”后面粘贴这段字符编号，按 Enter 键发送消息，如图 2-99 所示。等待 Midjourney 生成图像，完成图像迁移，如图 2-100 所示。

⊙ 图 2-99

⊙ 图 2-100

另外，也可以使用“/show”指令找回图像。

进入 Midjourney 官网，在图像库中选择任意图像，如图 2-101 所示。单击进入所选图像的单图界面后，单击右上角的“...”按钮，依次执行“Copy”-“Job ID”命令，如图 2-102 所示。接着返回 Discord，在服务器频道中调出“/show”指令并粘贴 ID 编号，Midjourney 会再次输出这张图像，如图 2-103 所示。

⊙ 图 2-101

⊙ 图 2-102

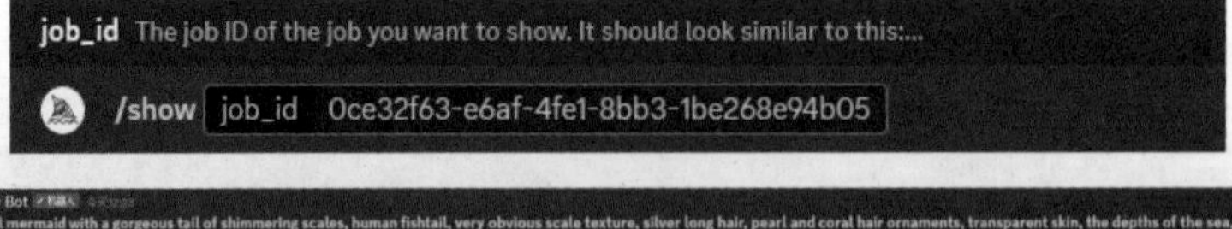

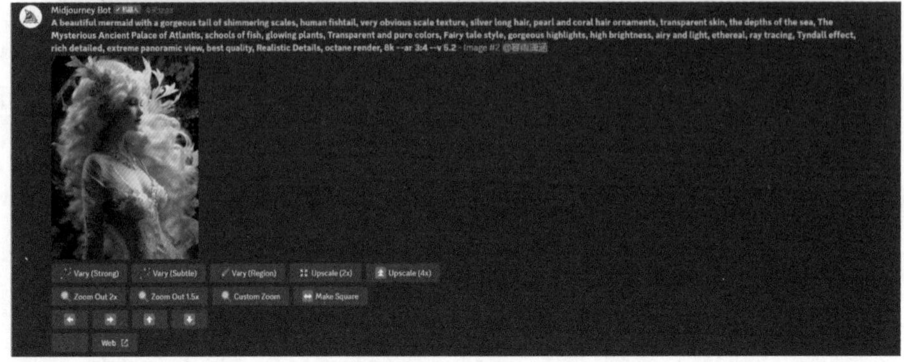

⊙ 图 2-103

注意 不能使用他人的“Job ID”编号获得图像，否则系统会返回报错信息，如图 2-104 所示。“/show”指令仅适用于自己的图像作业。

⊙ 图 2-104

5 “/info”（用户信息）

可使用“/info”指令查看当前正在排队以及运行的作业数、订阅标准和有效期、剩余快速时长等信息，如图 2-105 所示。

⊙ 图 2-105

在输入框中输入“/info”，按 Enter 键即可，如图 2-106 所示。

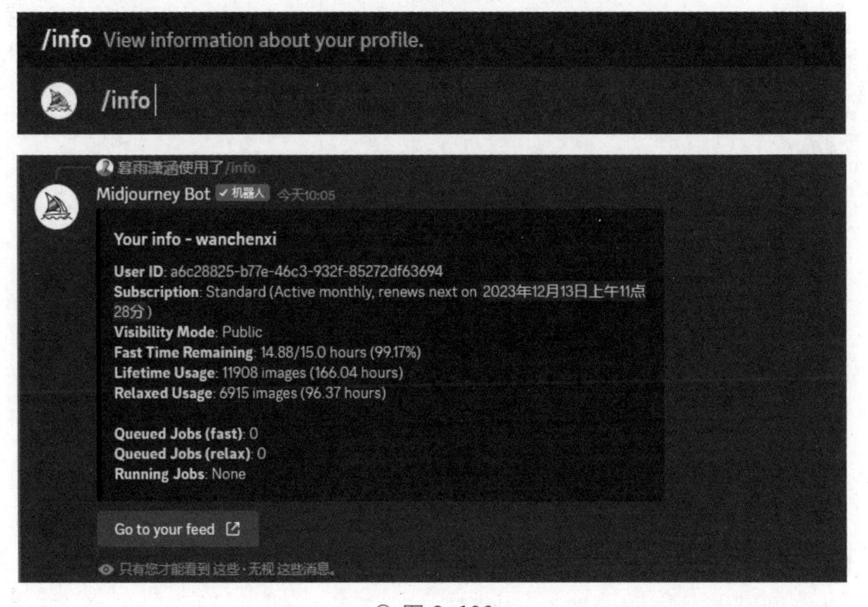

⊙ 图 2-106

6 "/subscribe"（订阅）

通过"/subscribe"指令可获得订阅账户的界面链接，如图 2-107 所示。

⊙ 图 2-107

在输入框中输入"/subscribe"指令，按 Enter 键，Midjourney 会发送一条带有 Manage Account（账户管理）按钮的消息，如图 2-108 所示。单击 Manage Account（账户管理）按钮跳转到管理订阅计划的界面，如图 2-109 所示。在此界面中，可以进行取消订阅、更改会员计划或者查看账单信息（包括账单记录、支付方式等）等操作。

⊙ 图 2-108

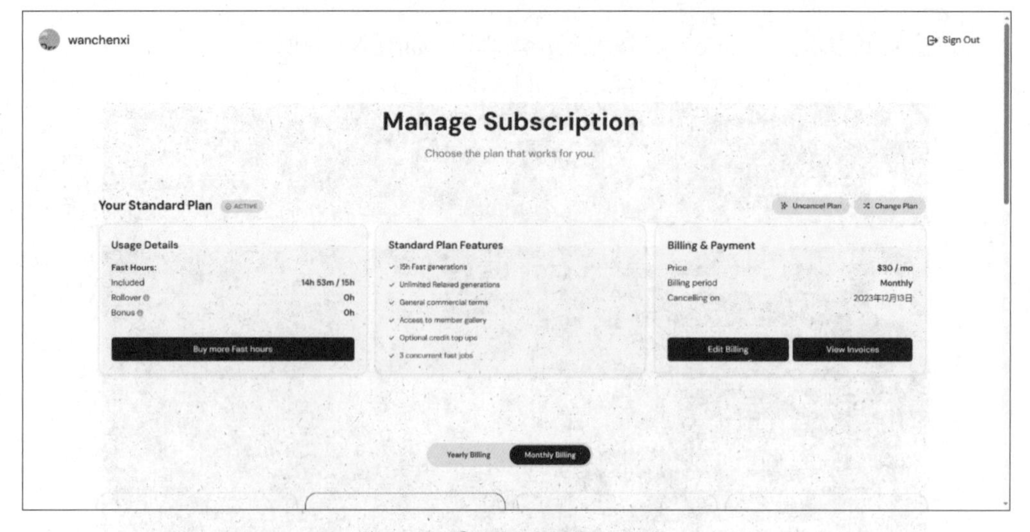

⊙ 图 2-109

第3章 Midjourney描述语

学习提示

本章从 12 个不同维度对关键词进行分析并展示应用场景，用于增加对画面的可控性和艺术性。实现在“主体 + 环境 + 风格 + 构图 + 画面质量”万能框架下的关键词自由组合，如魔法般输出广告级视觉图像。

3.1 布局设计（layout design）

拓展视频 1

拓展视频 2

布局即如何排布所绘制的元素。布局是设计中至关重要的一环，它直接影响作品的整体效果。本节将深入介绍布局的重要性，以及它对设计的影响。

为了更好地理解布局，本节将列举一些常用的设计类型。这些设计类型涵盖不同的布局方案，学会这些布局方案以后，我们能够让 Midjourney 更灵活地排列和组织元素，从而创作出惊艳的设计作品。

1 手机应用程序界面设计（Mobile App UI design）

我们以手机应用程序界面设计为例，它在英文中被称为 Mobile App UI design。UI 设计通常包括按钮设计、布局排版、色彩搭配等。

假设需要使用 Midjourney 进行篮球主题的 UI 设计，则可以先输入关键词“basketball”（篮球），接着输入“,”（逗号），在逗号后继续输入关键词“Mobile App UI design”（手机应用程序界面设计），最后按 Enter 键发送消息，Midjourney 就会理解需要输出篮球主题的界面设计，而非简单地绘制一个篮球。Midjourney 输出的设计图如图 3-1 所示。

图 3-1

2 海报设计（poster design）

海报的英文是 poster，我们先以 tiger（老虎）为例做尝试，在 /imagine 之后输入“poster design,tiger”（海报设计，老虎）并按 Enter 键发送，Midjourney 输出的老虎海报如图 3-2 所示。

在默认情况下，老虎会以肖像的形式出现，大部分时候一幅海报可能有更多需要表达的内容，通过补充布局关键词的方式，可以把老虎设计得更具吸引力，看起来更偏向海报画风，例如，老虎正在什么地方做什么事情，是在捕猎还是在散步？接着，修改描述语为“A tiger is in the forest,poster design”（一只老虎在森林里，海报设计），得到的海报图像如图 3-3 所示。

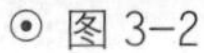

⊙ 图 3-2

⊙ 图 3-3

在布局的过程中，不仅可以输入丰富的形态描述语，还可以使用镜头、天气或时间等关键词，为老虎创造不同的视角、光影。

以前想要设计一幅合格的海报主体，通常需要花费一整天的时间才能完成。现在使用 Midjourney 绘制，通常只需要几分钟就能出稿。由于 Midjourney 带来的效率方面的提升，可以轻易地批量产出稿件，甚至在设计的创意与灵感上，Midjourney 也能够给出层出不穷的方案供参考。虽然不能一次尝试就得到希望的结果，但是熟练掌握 Midjourney 以后，可以在得到灵感后，再使用后期图像处理软件进行加工，就能够达到所期望的作品要求。

3 包装设计（packaging design）

使用 Midjourney 做包装设计，要想满足设计要求，难度会很大。因为通过关键词“packaging design”只能够制作出如图 3-4 所示的包装产品的三维效果图。

⊙ 图 3-4

而当需要制作刀板图、印刷图或包装盒的展开图时，Midjourney 则无法完成。因为在包装设计中，通常需要根据设计规范进行制作，并且所设计的图纸需要能够用于实际生产印刷，比如按照刀板模型进行切割生产，并拼装成一个真正的包装盒。

目前想要用 Midjourney 生成包装设计图，仅仅停留在三维效果图阶段，还不能产出直接用于生产的设计图，当然我们可以通过 Midjourney 获得一些设计思路与灵感。

4 logo 设计（logo design）

与包装设计相比，使用 Midjourney 辅助完成 logo 设计的实用性更强。通常 logo 设计的难点主要体现在设计灵感上，需要有大量的构思与草图，而大量出图恰好是 Midjourney 的强项，仅用几分钟，就能创建几十个 logo 设计方案供参考，以激发灵感。

以物流公司（logistics companies）的 logo 设计为例，输入描述语“logistics companies, logo design”（物流公司，logo 设计），Midjourney 生成的 logo 图像如图 3-5 所示。

⊙ 图 3-5

5 宣传单设计（flyer design）

使用 Midjourney 设计宣传单与设计海报类似，虽然 Midjourney 不支持文字生成，但是可以从 Midjourney 输出的图像中汲取创意灵感。通过借鉴其排版风格，依然可以轻松构思出精美的文字布局。以瑜伽(yoga)主题宣传单为例，输入描述语“yoga,flyer”（瑜伽，宣传单），即可得到如图 3-6 所示的宣传单效果。

⊙ 图 3-6

在设计宣传单时，可能会遇到甲方要求反复修改的情况。为了更高效地满足需求，可以在使用 Midjourney 绘制基本样式后，将其导出，并在 Photoshop 中进行后期调整，以便更加灵活地调整图片内容，从而快速满足甲方的要求。

在设计沟通的过程中，还可以更深入地尝试 Midjourney 的多样风格，展示宣传单的不同版本，让甲方有更多选择。然后将最满意的版本导入 Photoshop 中进行微调。通过这种方式优化设计流程，可以较大程度地缩短设计周期。

6 角色设计（character design）

在 Midjourney 中，可以使用关键词“character design”（角色设计）进行角色设计，如输入“horse,character design”（马，角色设计），Midjourney 生成的角色设计插画作品如图 3-7 所示。

⊙ 图 3-7

设计角色时，可以输入更丰富的角色描述语，如外貌、服饰、动作等，以获取更多样化的角色风格，并使其更符合创意和需求。Midjourney 的强大生图功能对于设计师非常实用，可以节省时间和精力，同时启发更多创意。

7 图标设计（icon set design）

继续探讨另一个重要的设计领域——图标设计。图标在日常生活中随处可见，不管是应用界面还是印刷品，它都是非常重要的元素。

以老虎为例，输入描述语“icon set design,tiger”（图标设计，老虎），Midjourney 输出的老虎主题的图标设计如图 3-8 所示。

在很多时候，Midjourney 绘画的结果可能与用户最初的想法不同。在这种情况下，可以持续地尝试和修改，直到得到满意的结果。

以水果为例，每种水果都有着丰富的特征和形态，这为图标设计提供了丰富的灵感。从苹果到香蕉，从草莓到橙子，每一种水果都可以成为图标设计的创意来源，输入描述语“icon set design,fruits”（图标设计，水果），Midjourney 输出的水果主题的图标设计如图 3-9 所示。

图标设计的灵感可以来自生活的各个方面。我们要善于观察自然界中的事物，当然，也可以在其他艺术作品中寻找灵感。因此，图标设计并不是一成不变的，根据不同的需求调整图标的风格是常态。

我们可以在保持描述语不变的前提下，通过垫图，让图标设计的风格发生变化，例如，使用图 3-10 作为垫图得到了图 3-11，使用图 3-12 作为垫图得到了图 3-13。

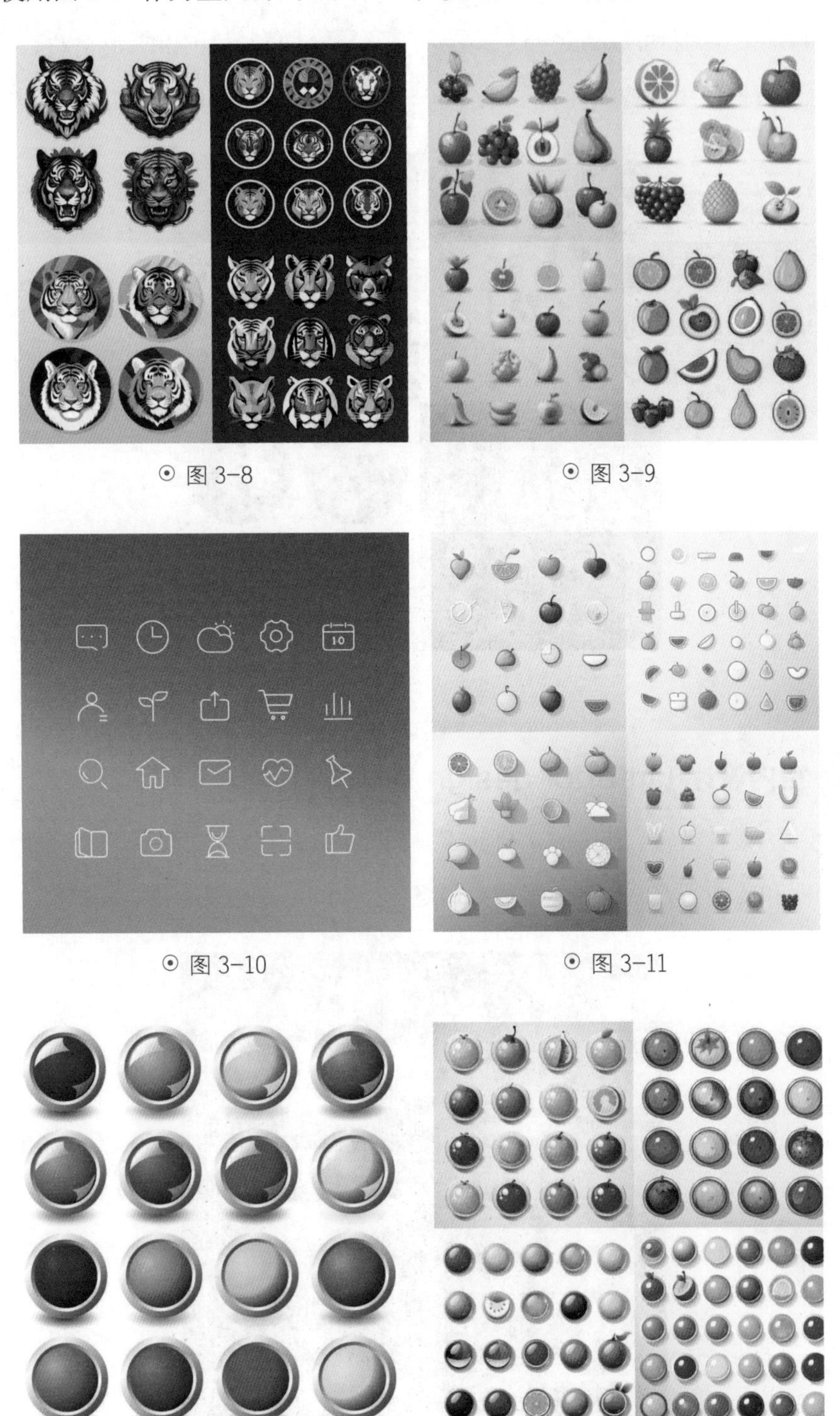

⊙ 图 3-8

⊙ 图 3-9

⊙ 图 3-10

⊙ 图 3-11

⊙ 图 3-12

⊙ 图 3-13

如果希望得到关于“horse”（马）的各种图标的配套设计，可以输入描述语“horse, icon set design”（马，图标设计），Midjourney 生成的不同风格、形状和用途的图标如图 3-14 所示。我们可以通过补充关键词获得更全面和多样化的图标设计，以便在项目中更快捷地使用这些图标。

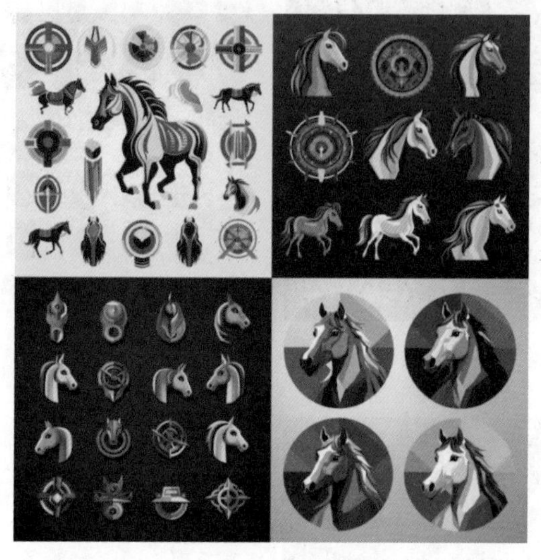

⊙ 图 3-14

8 室内设计（interior design）

使用室内设计关键词“interior design”，Midjourney 会从空间规划、家具布局、色彩、材料、照明和装饰等方面设计元素的布局组合，绘制出室内效果图，如图 3-15 所示。

⊙ 图 3-15

9 名片设计（business card design）

布局对名片的版式设计非常重要，输入关键词“business card”，Midjourney 会从名片的尺寸、布局、色彩、文字等方面进行设计，从而生成具有名片特征的绘画作品，如图 3-16 所示。

⊙ 图 3-16

10 连环画设计（comic strips design）

comic strips（连环画）指的是一种图像创作主题。以“马”为主题，输入描述语“horse,comic strips”（马，连环画布局），Midjourney 会生成类似于连环画的作品，如图 3-17 所示。Midjourney 通过故事性的构图布局方式，将作品呈现出有趣、叙事性强的图像序列。

⊙ 图 3-17

11 平面摆拍摄影（flat lay photography）

平面摆拍摄影是摄影师将物体以平面的方式摆放在背景板上，然后从正上方拍摄的一种摄影风格，通常用于创作具有艺术感和美感的照片。这种摄影风格注重构图、色彩搭配和物品之间的排列，旨在呈现整洁、富有创意和引人入胜的画面。

在描述内容中，加入关键词“flat lay photography”（平面摆拍摄影），Midjourney 输出的图像如图 3-18 所示。

⊙ 图 3-18

12 专辑封面（album cover）

专辑封面是指用于包装音乐或其他艺术作品集合的封面设计。在 Midjourney 中，关键词“album cover”可以用来指代要设计的专辑封面图案。但设计时还需要考虑音乐风格、主题、艺术元素等，以创造一个有吸引力且与作品内容相符的视觉表达。

在描述语中加入关键词“album cover”（专辑封面），Midjourney 生成的专辑封面图如图 3-19 所示。

13 整理摆放（knolling）

描述语“knolling”（整理摆放）指的是一种创作概念，要求绘制的图像中的物体以一种有序的方式摆放和排列，通常是在平面上呈现整齐排列的效果。

⊙ 图 3-19

平面摆拍摄影（flat lay photography）和整理摆放（knolling）的区别在于，平面摆拍摄影主要关注在拍摄中创造视觉上的吸引力和艺术性，而整理摆放则强调整洁、有序和对称的排列方式，使物体之间的关系更加清晰可见。

以“robot”（机器人）为例，输入描述语“robot,knolling”（机器人，整理摆放），Midjourney 会按照机器人零件的逻辑关系，有条理地整齐排列机器和零件，营造出整体的和谐感，如图 3-20 所示。

⊙ 图 3-20

14 游戏素材（game assets）

“game assets”（游戏素材）指的是用于电子游戏开发的各种图形、音频、视频和其他媒体元素。这些素材被用于创建游戏中的角色、场景、界面、动画效果以及其他与游戏体验相关的元素。

游戏素材可以包括角色的造型、背景、场景等。输入关键词“game assets”，Midjourney 可以生成与游戏开发相关的场景或角色设定，以满足游戏开发者的需求，如图 3-21 所示。

15 房屋平面图（house plan）

关键词“house plan”（房屋平面图）不同于建筑领域中的“平面图”。在 Midjourney 中，house plan 指的是一种详细的图纸或图像，用于展示房屋的内部布局、结构和房间分配等细节。通常以 3D 视角展示，显示房屋的各个房间、门窗位置、走廊、楼梯等。

我们可以将“房屋平面图”与“室内设计”结合使用，输入描述语“interior design,house plan”（室内设计，房屋平面图），Midjourney 生成的房屋布局图如图 3-22 所示。

⊙ 图 3-21　　⊙ 图 3-22

通过对以上布局的学习可知，想要用好这些描述语，必须亲自反复尝试，了解每种布局的特性和适合的使用场景。除了常见的布局描述语，笔者还列举了以下布局描述语，以便读者不断尝试和探索。

- anatomical drawing（解剖图绘制）
- anatomy（解剖学）
- book cover（书籍封面）
- character design multiple poses（多种姿势的角色设计）
- character sheet（角色卡）
- chart design（图表设计）
- color palette（调色板）
- coloring book page（涂色书页）
- doll house（娃娃屋）
- enamel pin（珐琅制品徽章）
- encyclopedia page（百科全书页面）
- fashion moodboard（时尚情绪板）
- full body character design（全身角色设计）
- game UI（游戏用户界面）
- house cutaway（房屋剖面图）
- icon set design（图标集设计）
- IKEA guide（宜家家居指南）
- illustration split circle four seasons（分割四季的圆形插图）
- infographic（信息图表）
- jewelry design（珠宝设计）
- magazine cover（杂志封面）
- menu design（菜单设计）
- mobile app UI design（移动应用程序用户界面设计）
- nail art（美甲艺术）
- newsletter design（新闻简报设计）
- outfit（服装搭配）
- popup book（立体书）
- postage stamp（邮票）

- propaganda poster（宣传海报）
- reference sheet（参考表）
- seamless pattern（平铺图案）
- sticker（贴纸）
- storyboard（故事板）
- T shirt vector（T 恤矢量图）
- tarot card（塔罗牌）
- tattoo design（文身设计）
- wall painting（壁画）
- wedding invitation（婚礼请柬）

3.2 艺术家风格（artists）

拓展视频

艺术家风格是 Midjourney 描述语中常见的一种描述形式。在使用 Midjourney 进行绘画创作时，只需输入艺术家的名字，Midjourney 就可以模仿这些艺术家的常用元素、构图、色彩、线条等，轻松生成类似风格的作品。

本节将列举一些常用的艺术家名字并对其风格进行介绍，供大家学习参考。

1 艾德里安·多诺休（Adrian Donoghue）

Adrian Donoghue 是来自澳大利亚的摄影师，他的摄影作品有一种强烈的现场感，通过高饱和的色彩，以及营造的氛围光和局部光，明确表达画面主题。Adrian Donoghue 的摄影作品如图 3-23 所示。

假设需要参考 Adrian Donoghue 的风格并以老虎为主题使用 Midjourney 进行创作，那么可以直接输入描述语“Adrian Donoghue,tiger”（艾德里安·多诺休，老虎），生成的作品如图 3-24 所示。

⊙ 图 3-23

⊙ 图 3-24

2 艾德里安 · 托米尼（Adrian Tomine）

Adrian Tomine 是美国当代漫画家，他的作品以冷静的叙事风格在圈内独树一帜，画面干净、笔触细腻。

Adrian Tomine 的漫画作品如图 3-25 和图 3-26 所示。

⊙ 图 3-25

⊙ 图 3-26

我们还是以老虎为主题，使用“Adrian Tomine,tiger”（艾德里安·托米尼，老虎）描述语生成的作品如图 3-27 所示，该图具有 Adrian Tomine 独特的写实生活场景绘画风格和构图分镜方式。

⊙ 图 3-27

3 吉田明彦（Akihiko Yoshida）

Akihiko Yoshida 是日本的游戏设计师、概念艺术家。他的设计以深厚的文化背景为依托，结合个人深邃的画风和浓厚低沉的上色方式，代表作有《最终幻想》系列、《罪恶之城》系列、《黑暗之魂》系列等，如图 3-28 所示。

⊙ 图 3-28

要让 Midjourney 生成的图像具有 Akihiko Yoshida 的“厚重”且有历史感的风格，只需要输入描述语“Akihiko Yoshida,tiger”（吉田明彦，老虎），效果如图 3-29 所示。不难看出，由该描述语生成的作品具有类似油墨纸的画面质感以及复古的泛黄色调，颇具吉田明彦的禅意韵味，大师风格信手拈来。

⊙ 图 3-29

4 鸟山明（Akira Toriyama）

Akira Toriyama 是日本著名漫画家。他的成名之作《阿拉蕾》和代表作《龙珠》

在全世界漫画迷中都极受欢迎。他不仅是日本漫画黄金时代的核心人物，更是立下了漫画史上的一座里程碑。生动的角色、鲜艳的色彩、富有想象力的世界构建是 Akira Toriyama 的手绘特色，如图 3-30 所示。

⊙ 图 3-30

通过前面几个案例的讲解，我们都在期待使用“Akira Toriyama,tiger”（鸟山明，老虎）描述语，Midjourney 将会为我们带来怎样的惊喜。然而，这一次的绘图结果似乎并不符合预期，Midjourney 输出的四幅画作中（见图 3-31），只有最后一幅的老虎在绘画风格上接近预期。所以，Midjourney 绘图还是无法做到精准控制的。

⊙ 图 3-31

5 阿克什·梅杰（Akos Major）

Akos Major 是匈牙利摄影艺术家，他的作品有着超乎寻常的干净、简约、纯粹，能够让人忘却现实生活的纷纷扰扰，使眼睛与心灵得到放松，如图 3-32 所示。

⊙ 图 3-32

使用“Akos Major,tiger”（ 阿克什·梅杰，老虎 ）描述语，Midjourney 带给我们的画面表现出了空灵、神秘的感觉，如图 3-33 所示。

⊙ 图 3-33

6 艾伯特·沃森（Albert Watson）

Albert Watson 以艺术、名人和时尚摄影而闻名，是 20 世纪最具影响力的摄影师之一，被誉为人物拍摄的天才。其肖像作品没有繁复的构图，也没有夸张的姿态，简洁大气，浑然天成。乔布斯传记的经典肖像就是出自他之手，如图 3-34 所示。

⊙ 图 3-34

在 Midjourney 中使用 Albert Watson 的风格非常适合输出商业肖像，通过对面部表情的精细刻画，对复杂情绪的巧妙捕捉，精准抓住主体的风韵。在以老虎为例的作品中（描述语为“Albert Watson, tiger”），可以深刻感受到百兽之王的力量和威严，如图 3-35 所示。

⊙ 图 3-35

7 阿尔贝托·塞维索（Alberto Seveso）

Alberto Seveso 是来自意大利的摄影师、平面设计师。他将墨汁、水滴、晶片等元素和人体结合起来，创作了动态般曼妙的作品。输入“Alberto Seveso,tiger”（阿尔贝托·塞维索，老虎）描述语，Midjourney 呈现的效果如图 3-36 所示。

⊙ 图 3-36

8 安娜·迪特曼（Anna Dittmann）

Anna Dittmann 是美国插画家，她以创作女性肖像为主，其作品表现细腻唯美，如梦似幻，如图 3-37 所示。

⊙ 图 3-37

输入“Anna Dittmann,tiger”（安娜·迪特曼，老虎）描述语，Midjourney 生成的效果图如图 3-38 所示，该作品将女性的柔美与动物进行了毫无违和感的结合。于是我们产生了更大胆、更有创意的想法：是否可以通过垫图把自己加入合影？

⊙ 图 3-38

首先单击“+”，将自己的头像照片上传到服务器。单击上传好的照片，在浏览器中打开，并复制照片地址，将复制的链接粘贴至“/imagine prompt”后面，注意链接后缀必须是 .png 或 .jpg，然后留出一个空格，输入“Anna Dittmann,tiger”（安娜·迪特曼，老虎），按 Enter 键。稍等片刻后，Midjourney 输出的结果如图 3-39 所示。

⊙ 图 3-39

测试结果让人感到惊讶，Midjourney 替换了人物，最终得到了本书作者与老虎的合影。

9 阿什尔 · 戈尔基（Arshile Gorky）

Arshile Gorky 是美国画家、抽象表现主义之父，被誉为 20 世纪美国最有影响力的画家之一。他的作品综合了超现实主义和巴黎学派的感性色彩和绘画风格，如图 3-40 所示。其代表作有《瀑布》（*Waterfall*）和《绚丽旧磨坊的水》（*Water of the Flowery Mill*）。

⊙ 图 3-40

使用“Arshile Gorky,tiger”（阿什尔 • 戈尔基，老虎）描述语，Midjourney 将老虎具象主体简化为模糊的图形、线条，并使用浓郁的色彩展现，如图 3-41 所示。

⊙ 图 3-41

10 布莱恩·凯辛格（Brian Kesinger）

Brian Kesinger 是迪士尼动画制作公司的故事艺术家。图 3-42 所示是由 Brian Kesinger 用茶水做出的蒸汽朋克风插画。

⊙ 图 3-42

使用“Brian Kesinger,tiger”（布莱恩·凯辛格，老虎）描述语，Midjourney 生成的图片效果如图 3-43 所示。

⊙ 图 3-43

11 蔡国强（Cai Guoqiang）

蔡国强是中国当代艺术家，他著名的火药爆破艺术和大型装置充满活力和爆发力，超越平面，从室内空间进入社会和自然。他为 2008 年北京奥运会开幕式设计的烟花“历史足迹”惊艳了世界。

加入描述语后的 Midjourney 作品（见图 3-44）将火药的野性、灿烂、瞬时性等多种复杂的特质与老虎相结合，给我们带来了一场视觉盛宴。

⊙ 图 3-44

12 盐田千春（Chiharu Shiota）

Chiharu Shiota 是以线条做装置艺术的日本女性前卫艺术家，她的艺术世界仿佛是用丝线绕成的温柔与张力并存的空间。盐田千春展览现场如图 3-45 所示。

⊙ 图 3-45

使用“Chiharu Shiota,tiger”（盐田千春，老虎）描述语，我们毫不费力地得到了用纠缠交织的丝线包裹着的老虎形象，如图 3-46 所示。

⊙ 图 3-46

看到这里，我们在感叹 Midjourney 功能强大的同时，也意识到不断拓展知识库的重要性。只有创作题材和对应的艺术家风格之间的相关性越高，出的图才会越符合预期。此外，我们也可以通过了解不同艺术风格流派的特点，添加描述语测试，如现实主义（realism）、抽象主义（abstractionism）、波谱艺术（pop art）、超现实主义（surrealism）、野兽派（fauvism）等。我们仍然需要进行大量的探索和练习，让 Midjourney 的绘画变得更可控，并发挥我们的想象力和创造力，结合不同艺术家风格进行一些全新的创作。

3.3 绘制技法（techniques）

拓展视频 1

拓展视频 2

绘画的技术和方法直接关系到艺术表现力、感染力和审美价值。艺术观念和审美意识的更新，以及各种绘画新风格的出现，都会促使技法的不断创新与演进。在本节内容中，我们将通过一些常见的绘制技法指令，让 Midjourney 理解绘画意念，变成绘画黑科技。

1 炭笔画（charcoal）

炭笔画作品越来越受欢迎，因为其具有黑白灰变化的丰富性。炭笔颜色较铅笔更黑、更浓，在自然风景的描绘方面既细腻又霸气，具有更好的艺术表达效果。

以房屋为主体，使用 Midjourney 做炭笔画风格的设计，只需要在“/imagine prompt”后面输入“charcoal, house”（炭笔画，房屋），然后按 Enter 键发送消息，Midjourney 输出的图像效果如图 3-47 所示，房屋结构拿捏得很准确，线条力度感强，很有炭笔画的质感。若需要修改画面宽高比例，在描述语末尾加入后缀参数“--ar”即可，如“--ar 2:1”。

⊙ 图 3-47

使用描述语“charcoal, arch bridge”（炭笔画，拱桥）输出的图像效果如图 3-48 所示。

⊙ 图 3-48

2 8 位图（8 Bit）

像素风格是以“像素”为基本单位来绘图，强调清晰的轮廓、明快的色彩，是一种不受约束的风格，既潮流又复古。在图像技术高度发达的今天，像素风依然以其独有的魅力持续活跃着。

使用“8 Bit, tiger”（8 位图，老虎）描述语，Midjourney 生成的图像如图 3-49 所示。应用此种风格的老虎，呈现出极度精简的视觉效果，仿佛带我们回到了《超级玛丽》游戏的年代。

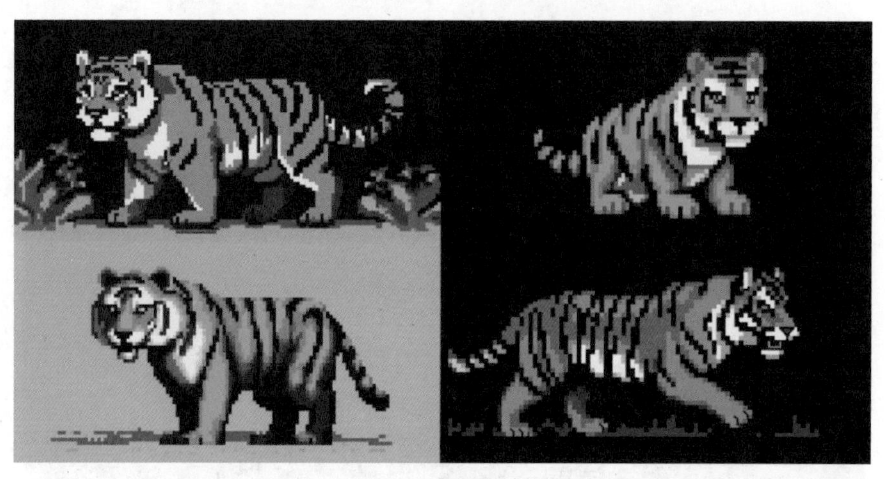

⊙ 图 3-49

使用描述语“8 Bit, lucky draw machine”（8 位图，幸运抽奖机）生成的绘图效果如图 3-50 所示。

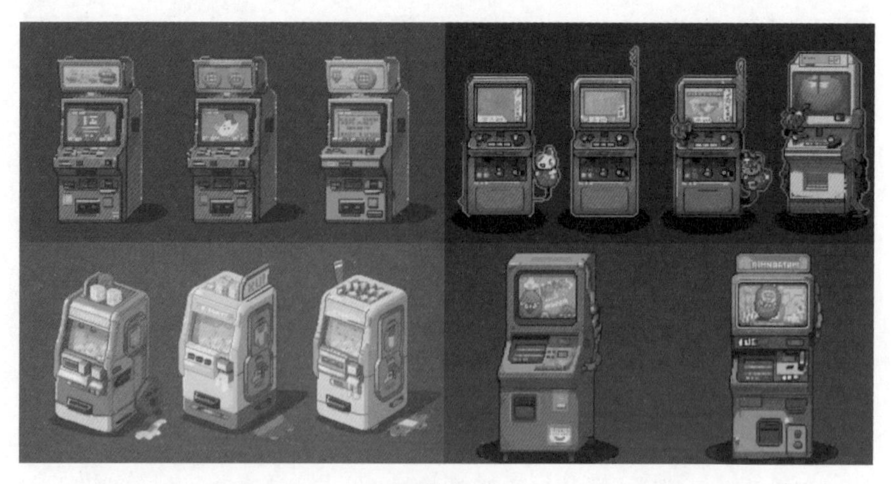

⊙ 图 3-50

3 丙烯画（acrylic painting）

丙烯画是指用丙烯颜料做成的画。丙烯颜料是 20 世纪 60 年代出现的一种由化学合成乳胶剂与颜料颗粒混合而成的新型绘画颜料，这种颜料凭借其色彩鲜润、适应性广、稳定性强等特质，越来越受到广大艺术爱好者的追捧。

输入“acrylic painting, tiger”（丙烯画，老虎）描述语，Midjourney 绘制的图像如图 3-51 所示。丙烯画质感的老虎颜色饱满、浓重，并结合了油画和水彩画的特性，作品表现出灵动的生命力。

⊙ 图 3-51

使用描述语“acrylic painting, persimmons”（丙烯画，柿子）生成的图像效果如图 3-52 所示。

⊙ 图 3-52

4 3D 打印（3D printed）

3D 打印技术是一种快速原型制造技术，也被称为增材制造。它是一种数字化制造过程，通过逐层堆积材料创建三维物体。3D 打印的用途极其广泛，单就文化艺术领域而言，3D 打印技术可以用于制造艺术品、珠宝，复刻古物等，可以实现更加精准和保护性的文化艺术传承。

输入描述语“3D printed, tiger”，Midjourney 生成的图像如图 3-53 所示。我们可以深入思考一下，既然真实的 3D 打印技术可以使用不同的打印材料，如金属、陶瓷、塑料、砂等，那么在关键词中如果加上对这些材料的描述，是否可以进一步得到更多不同材质的老虎图像呢?

⊙ 图 3-53

图 3-54 和图 3-55 是分别使用“3D printed, tiger, plastic and glass”（3D 打印，老虎，塑料和玻璃材质）描述语和“3D printed, tiger, clay”（3D 打印，老虎，黏土材质）描述语得到的不同图像效果。

⊙ 图 3-54

⊙ 图 3-55

5 酒精墨水（alcohol ink）

酒精墨水画是一种使用酒精墨水、混合物和涂料在非吸墨纸上进行创作的绘画技术，酒精墨水画的色彩饱和度高，具有流动性和渐变效果，因此每一幅作品都具有非常独特的艺术表现力。

想要 Midjourney 创作出具有酒精墨水风格的老虎图像，只需要在“/imagine prompt”后面加入关键词“alcohol ink, tiger”（酒精墨水，老虎）或者“tiger, alcohol ink style”（老虎，酒精墨水风格），如图 3-56 所示。

⊙ 图 3-56

酒精墨水风格的芭蕾舞者图像效果如图 3-57 所示，描述语为“ballerina, alcohol ink style ”（芭蕾舞演员，酒精墨水风格）。

⊙ 图 3-57

6 ASCII 艺术（ASCII art）

ASCII 艺术又名“文字图”或“字符画”，是一种主要依靠计算机 ASCII 字符创作图像的艺术形式。Midjourney 尚不能绘制出纯正的 ASCII 艺术图，但是可以使用“ASCII art, tiger”描述语模拟这种文本图形效果的老虎图像，如图 3-58 所示。

⊙ 图 3-58

使用描述语“ASCII art, hacker”（ASCII 艺术，黑客）生成的图像效果如图 3-59 所示。

⊙ 图 3-59

7 中国画（Chinese brush painting）

国画是我国的传统绘画形式，是用毛笔蘸水、墨、彩作画于绢或纸上，主要分为人物、花鸟、山水这几大类。国画注重整体的审美意境，构图灵活自由，画面留白的运用独具特色。

假设我们现在需要绘制一幅主题为“我的家乡”的国画，步骤如下。

步骤① 通过 ChatGPT 生成一段关于家乡的描述：“山顶上有一户农家，木房子，黑瓦房顶，门前停着 3 辆白色车。屋前有桃树、李子树，还有一排高大的松树。在屋后，有一条清澈的溪流。农家的院子里有一只大狗，它正在门前晒太阳。农家的主人正在屋前的田地里劳作，他穿着一件蓝色的工作服，手里拿着一把锄头。天空中飘着几朵白云，阳光透过树叶洒在地面上，形成了一片斑驳的光影。这是一个宁静而美丽的场景，让人感到心旷神怡。”

步骤② 使用翻译软件把这段文字翻译成英文：“On the mountaintop, there is a farmhouse with a wooden house and a black tile roof. Three white cars are parked in front of the door. There are peach trees, plum trees, and a row of tall pine trees in front of the house. Behind the house, there is a clear stream. There is a big dog in the farmyard, basking in the sun in front of the door. The owner of the farm is working in the field in front of the house, wearing a blue work uniform and holding a hoe in his hand. Several white clouds floated in the sky, and sunlight shone through the leaves on the ground, forming a mottled shadow. This is a peaceful and beautiful scene that makes people feel relaxed and happy.”

步骤③把这段英文复制粘贴到“/imagine prompt”后面，再留一个空格，输入“Chinese brush painting”（中国画），最后按 Enter 键发送消息。

Midjourney 设计的《我的家乡》如图 3-60 所示。墨色浓淡相互渗透掩映，自然雅致、韵味无穷。

⊙ 图 3-60

8 彩色铅笔画（color pencil sketch）

彩色铅笔画是一种综合了素描和水彩的绘画形式。彩色铅笔画的色彩非常丰富，笔触细腻且柔和，可以表现出轻盈、通透的质感，轻松打造精致的画面细节。

在 Midjourney 中输入描述语“color pencil sketch, house”（彩色铅笔画，房屋），生成的图像效果如图 3-61 所示。

⊙ 图 3-61

而输入描述语“color pencil sketch, toy teddy bear”（彩色铅笔画，玩具泰迪熊），生成的图像效果如图 3-62 所示。

⊙ 图 3-62

9 轮廓线画（contour drawing）

轮廓线画是绘画中的一种类型，轮廓线画的是空间、质感与体积。使用“contour drawing, house”（轮廓线画，房屋）描述语，Midjourney 绘制的轮廓线画如图 3-63 所示，把树叶的蓬松细碎质感和建筑的规整、坚硬质感，以及近大远小的空间透视感都表现得非常到位。

⊙ 图 3-63

使用描述语“contour drawing, tableware”（轮廓线画，餐具），Midjourney 绘制的图像效果如图 3-64 所示。

⊙ 图 3-64

10 剪纸（cutout）

剪纸是一种用剪刀或刻刀在纸上剪刻花纹的民间艺术，是国家级非物质文化遗产。剪纸艺术的风格粗犷、简化，轮廓坚实而清晰，纹样生动有趣。借助 Midjourney，结合“cutout”（剪纸）与“lantern”（灯笼）这两个关键词，看看它们能带来什么奇妙创意。

假如直接输入“cutout, lantern”（剪纸，灯笼），Midjourney 会呈现图 3-65 所示的非常立体的纸质灯笼图像。另外也可以使用“craft carving”（手工雕刻）、“layered paper craft”（分层纸艺术）、“hollow design”（镂空设计）等关键词得到这类纸艺效果。

⊙ 图 3-65

假如需要让画面更具平面插画的风格，可以尝试加入关键词“flat illustrations”（平面插图）、“plane illustration style”（平面插画风格）等，图 3-66 所示是通过完整描述语“layered paper craft, flat illustrations, lantern”（分层纸艺术，平面插图，灯笼）输出的图像效果。

⊙ 图 3-66

11 透视画（diorama）

diorama 译为“透视画”“透景画”或“立体模型”，是一种以视觉方式呈现自然或人造环境的艺术形式。它通过多种媒介的结合，让观众产生一种身临其境的感觉。使用“diorama”这个关键词可以得到微缩 3D 景观的效果。

输入描述语“diorama, classical Chinese garden”（透视画，中国古典园林），Midjourney 生成的图像如图 3-67 所示。

⊙ 图 3-67

使用描述语“diorama, bedroom”（透视画，卧室）生成的图像效果如图 3-68 所示。

⊙ 图 3-68

12 即兴涂鸦（doodle）

即兴涂鸦是一种很自由的艺术形式，是指不需要经过深度思考、无目的、完全发自内心的即兴绘画。涂鸦的创意与趣味性来自对生活的洞察。通过描述语“doodle, tiger”（即兴涂鸦，老虎）生成的即兴涂鸦如图 3-69 所示。

⊙ 图 3-69

如果 Midjourney 生成的这几幅涂鸦并不能完全符合我们的要求，应该怎么办呢？可使用如下步骤。

步骤 ① 单击图像右下角的刷新按钮，重新运行作业，如图 3-70 所示。

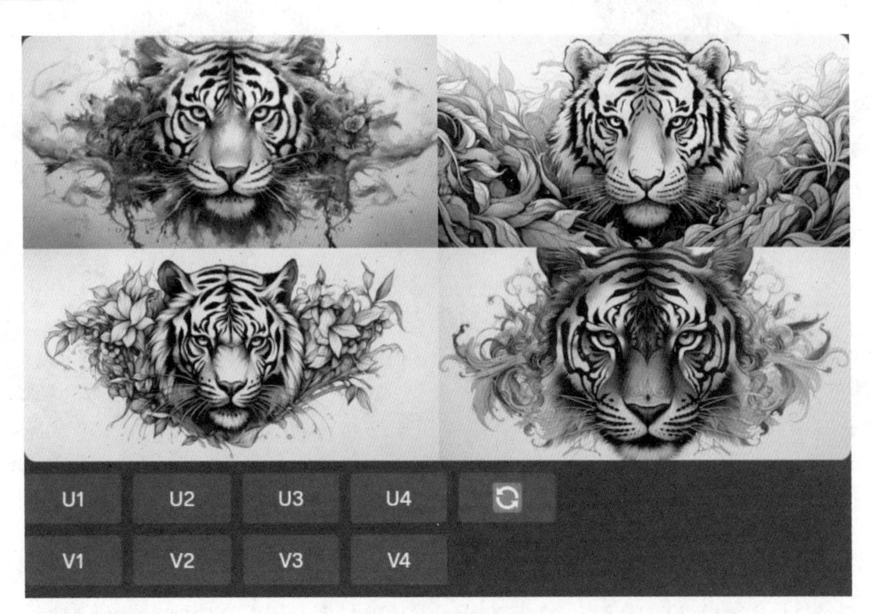

⊙ 图 3-70

步骤 ② 在输入框中，用英文输入法输入“/”，选择“/settings”指令，打开“settings”设置界面中的 Remix mode（混合模式）按钮，激活提示语弹窗，如图 3-71 所示。接着单击图像右下角的刷新按钮，在弹出的对话框中补充或者修改关键词，进行对比输出，以此获取更优质的图像。例如，在提示语弹窗中修改描述语为“doodle, tiger, cartoon”（即兴涂鸦，老虎，卡通），Midjourney 生成的图像如图 3-72 所示。

/settings View and adjust your personal settings.
/settings
Midjourney Bot
Adjust your settings here. Current suffix:
Use the latest model (5.2)
RAW Mode
Stylize low
Stylize med
Stylize high
Stylize very high
Public mode
Remix mode
High Variation Mode
Low Variation Mode
Sticky Style
Turbo mode
Fast mode
Relax mode
Reset Settings

⊙ 图 3-71

⊙ 图 3-72

我们在使用这些技法命令的时候，不妨去搜一下相关的艺术作品，使用关键词加垫图会更容易得到想要的效果。最后为大家深度整理了部分值得尝试的风格技巧，供学习参考。

- gongbi painting（工笔画）
- gouache paint（水粉画）
- ballpoint pen art（圆珠笔艺术）
- calligraphy（书法）
- drip painting（滴漆画）
- drop art（滴涂画）
- woodblock prints（木刻版画）
- flat illustration（扁平插画）
- drybrush（干刷）
- geometric（几何）
- double exposure（双重曝光）
- gradation art（渐变艺术）
- droste effect（德罗斯特效应）
- electrotyping（电铸）
- embossed（浮雕）

- crystal cubism（水晶立体主义）
- enamelled glass（搪瓷玻璃）
- figurine（小雕塑）
- gilding（镀金）
- glassblowing（玻璃吹制）
- gold leaf art（金箔艺术）
- dufaycolor photograph（杜菲彩色照片）

3.4 镜头（lens）

拓展视频

我们在欣赏一些优秀的 Midjourney 画作的时候，经常会被宏伟壮观的山脉、河流或城市景观所震撼，也能从特写镜头中感受到创作者复杂的情绪。使用不同的镜头指令可以让 Midjourney 生成不同镜头感的画面，本节就让我们一起来认识这些常用的镜头语言。

1 长曝光（long exposure）

长曝光是指相机快门打开的时间较长，用以捕捉运动模糊或拍摄夜景。这种技术为静止的场景带来了生命，它可以创造流动感、模糊效果和轨迹捕捉。

使用描述语“long exposure, a nighttime cityscape, vehicles”（长曝光，城市夜景，车辆），Midjourney 生成的画面如图 3-73 所示。

⊙ 图 3-73

若把描述语中的 vehicles 替换成具体车型，是否可以为品牌客户提供更具有视觉冲击力的广告效果呢？例如，使用描述语“long exposure, a nighttime cityscape, Audi R8”（长曝光，城市夜景，奥迪 R8），输出的图像如图 3-74 所示，长曝光下的灯光形成的放射性灯轨让我们感受到了极快的车速。

⊙ 图 3–74

使用描述语“long exposure, fireworks at night”（长曝光，夜晚的烟火），Midjourney 生成的图像效果也十分特别，夜色下的烟火，清晰的光线轨迹，如图 3-75 所示。

⊙ 图 3–75

2 短曝光（short exposure）

短曝光是指相机快门打开的时间较短，可以准确捕捉瞬间，冻结动作，防止出现模糊，通常用于对主体，如运动员、杂技表演者、动物、火车等的描述中。

例如，输入描述语“short exposure, running tigers”（短曝光，奔跑的老虎）后，Midjourney 生成的图像中定格了奔跑中的老虎姿态，非常逼真，如图 3-76 所示。

使用描述语“short exposure, hurdler”（短曝光，跨栏运动员）输出的图像如图 3-77 所示。使用描述语“short exposure, high-speed train”（短曝光，高速列车）输出的图像如图 3-78 所示。

⊙ 图 3-76

⊙ 图 3-77

⊙ 图 3-78

3 双重曝光（double exposure）

双重曝光是通过捕获两次曝光，将不同空间、时间的景物摄于同一画面中。创作双重曝光的照片通常需要先拍摄一张具有识别度的、轮廓清晰的主体照片，然后拍摄第二张照片，将后者以叠加的方式作为第一张照片的支持或补充。使用这种技术可以创作出神秘、浪漫、奇异的视觉效果，在拍摄人像、风景和建筑时十分受欢迎。

假设需要获得老虎叠加森林的双重曝光效果的图像，则要在描述语“tiger”（老虎）和“forest”（森林）中间加入关键词“and”（和），完整的描述语为“double exposure, tiger and forest”（双重曝光，老虎和森林），Midjourney 生成的图像如图 3-79 所示。

⊙ 图 3-79

修改描述语为“double exposure, girl and flowers”（双重曝光，女孩和花朵），Midjourney 生成的图像如图 3-80 所示。

⊙ 图 3-80

若图像的精度不够，可以在描述语中添加关键词来增强画质，如 4K（4K 分辨率）、8K（8K 分辨率）、ultra HD（超高清）、ultrahigh resolution（超高分辨率）、high detail（高细节）、hyper quality（高品质）、ultra-realistic（超逼真）、realistic details（逼真的细节）、high-precision（高精度）等。

4 长焦镜头（telephoto lens）

镜头焦距（通常以 mm 表示）是镜头的重要性能指标，镜头焦距的长短决定着拍摄的成像大小、视场角大小、景深大小和画面的透视强弱。大于 50mm 焦段的镜头，被称为长焦镜头、远摄镜头或者望远镜头。使用长焦镜头可以让远处的物体看起来更近，用于拍摄人物特写或远距离的风景。

使用描述语“telephoto lens, tiger in the forest”（长焦镜头，森林里的老虎）生成的图像效果如图 3-81 所示。

当使用描述语“telephoto lens, snow mountain”（长焦镜头，雪山）的时候，Midjourney 输出的图像中除了雪山，还加入了单反镜头元素，如图 3-82 所示。这显然不符合预期效果。只需要通过调换关键词的顺序来提高“snow mountain”（雪山）在画面中的权重即可。

⊙ 图 3-81

⊙ 图 3-82

使用修改后的描述语“snow mountain, telephoto lens”（雪山，长焦镜头）输出的图像如图 3-83 所示。

⊙ 图 3-83

5 广角镜头（wide-angle lens）

人们将 35mm 焦段以下的镜头称为广角镜头或者短焦距镜头，使用 wide-angle

lens（广角镜头）关键词能够更好地表现空间环境，适合 16:9 的图像横纵比。但是 Midjourney 默认的图像横纵比是 1:1，应该如何修改比例呢？只需要在描述语后面留出一个空格（英文输入法下），接着输入“--ar 16:9”（--ar 与数字之间要有一个空格），输入完成后，按 Enter 键发送消息即可，如图 3-84 所示。

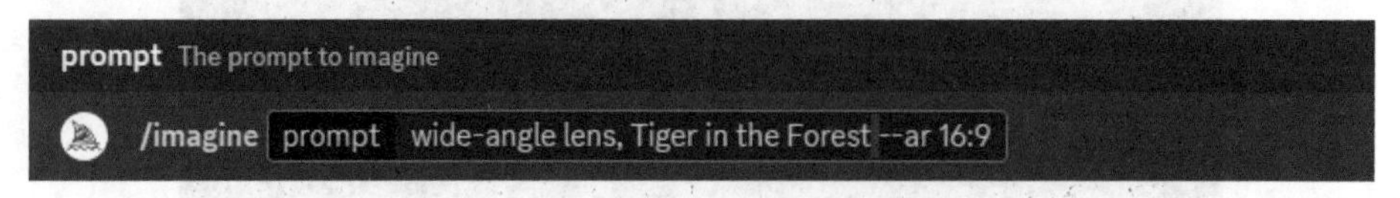

⊙ 图 3-84

使用描述语“wide-angle lens, tiger in the forest --ar 16:9”（广角镜头，森林中的老虎，16:9 画幅）生成的图像如图 3-85 所示。

⊙ 图 3-85

使用描述语“wide-angle lens, penguins on glaciers --ar 16:9”（广角镜头，冰川上的企鹅，16:9 画幅）生成的图像如图 3-86 所示。

⊙ 图 3-86

如果我们不满足于广角镜头提供的画面深度和广度，还可以在 Midjourney 中使用焦段在 12 ~ 24mm 的超广角镜头进行画面输出，关键词为“ultra wide-angle lens”（超广角镜头）。

6 微距镜头（macro lens）

微距镜头有极短的对焦距离，能够更近地接触被摄对象，从而清晰地刻画细节。以蚂蚁为例，输入描述语“macro lens, ants”（微距镜头，蚂蚁），在 Midjourney 输出的画面中能清楚地看到蚂蚁的外形特征，如图 3-87 所示。

⊙ 图 3-87

接着使用描述语“macro lens, butterfly”（微距镜头，蝴蝶）进行测试，Midjourney 输出的超近距离蝴蝶图像如图 3-88 所示。

⊙ 图 3-88

7 自拍（selfie）

自拍，顾名思义就是自己为自己拍照。我们先来做一个简单的测试，以老虎为例，输入描述语“selfie, tiger, wide-angle lens --ar 16:9”（自拍，老虎，广角镜头，16:9 画幅），Midjourney 生成了一张具有超强临场感的人物与老虎的自拍合影，如图 3-89 所示。

⊙ 图 3-89

可以通过在描述语中加入 gopro（运动相机）关键词去除人物形象。例如，使用描述语“selfie, tiger, by gopro --ar 16:9”（自拍，老虎，通过 gopro 运动相机拍摄，16:9 画幅），Midjourney 生成的老虎自拍照如图 3-90 所示。

⊙ 图 3-90

Midjourney 的自拍镜头还可以玩出一些有趣又魔幻的创意。例如，爱因斯坦穿越了时空，此刻正在图书馆里自拍，如图 3-91 所示。

⊙ 图 3-91

8 移轴摄影（tilt-shift photography）

Midjourney 移轴摄影是通过移轴镜头来改变画面的透视和聚焦区域，使画面看起来像微缩模型并自带模糊效果。移轴摄影配合俯瞰角度，可以让整个场景尽收眼底，效果如图 3-92 所示，图像描述语为“tiger, in the sunny forest, tilt-shift photography, aerial view”（老虎，在充满阳光的森林里，移轴摄影，鸟瞰图）。

⊙ 图 3-92

使用描述语“little boy, running in the sunny paddy field, tilt-shift photography”（小男孩，在阳光明媚的稻田里奔跑，移轴摄影），Midjourney 生成的图像如图 3-93 所示。

⊙ 图 3-93

9 柔焦（soft focus）

柔焦是指在相机镜头前加入一层特殊的滤镜，使拍摄画面变得柔和、模糊，常用于营造梦幻、浪漫的氛围。

我们分别以“plum blossom”（梅）、“orchid”（兰）、“bamboo”（竹）、“chrysanthemum”

（菊）为主体，加入中国文化主题风格关键词“Chinese culture theme style”与极简主义关键词“minimalist”后，Midjourney 生成的系列效果如图 3-94 所示。这里使用的有关画面风格关键词在 3.8 节中有更为详细的讲解。

⊙ 图 3-94

以兰花为例的完整描述语为“orchid, minimalist, advanced, Chinese culture theme style, soft focus, dreamy tones --ar 3:4”（兰花，极简主义，高级，中国文化主题风格，柔焦，梦幻色调，3:4 画幅）。

10 鸟瞰视角（aerial view/bird’s-eye view）

鸟瞰视角是指从空中向下俯视拍摄，用于展现地理特征或建筑规模。

Midjourney 绘制的鸟瞰视角下的上海外滩东方明珠电视塔如图 3-95 所示。描述语为“aerial view, Oriental Pearl TV Tower on the Bund”（鸟瞰视角，外滩东方明珠电视塔）。

⊙ 图 3-95

使用描述语“aerial view, roman colosseum”（鸟瞰视角，罗马斗兽场）生成的罗马斗兽场如图 3-96 所示。

⊙ 图 3-96

与之类似的高空摄影视角关键词还有 “drone photography”（无人机摄影）、“high angle view” （高角度拍摄）。

11 蠕虫视角（worm's-eye view）

蠕虫视角是指从地面仰视拍摄对象的摄像机角度，使被摄对象看起来高大、强壮，可以营造出戏剧性的视觉效果。

使用描述语 “tiger, background of urban streets, worm's-eye view” （老虎，城市街道背景，蠕虫视角）生成的图像效果如图 3-97 所示。这里加入了背景描述关键词 “background of urban streets” ，让老虎出现在了城市街道的场景中。

⊙ 图 3-97

蠕虫视角下的玩具泰迪熊如图 3-98 所示。描述语为 “a teddy bear, background of urban streets, worm's-eye view” （一只泰迪熊，城市街道背景，蠕虫视角）。

⊙ 图 3-98

在 Midjourney 中，还有更多镜头角度类型可供试验。例如，相机与拍摄对象处于同一水平位置，是拍摄效果比较真实、自然的平视角度，关键词为 eye level view；捕捉被摄对象侧面的侧视角度，其关键词为 side view/profile view；还有可以营造出神秘感的后视角度，关键词为 back view/rear view。

使用后视角度获得的泰迪熊图像如图 3-99 所示。

⊙ 图 3-99

12 特写（close-up view/close-up shot）

特写是一种极近距离的拍摄手法，用于展现被摄物的细节特征，渲染最为强烈的氛围和情绪。图 3-100 所示为使用描述语“close-up, tiger”（特写，老虎）呈现的图像效果。

⊙ 图 3-100

特写镜头也广泛应用于电商产品，如食物、饮料、化妆品、小家电等的摄影中。图 3-101 所示是 Midjourney 使用特写镜头关键词时呈现的画面效果，其完整的描述语为“close-up, Hermès perfume, white little lotus and flowing water, the background is the clean blue sky, simple, fine luster, soft light, bright, HD4K realism, super details, professional color grading, commercial photography --ar 3:4”（特写，爱马仕香水，白色的小莲花和流动的水，背景是干净的蓝天，简单，细腻的光泽，柔和的光线，明亮，HD4K 现实主义，超级细节，专业的色彩分级，商业摄影，3:4 画幅）。

⊙ 图 3-101

13 全景（full-shot/full-length shot/full shot photograph）

全景镜头用于捕捉整个主体。全景镜头表达的是被摄物与周围环境之间的关系。

Midjourney 可以为游戏角色设计带来灵感，我们不妨试试全景镜头下的功夫熊猫。输入描述语“Full length shot, realistic lighting and shading, Chinese giant panda anthropomorphism, Hanfu and mecha, amazing epic chinese ancient theme, Chinese martial arts movements, in focus, dynamic, cinematic, highly detailed, concept art, realistic --ar 4:3”（全景，逼真的灯光和阴影，中国大熊猫拟人化，汉服和机甲，令人惊叹的史诗中国古代主题，中国武术动作，聚焦，动态，电影，高度细致，概念艺术，逼真的，4:3 画幅），Midjourney 创造的角色如图 3-102 所示。

使用同一段描述语，把关键词“Chinese giant panda”（中国大熊猫）替换成“tiger”（老虎），Midjourney 创造的新角色图像如图 3-103 所示。

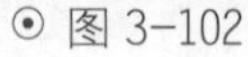
⊙ 图 3-102

⊙ 图 3-103

另外，根据想表达的情绪或者想要表现的画面感染力，也可以尝试不同的景别，如“medium shot”（中景）、“medium close-up”（近景）、“cowboyshot”（牛仔镜头）等。

14 剪影（silhouette/silhouette shot）

剪影是利用光影拍摄出黑色轮廓的艺术表现手法。使用这个关键词可以淡化主体的细节特征，产生一种神秘或者悲壮的氛围感。

使用描述语 “silhouette shot, tiger, french window, monochrome, minimalist --ar 4:3”（剪影，老虎，落地窗，单色，极简主义，4:3 画幅），Midjourney 生成的图像效果如图 3-104 所示。

⊙ 图 3-104

我们需要灵活运用这些镜头、视角，以创作出更为丰富、生动的 Midjourney 作品。本节最后列举一些常用的与镜头相关的词汇，希望能对读者有所帮助。

- front view（正视图）
- top view（顶视图）
- overhead shot（俯视镜头）
- look up（仰视）
- first-person view（第一人称视角）
- satellite view（卫星视角）
- over the shoulder shot（过肩镜头）
- fisheye lens（鱼眼镜头）
- pinhole lens（针孔透视）
- zoom lens with a wide aperture（大光圈变焦镜头）
- normal view（标准镜头）
- deep focus（深焦）
- shallow focus（浅焦）

- focal blur（焦点模糊）
- vanishing point（消失点）
- silhouette shot（剪影镜头）
- portrait（肖像）
- elevation perspective（立面透视）
- dutch-angle（斜角镜头）
- action shot（动作镜头）
- symmetrical（对称）
- cinematic shot（电影镜头）
- headshot photography（头像摄影）

3.5 灯光（lighting）

拓展视频

灯光是画面中不可或缺的元素。使用 Midjourney 绘图，对场景灯光的描述也是非常重要的。通过不同的光线和打光手法，可以营造各种氛围和情绪，从而提升画面美感。本节我们将结合实例具体讲解各种不同类型的灯光及其特点。

1 顶部照明（top lighting）

顶部照明是将光源置于被摄体的上方，从而产生明显的阴影和高光，突出被摄体并增强画面的视觉效果，适合人像或静物摄影。

使用描述语“portrait, tiger, top lighting”（肖像，老虎，顶部照明），Midjourney 生成的图像如图 3-105 所示。在此光线下的老虎肖像显得非常威严。

顶部照明应用在人像上的效果如图 3-106 所示，描述语为“the little match girl, top lighting”（卖火柴的小女孩，顶部照明）。

下面，尝试使用爱因斯坦肖像测试顶部照明效果，输入描述语“portrait of Einstein, top lighting”（爱因斯坦肖像，顶部照明）后，Midjourney 生成的图像如图 3-107 所示。假设需要输出更写实的爱因斯坦人像，可在描述语中加入关键词“photography”（照片摄影），Midjourney 使用描述语“portrait of Einstein, photography, top lighting”（爱因斯坦肖像，照片摄影，顶部照明）生成的图像如图 3-108 所示。

⊙ 图 3-105　⊙ 图 3-106

⊙ 图 3-107　⊙ 图 3-108

2 侧光（raking light）

侧光是光线从侧面照射被摄体，形成鲜明的明暗反差，有利于表现被摄体的空间深度感和立体感。

输入描述语“portrait of a tiger, raking light, black background”（老虎肖像，侧光，黑色背景），Midjourney 生成的老虎肖像如图 3-109 所示。

使用描述语“joker actor, raking light”（小丑演员，侧光），输出的图像如图 3-110 所示。注意，这里使用的小丑演员关键词“joker actor”会被 Midjourney 理解为电影《小丑》中的人物角色。我们替换关键词，使用“clown actor, raking light”（小丑演员，侧光）输出的图像效果如图 3-111 所示。

⊙ 图 3-109

⊙ 图 3-110

⊙ 图 3-111

3 背光 / 逆光（back light/coutre-jour）

背光或逆光是指光线从被摄体的背后照射，突出被摄体的轮廓和质感，从而增强画面的层次感和表现力。

使用描述语“tiger, back light”（老虎，逆光），Midjourney 生成的图像如图 3-112 所示。

⊙ 图 3-112

使用描述语“back light, elk”（逆光，麋鹿）生成的图像效果如图 3-113 所示。调出“/settings”（设置）指令，选择 RAW Mode（原始模式）（见图 3-114）后，重新输出的写实麋鹿图像如图 3-115 所示。

⊙ 图 3-113

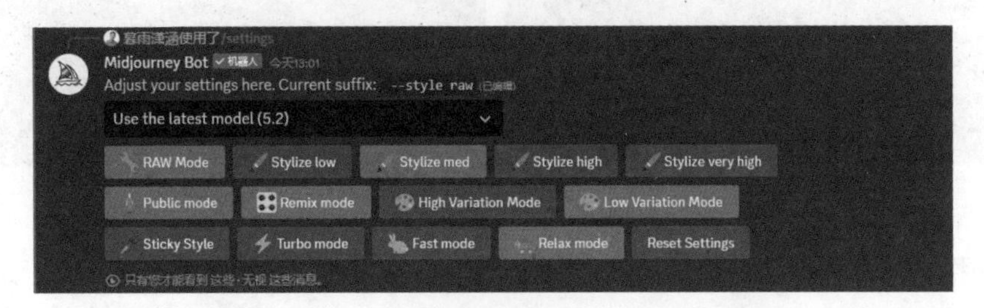

⊙ 图 3-114

⊙ 图 3-115

4 体积光（volumetric lighting）

体积光可以模拟光线穿过某种介质，如阳光穿过窗户、云层，创造出的动态、逼真的照明效果，这种光线可增强场景主体的立体感。

使用描述语“forest, volumetric lighting”（森林，体积光），Midjourney 生成的图像如图 3-116 所示。

⊙ 图 3-116

使用描述语“sunlight streaming through window, volumetric lighting”（阳光透过窗户，体积照明），生成的阳光透过窗户的图像效果如图 3-117 所示。

⊙ 图 3-117

也可以把体积光应用在产品摄影上，如图 3-118 所示，描述语为“commercial photography of perfume, marble table, sunlight streaming through the window, volumetric lighting, natural, minimalist, realistic details --ar 4:3”（香水的商业摄影，大理石桌子，

阳光透过窗户，体积照明，自然，极简主义，逼真的细节，4:3 画幅）。

⊙ 图 3-118

5 柔和照明（soft lighting）

柔和照明是通过将光源扩散或者使用柔光罩降低光照强度，创造出柔和、温暖的氛围效果。图 3-119 是使用柔和照明输出的婴儿图像，描述语为“a cute baby, on the bed, soft lighting”（一个可爱的婴儿，在床上，柔和照明）。

⊙ 图 3-119

把婴儿的关键词换成玩具熊，使用描述语“a cute furry bear toy, on the bed, soft lighting”（一个可爱的毛茸茸的玩具熊，在床上，柔和照明），Midjourney 输出的图像如图 3-120 所示。

⊙ 图 3-120

6 硬朗照明（hard lighting）

硬朗照明是指通过使用硬光源，如聚光灯、筒灯等，制造强烈的阴影和高光，使主体呈现硬朗的外观质感。

将硬朗照明效果应用在摩托车模型上的效果如图 3-121 所示，描述语为“motorcycle model, hard lighting”（摩托车模型，硬朗照明）。

⊙ 图 3-121

要想让 Midjourney 输出的图像更符合预期，可以加入一些有关摩托车模型特点的描述，如“trendy and cool”（时尚酷炫）、“black reflective paint”（黑色反光车漆）等。若想要 Midjourney 输出的摩托车更像是通过三维软件绘制的产品模型，那么可以加入 3d、c4d、blender 等关键词，同时结合关键词“Octane rendering”（OC 渲染器）

渲染出真实细腻的图像效果。

总结以上内容，输入描述语“motorcycle model, trendy and cool, black reflective paint, hard lighting, 3d, c4d, octane rendering”（摩托车模型，时尚酷炫，黑色反光漆，硬朗照明，3d，c4d，oc 渲染）后，Midjourney 输出的摩托车图像如图 3-122 所示。

⊙ 图 3-122

7 自然光（natural lighting）

自然光是没有人为干预的光源，如天空、月光等。在 Midjourney 中使用关键词“natural lighting”可以创造非常真实和自然的画面效果。

我们使用描述语“pasture, natural lighting”（牧场，自然光）输出的图像如图 3-123 所示。

⊙ 图 3-123

可以参考以下描述语的结构，使用真实的自然光照效果输出一些背景素材，用于电商产品海报设计，如图 3-124 所示。描述语为“close-up focus on the empty wooden platform, lichen and plants, white roses, forest, blue sky, sunlight, natural lighting, soft and ethereal, miniature, montage, realistic details, commercial photography --ar 3:4”（空木台特写，地衣和植物，白玫瑰，森林，蓝天，阳光，自然光，柔和空灵，微缩景观，蒙太奇，逼真的细节，商业摄影，3:4 画幅）。

⊙ 图 3-124

这段描述的核心句为“close-up focus on the empty wooden platform”，不设主体的空台面可以提供足够的画面留白，便于后期使用 Photoshop 软件做产品合成。玫瑰等植物为画面装饰内容，森林和蓝天则为背景描述，自然光、阳光以及柔和空灵的关键词给予画面明亮自然的调性。“miniature”（微缩景观）是用移轴镜头拍摄的画面效果，用来增加图像的细节和质感。使用关键词“montage”（蒙太奇）可以分离前、背景，让画面呈现拼贴画的效果。

为了深入理解“miniature”（微缩景观），我们分别使用“flower shop”（花店）和“courtyard”（庭院）与其组合后输出的图像如图 3-125 所示。

8 阳光（sunlight）

阳光可以模拟太阳光线，搭配前光、背光、侧光等不同的方向光带来不同的氛围和效果。例如我们可以这样描述：“slight sunlight from side”（侧面轻微的阳光），加入主体“handsome little boy”（英俊的小男孩）后，Midjourney 输出的图像如图 3-126 所示。

⊙ 图 3-125

⊙ 图 3-126

也可以根据时间、太阳角度和太阳位置的不同，对阳光进行深入描述，从而创作出更有意境的作品，如“direct sunlight”（阳光直射）、“12 o’ clock sunlight effect”（12 点钟的阳光效果）等。这里我们使用完整的描述语“a tiger anthropomorphism, enjoying tea, European style courtyard, 15 o’clock sunlight effect, surrealism, cinematic, ultra wide angle lens --ar 16:9”（拟人化的老虎，喝茶，欧式庭院，15 点钟的阳光效果，超现实主义，电影，超广角镜头，16:9 画幅），生成的图像如图 3-127 所示。

⊙ 图 3-127

9 云隙光 / 曙暮光（crepuscular rays）

云隙光 / 曙暮光是日光在云层或尘埃中被反射形成的光束。云隙光非常适合用于风景摄影，如图 3-128 所示，其描述语为“snowy mountains, clear lake water, vegetation, crepuscular rays, hyper realistic photo, style of National Geographic --ar 16:9”（雪山，清澈的湖水，植被，云隙光，超逼真的照片，国家地理风格，16:9 画幅）。

⊙ 图 3-128

10 黄金时段光（golden hour light）

黄金时段光是指在日出或日落时，太阳的光线呈现出柔和明亮的金色，笼罩整个场景。使用描述语“street, golden hour light”（街道，黄金时段光）输出的画面如图 3-129 所示。

⊙ 图 3-129

在 Midjourney 中使用关键词“golden hour light”（黄金时段光）描绘的老虎图像呈现出慵懒、温暖的氛围，如图 3-130 所示。描述语为“A tiger is sleeping on a rock, sun rays shining from behind, golden hour light, leisure, minimalist, long shot, ultra details --ar 16:9”（一只老虎在岩石上睡觉，阳光从背后照射，黄金时段光，休闲，极简主义，远景，超细节，16:9 画幅）。

⊙ 图 3-130

11 蓝调时刻（blue hour）

日落之后、华灯初上的短暂蓝色时段，天空泛着幽暗的蓝色光芒，是捕捉都市风光的最佳时机。以上海外滩东方明珠电视塔为例，在 Midjourney 中使用“blue hour”（蓝调时刻）配合“city lights”（城市灯光）关键词，生成的夜色画面如图 3-131 所示，完整描述语为“oriental Pearl TV Tower on the Bund, blue hour, city lights --ar 4:3”（上海外滩东方明珠电视塔，蓝调时刻，城市灯光，4:3 画幅）。

⊙ 图 3-131

12 工作室照明（studio lighting）

工作室照明也叫摄影棚照明，是将光源和灯具放置在专用的摄影工作室中，通过精细的照明突出主体的特点，达到最佳的拍摄效果。

使用工作室照明输出的产品摄影图如图 3-132 所示，描述语为“A retro coffee machine, light beige background, minimalist, product photography, studio lighting, realistic details”（复古咖啡机，浅米色背景，极简主义，产品摄影，工作室照明，逼真细节）。

将产品替换成收音机，Midjourney 输出的图像如图 3-133 所示，其描述语为“product photography of a radio, elegant green background, studio lighting, realistic details”（收音机的产品摄影，优雅的绿色背景，工作室照明，逼真的细节）。

⊙ 图 3-132

⊙ 图 3-133

13 电影照明（cinematic lighting）

电影照明是运用在电影拍摄中的照明技巧，通过对灯光的布置和调整，将光源与阴影结合，突出主体并强调画面的整体视觉效果。

以咖啡机为例，通过增加对时间以及场景的描述，可让画面更具故事性。使用描述语“A tattered coffee machine, 1970s, next to wooden windows, indoor scene, minimalist, cinematic lighting, realistic details --ar 4:3”（破旧的咖啡机，20 世纪 70 年代，木窗旁，室内场景，极简主义，电影照明，真实细节，4:3 画幅），Midjourney 输出的图像如图 3-134 所示。

⊙ 图 3-134

14 赛博朋克光（cyberpunk lights）

使用赛博朋克光可以模拟未来、科幻的场景效果，高对比度的色彩（蓝、紫、红、绿、黑）和强光源（霓虹灯、电子屏幕）创造出一种冷酷而神秘的氛围，带来强烈的视觉冲击。

使用描述语“futuristic city, towering buildings, neon lights, cyberpunk lights, aerial view, hyper quality --ar 16:9”（未来城市，高耸的建筑，霓虹灯，赛博朋克光，鸟瞰图，超高质量，16:9 画幅），生成的未来城市效果如图 3-135 所示。

⊙ 图 3-135

15 童话灯光（fairy light）

童话灯光也叫“萤火”或者“仙女光”，配合关键词，如夜晚、星星、萤火虫等，可以在 Midjourney 中创造出梦幻的灯光效果。使用描述语“A cute cat is catching fireflies in a lush forest, summer night with stars, fairy light, pixar movie style, 3d rendering”（一只可爱的猫在郁郁葱葱的森林里捕捉萤火虫，星光灿烂的夏夜，童话灯光，皮克斯电影风格，3d 渲染），生成的图像如图 3-136 所示。

⊙ 图 3-136

提示

皮克斯是一家位于美国的动画工作室，使用关键词“pixar movie style”（皮克斯电影风格）可以使画面呈现出皮克斯风格的动画电影效果。

16 冷光 / 暖光（cold light/ warm light）

冷光表现出的是冷静、神秘，而暖光则用于创造舒适和温馨的氛围。使用描述语“A small wooden bed in baby’s room, toys on the ground,pixar movie style, octane rendering”（婴儿房里的一张小木床，地上的玩具，皮克斯电影风格，oc 渲染），然后分别加入关键词“cold light”（冷光）和“warm light”（暖光）进行测试，Midjourney 输出的画面效果分别如图 3-137 和图 3-138 所示。

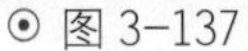

⊙ 图 3-137

⊙ 图 3-138

想要用好这些灯光关键词，就必须亲自去尝试，了解每种灯光的特性和适合的使用场景，从而生成需要的图像效果。另外，除了灯光描述，还可以添加关于天气、季节、时间等关键词，这对画面光影也有重要的影响。

为大家列举了以下灯光关键词，要想绘制出与需求更匹配的作品，需要不断学习和探索。

- front lighting（前置光）
- rim light（轮廓光）
- rembrandt light（伦勃朗灯光）

- atmospheric lighting（气氛照明）
- morning light（晨光）
- bioluminescence（生物光）
- reflections（反射）
- spotlight（聚光灯）
- electric flash（电光闪烁）
- dramatic light（戏剧光）
- global illuminations（全局照明）
- strobe lights（闪光灯）
- bright highlights（明亮高光）
- colored lighting（彩色照明）
- moody atmosphere（ 忧郁氛围）
- bisexual lighting（双性照明）
- rays of shimmering light（闪烁的光线）
- epic light（史诗光线）
- split lighting（分割布光）
- bright（明亮的）
- under-illumination（照明不足）
- ethereal lighting（空灵照明）

3.6 材质 / 纹理（textures）

拓展视频

通过对材质的精确描述，可以让主体质感更细腻，从而创造更多有趣的 3D 效果模型，提升 Midjourney 的生图质量，为商业应用提供可行性参考。

1 3D 分形（3D fractals）

分形通常被定义为“一个粗糙或零碎的几何形状，可以分成数个部分，且每一部分都（至少近似地）是整体缩小后的形状”，即具有自相似的性质。分形其原意是不规则的、支离破碎的。

首先介绍 3D 分形在建筑上的表现，输入描述语“architecture, 3D fractals --ar 4:3”（建筑，3D 分形，4:3 画幅），Midjourney 生成的画面如图 3-139 所示。

3D 分形在地形中的表现如图 3-140 所示，描述语为“terrain, 3D fractals --ar 4:3”（地形，3D 分形，4:3 画幅）。

⊙ 图 3-139

⊙ 图 3-140

替换关键词为“mushrooms”（蘑菇）和“corals”（珊瑚），分别输出的 3D 分形效果如图 3-141 所示。

⊙ 图 3-141

以一棵树为主体的 3D 分形效果如图 3-142 所示，完整描述语为“a blooming tree, 3D fractals, overgrowth, blue sky white clouds, ethereal atmosphere, surrealism --ar 4:3”（一棵盛开的树，3D 分形，繁茂生长，蓝天白云，空灵的气氛，超现实主义，4:3 画幅）。

⊙ 图 3-142

2 金属（metal）

Midjourney 中常用的金属关键词有“gold”（黄金）、“silver”（银）、“chrome metal”（铬金属）、“bronze”（铜）、“metallic foil”（金属箔）、“aluminum”（铝合金）等。使用这些金属材料可以制作逼真的立体字。输入描述语“number 1, gold, black background”（数字 1，金色，黑色背景），Midjourney 生成的立体字效果如图 3-143 所示。使用描述语“number 2, silver, black background”（数字 2，银，黑色背景），Midjourney 生成的图像效果如图 3-144 所示。

⊙ 图 3-143　　⊙ 图 3-144

接着，使用英文字母 C 结合铬金属材料 chrome metal 进行效果测试，输入描述语“letter C, chrome metal, internal light-emitting circuit, c4d, octane render”（字母 C，铬金属，内部发光电路，c4d，oc 渲染），Midjourney 生成的立体字母图像如图 3-145 所示。在此基础上，加入关键词“isometric”（等距）后，生成的图像效果如图 3-146 所示。我们可以把这些具有超强视觉冲击力的立体字素材用于电商宣传海报、专辑封面、电影海报等的设计中。

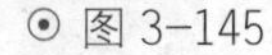

⊙ 图 3-145

⊙ 图 3-146

3 水晶（crystal）

使用 Midjourney 制作一个水晶质感的独角兽摆件，可以使用描述语“a crystal unicorn, 3d, color gradient background”（水晶独角兽，3d，渐变色背景），效果如图 3-147 所示。主体替换为“crystal castle”（水晶城堡）关键词后，Midjourney 输出的图像如图 3-148 所示，描述语为“a crystal castle, 3d, color gradient background”（水晶城堡，3d，渐变色背景）。使用描述语“a crystal apple, 3d, color gradient background”（水晶苹果，3d，渐变色背景）生成的水晶质感的苹果图像如图 3-149 所示。

⊙ 图 3-147

⊙ 图 3-148

⊙ 图 3-149

4 珍珠（pearl）

传统的珠宝设计需要设计师先构想出草图，再使用铅笔、水粉完成精细的设计图稿，这个过程会耗费大量的时间和精力。现在借助 Midjourney 能快速生成多个珠宝设计方案，无论是提供设计灵感，还是作为色彩效果、风格概念的参考，Midjourney都足以为珠宝设计师或者消费者带来更多的选择和可能性。

我们尝试使用珍珠、混合黄铜和黑曜石制作一个洛可可风格的珠宝吊坠，描述语为“jewelry pendant design, cat, made of pearls, mixedwith bronze and obsidian materials, elegant, Rococo, realistic”（珠宝吊坠设计，猫，珍珠制成，与青铜和黑曜石材料混合，优雅，洛可可，逼真），效果如图 3-150 所示。

⊙ 图 3-150

输入描述语“a luxurious brooch, inspired by coral, emerald and rose gold, scattered diamonds, delicate lines, exquisite luster, hyper-realistic”（奢华胸针，灵感来自珊瑚，翡翠和玫瑰金，零散的钻石，细腻的线条，精致的光泽，超逼真），Midjourney 制作的胸针如图 3-151 所示。我们可以混合使用更多的宝石，如“onyx stone”（玛瑙）、“ruby crystal”（红宝石）等，并采用更详细的切割手法和镶嵌工艺设计出独一无二的首饰。

⊙ 图 3-151

5 木头（wood）

木头可以用在木雕艺术品、木质结构建筑或者材质纹理贴图上。我们可以按照图像需求使用更详细的木材种类关键词，如“scentedrosewood”（黄花梨木）、“rosewood”（紫檀木）、“pine wood”（松木）等。

使用紫檀木制作的生肖木雕艺术品如图 3-152 所示，以老虎为例的描述语为“zodiac head, tiger, wooden sculture, rosewood, monochromatic, geometric abstractionism, advanced lighting, hyper quality”（十二生肖头，老虎，木雕，紫檀木，单色，几何抽象主义，高级照明，超高质量）。在这段描述语中，使用几何抽象主义关键词 geometric abstractionism，可以减少细节，简化图像，从而更好地呈现木雕的结构和质感。

⊙ 图 3-152

6 岩浆（magma）

岩浆是地幔上部形成的熔浆流体，火红而炽热。我们将羽绒服与岩浆的关键词进行组合，Midjourney 输出的图像如图 3-153 所示，描述语为“down jackets, magma”（羽绒服，岩浆）。

也可以尝试将岩浆材质应用在建筑上，图 3-154 所示为 Midjourney 输出的李宁品牌快闪店，描述语为“Li Ning’s pop-up store branding, outdoor volcano, magma, glass, organic architecture, futuristic concept design, ultra HD, ultra realistic --ar 4:3”（李宁的快闪店品牌，户外火山，岩浆，玻璃，有机建筑，未来概念设计，超高清，超逼真，4:3 画幅）。

⊙ 图 3-153

⊙ 图 3-154

另外，我们可以尝试一些快闪店效果的描述语，如“concept brand shop design”（概念品牌店铺设计）、“window display design”（橱窗展示设计）、“creative store design”（创意商店设计）、“pop-up shop”（快闪店）、“product display”（产品展示）、“concept space display”（概念空间展示）等，以及快闪店风格的描述语，如“ecological architectural style”（生态建筑风格）、“geometric concept”（几何概念）、“Chinese ancient building”（中国古建筑）、“in the style of urban signage”（城市标志风格）等。

7 羊毛毡（wool felt）

羊毛毡工艺有着上千年的历史，其使用的是通过热水和摩擦使蓬松的羊毛“毡化”成型的手工制作方法。羊毛毡可塑性强、质地柔软，可以制作成各种形态的物品，如帽子、手提袋、玩偶等。羊毛毡风格在 Midjourney 中能表现出非常明显的羊毛质感，给人温暖和舒适的感觉。

以一座古代建筑为例，使用描述语“small and cute ancient Chinese palace, wool felt, isometric, bright soft colors with clean background, high quality”（小巧可爱的中国古代宫殿，羊毛毡，等距，明亮柔和的颜色，干净的背景，高品质），Midjourney 输出的画面如图 3-155 所示。

⊙ 图 3-155

把毛毡风格应用在文创 IP 上，以大熊猫为例，输入描述语“fat cute giant panda made of wool felt, simple and pure background, with bamboo pole, high quality”（毛毡制作的胖萌大熊猫，背景简单纯净，竹竿，高品质），Midjourney 生成的 IP 形象如图 3-156 所示。

⊙ 图 3-156

8 毛茸茸（fluffy）

在 Midjourney 中使用 fluffy 关键词，我们能从输出的图像中直观感受到毛绒材质效果的温暖和可爱，如图 3-157 所示，描述语为“a cute fluffy giant panda, wearing a soft wool scarf and hat, pixar style character, soft cinematic lighting, clean background, ultra HD”（一只可爱毛茸茸的大熊猫，戴着柔软的羊毛围巾和帽子，皮克斯风格的角色，柔和的电影灯光，干净的背景，超高清）。

⊙ 图 3-157

9 薄纱面料（sheer fabrics）

薄纱面料常应用于服装设计中，在描述语中加入设计师的名字会让 Midjourney 的图像风格更稳定。使用描述语“haute couture dress, layers of sheer fabrics, champagne color, decorated with white lace, fashion editorial photography, verawang design, stunning, full shot, studio lighting, rich in details, high quality”（高级定制连衣裙，多层薄纱面料，香槟色，白色蕾丝装饰，时尚编辑摄影，王薇薇设计，惊艳，全景镜头，摄影棚照明，细节丰富，高品质），Midjourney 生成的礼服设计如图 3-158 所示。

⊙ 图 3-158

10 丝绸质地（silk texture）

我们尝试用极具东方美学的敦煌艺术来表现丝绸质感。输入描述语“Dunhuang Art style, a beautiful girl, exquisite Tang Dynasty clothing, lightweight silk texture, ribbons, the color combination of hematite red and copper green, Dunhuang mural color scheme, full body shot, performance art, desert background, magazine, Minimalist --ar 3:4”（敦煌艺术风格，一个美丽的女孩，精致的唐代服装，轻盈的丝绸质地，丝带，赤铁矿红和铜绿色的颜色组合，敦煌壁画配色方案，全身拍摄，行为艺术，沙漠背景，杂志，极简主义，3:4 画幅），Midjourney 呈现的丝绸服饰效果如图 3-159 所示。

⊙ 图 3-159

11 充气（inflatable）

借助 Midjourney，可以将充气的概念引入工业、建筑、服装设计中，结合不同的材质进行艺术创作。输入描述语“nike sneakers, inflatable, transparent plastic material, candy color, studio lighting”（耐克运动鞋，充气，透明塑料材料，糖果色，工作室照明）后，Midjourney 生成的充气款运动鞋如图 3-160 所示。若想获得更为丰富的鞋款，如图 3-161 所示，只需要把关键词“nike sneakers”（耐克运动鞋）改成“shoes”（鞋子）即可。

⊙ 图 3-160

⊙ 图 3-161

在建筑上使用充气材料后的图像效果如图 3-162 所示，描述语为“small and cute ancient Chinese palace, inflatable, transparent plastic material, pastel color, fine lustre, full shot, clean background, minimalism”（小巧可爱的中国古代宫殿，充气，透明塑料材料，色彩柔和，光泽细腻，全景镜头，干净背景，极简主义）。

⊙ 图 3-162

12 彩绘玻璃（stained glass）

彩绘玻璃常见于西方建筑的门窗装饰，是将不同颜色的玻璃切割拼接，利用光的透射产生视觉效果，使得整个空间充满神秘与艺术氛围。

以“dragon”（龙）为主体的彩绘玻璃图像效果如图 3-163 所示，描述语为“stained glass art of Chinese dragon”（中国龙的彩色玻璃艺术）。

接着，把彩绘玻璃与美术学院派建筑风格的大学图书馆进行结合，输入描述语“college library, Beaux-Arts architecture, stained glass, sunlight, surrealism”（大学图书馆，美术学院派建筑，彩绘玻璃，阳光，超现实主义）后，Midjourney 生成的图像效果如图 3-164 所示。

⊙ 图 3-163

⊙ 图 3-164

13 颗粒质感（grainy texture）

在平面插图上增加颗粒纹理，可以使画面呈现印刷质感。使用描述语“two little rabbits under the moonlight, Van Gogh, illustration, grainy texture”（月光下的两只小兔子，梵高，插图，颗粒质感），Midjourney 输出的图像效果如图 3-165 所示。

⊙ 图 3-165

14 液态金属质感（liquid metal）

液态金属是由不同金属材料融合而成的，具有强大的可塑性和流动性。液态金属在 Midjourney 中的使用效果如图 3-166 所示，完整的描述语为“futuristic mechanical girl, delicate face, outfits made of liquid metal, detailed luster, elegant posture, space station background, epic light, cyberpunk, unbelievably, surrealism, ultra realistic, intricate details, cinematic, octane render, 8k --ar 3:4”（未来主义机械女孩，精致的脸，液态金属制成的服装，细致的光泽，优雅的姿势，空间站背景，史诗之光，赛博朋克，难以置信，超现实主义，超逼真，复杂的细节，电影，oc 渲染，8k，3:4 画幅）。

⊙ 图 3-166

下面提供了一些其他类型的材质纹理关键词，读者可以尝试探索，从而带来更多灵感。

- cotton texture（棉质）
- knitted creatures（针织材质）
- carbon fiber（碳纤维）
- leather（皮革）
- glassy gradient（玻璃渐变）
- glass（玻璃）
- plastic texture（塑料质感）
- ceramic texture（陶瓷质感）
- amethyst（紫水晶）

- citrine（黄水晶）
- clay（黏土）
- sandy texture（沙质）
- brick texture（砖石质感）
- water wave texture（水波纹质感）
- metallicpaint texture（金属漆质感）
- made of iridescent foil（彩虹箔）
- holographic（镭射）
- membrane（薄膜）
- mycelium（菌丝体）
- gilding technology（镀金技术）
- foil stamping（烫金银箔）
- high polished（抛光）
- matte（哑光）
- antique（做旧）
- brushed（拉丝）
- smooth（光滑）
- rough（粗糙）
- flat（平整）

3.7 时代（era）

拓展视频

通过对本节内容的学习，我们可以在 Midjourney 的时空中任意穿梭，从马其顿王朝到大唐盛世，从几亿年前的寒武纪到 20 世纪 70 年代的上海老弄堂……下面我们将一起探索不同时代与商业元素的有效融合，开拓 Midjourney 艺术创作的新领域。

1 玛雅文明（Maya civilization）

玛雅文明起源于公元前 10 世纪，是美洲三大文明之一，在天文学、数学、艺术等方面都有杰出的贡献，留下了丰富的历史遗产。

库库尔坎金字塔（Kukulcan Pyramid）是古典玛雅文明成熟至臻的杰作。这座古老的建筑在 Midjourney 中的呈现如图 3-167 所示。完整描述语为“Maya civilization, The ruins of the Kukulcan Pyramid, full of traces of ancient civilization, ancient and mysterious, fantasy, aerial view, concept art, realistic details, hyper quality, 8k --ar 4:3”（玛雅文明，库库尔坎金字塔遗址，充满了古代文明的痕迹，古老而神秘，幻想，鸟瞰图，概念艺术，逼真的细节，超高质量，8k，4:3 画幅）。我们在描述语中使用了关键词“concept art”（概念艺术）以进行场景的塑造。

⊙ 图 3-167

还可以通过 Midjourney 设计出富有玛雅时代人物特征的卡通形象，如图 3-168 所示，完整描述语为“full body character design, front view, in the style of mayan artand architecture, a cute American Indian little girl, metal decorations on cheek, soft feather headwear, blind box, white background, fine details, image aesthetics, pixar, C4D, Blender, octane render, 8k”（全身人物设计，正视图，玛雅艺术和建筑风格，一个可爱的美国印第安小女孩，脸颊上的金属装饰，柔软的羽毛头饰，盲盒，白色背景，精细的细节，图像美学，皮克斯，C4D，Blender，oc 渲染，8k）。

2 石器时代（Stone Age）

石器时代是以使用打制石器为标志的人类历史分期的第一个时代，可以分为旧石器时代、中石器时代与新石器时代。

假设我们想使用石器时代的特征进行艺术创作，需要先了解一些相关的人类进化阶段、使用的各种器具、居住环境及建筑类型等。例如，可以使用“hominid”（原始人）、“Neanderthal”（尼安德特人）、“Homo erectus lantianensis”（蓝田猿人）等关键词获得原始人像，如图 3-169 所示。

⊙ 图 3-168

⊙ 图 3-169

借助 Midjourney 的神奇力量，我们让地球上的两代霸主——恐龙和人类在石器时代展开一次正面交锋，效果如图 3-170 所示，完整描述语为“Stone Age, Neanderthal, holding a stone axe, made of hard stone, confronting a tyrannosaurus rex, unbelievably, surrealism, epic atmosphere, ultra wide angle lens, intricate details, 8k --ar 16:9”（石器时代，尼安德特人，手持一把硬石制成的石斧，与霸王龙对峙，难以置信，超现实主义，史诗般的氛围，超广角镜头，复杂的细节，8k，16:9 画幅）。

⊙ 图 3-170

3 青铜时代（Bronze Age）

青铜时代在考古学上是以使用青铜器为标志的人类文化发展阶段。三星堆是位于中国四川的青铜时代文化遗址，被誉为“东方的金字塔”。

输入描述语“Bronze Age, bronze ding”（青铜时代，青铜鼎），Midjourney 输出的青铜鼎图像如图 3-171 所示。接着，我们加入“Sanxingdui cultural relic”（三星堆文物）关键词，使用描述语“Bronze Age, bronze ding, Sanxingdui cultural relic”（青铜时代，青铜鼎，三星堆文物）生成的图像如图 3-172 所示。

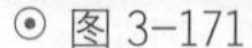

⊙ 图 3-171

⊙ 图 3-172

我们以三星堆文明的人脸形象为灵感，绘制的场景如图 3-173 所示，描述语为“Bronze Age, gate of Sanxingdui mask, gigantic ancient architecture, grand and mysterious, entrance, in the valley, misty, highly advanced ancient civilization, extremely low angle shot, rock art, epic light, ultra realistic, intricate details, cinematic, 8k --ar 3:4”（青铜时代，三星堆面具门，巨大的古建筑，宏伟而神秘，入口，山谷中，雾，高度先进的古代文明，

极低角度的拍摄，岩石艺术，史诗光，超逼真，复杂的细节，电影，8k，3:4 画幅）。

⊙ 图 3-173

注意 我们在描述语中使用了关键词“gigantic”（巨大的）、“grand”（宏伟的）、“extremely low angle shot”（极低角度镜头）以凸显建筑物的高大，还使用了关键词“misty”（雾）来增加画面的神秘感。

4 蒸汽时代（Steam Age）

蒸汽时代始于 19 世纪初，止于 19 世纪 70 年代的第二次工业革命。蒸汽机的发明和应用，将人类带入了蒸汽时代。

我们分别使用描述语“Steam Age, camera”（蒸汽时代，相机）和“Steam Age, compass”（蒸汽时代，指南针），输出的图像如图 3-174 和图 3-175 所示。

⊙ 图 3-174

⊙ 图 3-175

从图 3-174 和图 3-175 中可以看到，Midjourney 描绘的蒸汽时代充满了机械感和复古之美。“Steampunk”（蒸汽朋克）便是以蒸汽时代为背景的艺术美学。我们使用维多利亚时期的绅士装束，加入蒸汽朋克风格制作老虎手办，如图 3-176 所示，描述语为“Steam Age, steampunk tiger statuette, bowler hat and Ulster Coat, goggles, decorative walking stick, arrogant posture, designed by Mitsuji Kamata, toy, C4D, octane render, best quality --ar 3:4”（蒸汽时代，蒸汽朋克老虎雕像，圆顶礼帽和阿尔斯特外套，护目镜，装饰性手杖，傲慢的姿势，由镰田光司设计，玩具，C4D，oc 渲染，最佳质量，3:4 画幅）。

将描述语中的关键词“statuette”（雕像）修改成“toy”（玩具），Midjourney 输出的图像效果如图 3-177 所示。

⊙ 图 3-176

⊙ 图 3-177

5 古希腊（Ancient Greek）

古希腊文明被喻为“西方文明的摇篮”。古希腊孕育了许多奇幻瑰丽的神话故事，古希腊神话不仅为古希腊时期的文学艺术奠定了基础，更为后来欧洲文学创作提供了丰富的艺术素材和灵感。

我们以古希腊神话中的太阳神阿波罗为主体，通过 Midjourney 绘制的图像如图 3-178 所示，描述语为“Ancient Greek, Apollo, mythology, sitting in a laurel tree, elegant face, fair skin, golden long hair, wearing white and gold Himation, holding a lyre harp, mysterious wonderland, soft and bright, dreamy, Vray tracing, long shot, hyper detailed, 8k --ar 16:9"（古希腊，阿波罗，神话，坐在月桂树上，优雅的脸，白皙的皮肤，金色的长发，穿着白色和金色的长袍，手持里拉琴，神秘的仙境，柔和明亮，梦幻，Vray 追踪，远景，超详细，8k，16:9 画幅）。描述语中的关键词"Vray tracing"（Vray 追踪）可以为画面提供真实的光照效果。

⊙ 图 3-178

6 欧洲中世纪（Middle Ages）

由于瘟疫流行和持续不断的战争，欧洲中世纪被称为"黑暗时代"。哥特式艺术（Gothic）始于建筑，而后逐渐波及雕刻、绘画、文学等各个领域，其黑色阴暗却又华丽精致的艺术气质是中世纪历史精神的浓缩。

我们借助 Midjourney 绘制一张带有浓厚的中世纪色彩的塔罗牌牌面，如图 3-179 所示，描述语为"premium tarot card design, a magical girl in a rococo-style dress, delicate face, long black hair with white feather, black gold and dark blue color matching, ornate frame, surround by white rose, text layout below, hyperdetail portrait, Middle Ages, gothic dark style, commercial illustration, 4k --ar 2:3 --niji 5"（高级塔罗牌设计，一个穿着洛可可风格连衣裙的神奇女孩，精致的脸，黑色长发配白色羽毛，黑金和深蓝色配色，华丽的框架，周围是白玫瑰，下面是文字布局，超细节肖像，中世纪，哥特式黑暗风格，商业插图，4k，2:3 画幅，动漫风格）。

"--niji 5"是动漫风格后缀参数，是专门针对动漫和二次元风格的模型，niji 在动作镜头以及以人物为中心的构图方面表现非常出色。如果需要 Midjourney 生成更具二次元风格的人物脸型，不妨试试加入关键词"anime aesthetic"（动漫美学）。

⊙ 图 3-179

7 文艺复兴时期（Renaissance）

文艺复兴是 14 世纪在意大利兴起，16 世纪在欧洲盛行的思想文化运动。意大利文艺复兴时期是一个星光璀璨的黄金时代，达·芬奇、米开朗基罗、拉斐尔等都是这个时期杰出的艺术家。

Midjourney 对于文艺复兴时期油画风格的创作如图 3-180 所示，描述语为“abstract oil painting of a sleeping girl, dressed in European aristocratic attire, Renaissance, detailed brush strokes, deep tones, atmosphere lighting, Leonardo da Vinci style --ar 2:3”（一幅睡觉女孩的抽象油画，穿着欧洲贵族的服饰，文艺复兴时期，笔触细致，色调深沉，氛围照明，达·芬奇风格，2:3 画幅）。

⊙ 图 3-180

Midjourney 对于文艺复兴时期的油画技法模拟度非常高，使用光线和阴影来营造画面的深度，同时强调了比例和透视，创作出了非常细腻、真实的效果。

8 唐朝（Tang Dynasty）

唐朝是中国文化史上的重要时期，唐朝的文化和艺术成就涵盖了文学、音乐、绘画、书法、建筑等多个领域，涌现了大量具有代表性和影响力的艺术作品和艺术家。

我们使用Midjourney绘制的唐朝门厅，如图 3-181 和图 3-182 所示，描述语为“Tang Dynasty, interior scene of an ancient hall, exquisite interior decoration, 8k --ar 4:3”（唐朝，一个古老大厅的内部场景，精致的内部装饰，8k，4:3 画幅）。

⊙ 图 3-181

⊙ 图 3-182

把门厅作为背景，加入有关跳舞女孩的描述后，Midjourney 输出的图像如图 3-183

所示，完整的描述语为“Tang Dynasty, interior scene of an ancient hall, exquisite interior decoration, a beautiful girl, graceful dance movements, silk skirt, red and golden color, opulent fabrics, center composition, depth of field, panorama, 8k --ar 16:9 --niji 5”（唐朝，一个古老大厅的内部场景，精致的内部装饰，一个美丽的女孩，优美的舞蹈动作，丝绸裙，红色和金色，华丽的织物，中心构图，景深，全景，8k，16:9 画幅，动漫风格）。

⊙ 图 3-183

9 20 世纪 70 年代（1970s）

20 世纪 70 年代的中国，人们的生活方式简单而纯粹，文化题材也大多与劳动人民相关，散发着一股蓬勃向上的朝气。Midjourney 绘制的 70 年代的邮票如图 3-184 所示，描述语为“stamp from 1970s, Chinese workers”（70 年代的邮票，中国工人）。

⊙ 图 3-184

借助 Midjourney 我们可以构思一些有趣的画面，比如，“Iron Man”（钢铁侠）和“Batman”（蝙蝠侠）分别出现在 70 年代的上海街道，引起了群众的围观，如图 3-185 所示，描述语为“In the 1970s, on the streets of Shanghai, a tall Iron Man model surrounded by the masses, highly detailed, cinematic, super realistic, fuji film --ar 4:3”（20

世纪 70 年代，在上海的街道上，一个高大的钢铁侠模型被群众包围，高度细致，电影化，超逼真，富士胶片，4:3 画幅）。将 Iron Man 替换为 Batman，图像主体变为蝙蝠侠。

⊙ 图 3-185

我们还可以使用“vintage”（怀旧的）、“movie still”（电影剧照）、“kodak film 5207”（柯达 5207 电影卷）、“convey a strong sense of film and grain”（传达出强烈的胶片感和颗粒感）等关键词来打造怀旧效果。

通过对以上内容的学习，我们得出结论：Midjourney 可以通过不同时代的关键词识别出大致的时代特征。假设我们需要更精准的图像输出，就需要去适配同时期著名的艺术家名字、建筑风格、人文精神或者服饰特点等，并结合使用灯光、镜头、风格等关键词描述。

以下列举的其他时代关键词供大家学习参考。

- Prehistoric（史前时期）
- Ancient Egypt（古埃及）
- Ancient Roman（古罗马）
- Babylonian Empire（巴比伦帝国）
- Mughal Empire（莫卧儿帝国）
- Persian Empire（波斯帝国）
- Olmec（奥尔梅克文明）
- Incan Empire（印加帝国）
- Aztec Empire（阿兹特克帝国）
- Qing Dynasty（清朝）
- Mongol Empire（蒙古帝国）

- Victorian-era（维多利亚时代）
- Heian Period（和平时代）
- Joseon Dynasty（朝鲜王朝）
- Meiji Period（明治时代）
- Mali Empire（马里帝国）

3.8 风格（styles）

拓展视频 1

拓展视频 2

基于作品题材、情节结构、形象塑造等因素，选择合适的表现风格能让艺术作品产生巨大的感染力。本节将详细拆解 14 种风格关键词，帮助大家更好地理解这些风格在画面中的表现，从而将它们巧妙地融汇到自己的作品中。

1 传统中国水墨画 / 国潮（traditional Chinese ink painting）

随着优秀的国货品牌和国漫电影的崛起，国潮插画的商业需求呈爆发式增长，国潮以中国文化传统为基调，具有非常浓郁的中国特色。Midjourney 模拟国潮插画风格生成的图像如图 3-186 所示，描述语为“traditional Chinese ink painting, a Chinese boy, messy short hair, in the style of grunge beauty, Chinese lion dance, dark azure and navy color scheme, mixed patterns, Victo Ngai style, best quality --ar 3:4 --niji 5”（中国传统水墨画，一个中国男孩，凌乱的短发，破旧美风格，中国舞狮，深蓝色和海军蓝配色方案，混合图案，倪传婧风格，最佳质量，3:4 画幅，动漫风格）。

图 3-186

Midjourney 生成的国潮风格的外卖咖啡杯效果如图 3-187 所示，描述语为 “traditional Chinese ink painting, take-out coffee mug, golden osmanthus and green leaves, clouds, dark beige and green, Victo Ngai style, 8k --ar 3:4 --niji 5”（中国传统水墨画，外卖咖啡马克杯，金色桂花和绿叶，云朵，深米色和绿色，倪传婧风格，8k，3:4 画幅，动漫风格）。

⊙ 图 3-187

国潮风格关键词搭配不同的设计师名字，如 Qiu Shengxian、Gregorz Domaradzki、Sandara Tang、Becca Doodlefly 等，会让 Midjourney 的出图更加惊艳。

2 童话风格（fairy tale style）

如果想让 Midjourney 还原童话故事中的梦幻城堡，可以使用关键词 “fairy tale style”（童话风格），图 3-188 所示效果使用的完整描述语为 “princess’s castle, dreamy light blue exterior, medieval garden background, blooming flowers, complex structure, white powder tones, mysterious, fairy tale style, 3d, octane render, ultra low wide angle, rich detailed, 8k --ar 4:3”（公主的城堡，梦幻的浅蓝色外观，中世纪的花园背景，盛开的花朵，复杂的结构，白色粉末色调，神秘，童话风格，3d，oc 渲染，超低广角，丰富的细节，8k，4:3 画幅）。

⊙ 图 3-188

Midjourney 绘制的童话故事里的人鱼公主形象如图 3-189 所示，完整描述语为“little mermaid, show a gorgeous mermaid tail, long tail, long soft fins, shiny scales, a big fish tail fin, light pink long hair, exquisite hair accessories, underwater world, schools of fish, glowing plants, shimmer pearly color, fairy tale style, ethereal, ray tracing, extreme panoramic view, best quality, realistic details, 8k --ar 3:4”（小美人鱼，展现华丽的美人鱼尾巴，长长的尾巴，柔软的长鳍，闪亮的鳞片，巨大的鱼尾鳍，淡粉色的长发，精致的发饰，海底世界，鱼群，发光的植物，微光珍珠色，童话风格，空灵，光线追踪，极致全景，最佳质量，逼真的细节，8k，3:4 画幅）。

注意 在上面这段描述语中，我们使用了非常多的关键词描写鱼尾，这是出图达到预期的关键。

⊙ 图 3-189

若在上述描述语的末尾加入动漫风格后缀参数“--niji 5”，Midjourney 输出的图像如图 3-190 所示，人鱼形象在动漫模型版本中的出图会更稳定。

⊙ 图 3-190

3 蒙太奇（montage）

蒙太奇原为建筑学术语，意为“构成、装配”，电影发明后引申为“剪辑”，指的是镜头与镜头的组接以及转换。蒙太奇可以简单地理解为一种有意义的时空人为的拼贴剪辑手法。

我们随意组合一些关键词，如“girl, tiger, geometric, fashion, montage”（女孩，老虎，几何，时尚，蒙太奇），Midjourney 输出的画面如图 3-191 所示。

⊙ 图 3-191

在 Midjourney 中使用关键词“montage”（蒙太奇）绘制的电商产品海报如图 3-192 所示，完整描述语为“product photography, an exquisite green tea packaging box on a wooden table, displays a cup of green tea and some tea-leaves, surrounded by plants, a tea plantation above the picture, photo montage, color level, bright, medium long view, high quality, advertising photos, 8k --ar 3:4”（产品摄影，一个精致的绿茶包装盒放在一张木桌上，展示一杯绿茶和一些茶叶，周围是植物，图片上方是一个茶园，照片蒙太奇，色彩层次，明亮，中远景，高品质，广告照片，8k，3:4 画幅）。

⊙ 图 3-192

4 极简主义（minimalism）

极简主义是一种生活及艺术的派系，概括来说就是极力追求简约，主张去繁从简，用最少的设计元素传递精致而不乏高级感的空间美学。

我们可以将极简主义应用在绘本插图上，使用描述语“a cute little tiger, birds and trees, minimalism, illustration”（一只可爱的小老虎，鸟和树，极简主义，插图）生成可爱的老虎插图后，再将老虎关键词“tiger”分别替换为“bear”（熊）、“rabbit”（兔子）和“squirrel”（松鼠），Midjourney 延展生成的系列插图如图 3-193 所示。

⊙ 图 3-193

极简主义在产品摄影领域表现出的优雅和纯粹感如图 3-194 所示，完整描述语为“a dark brown ceramic teapot, on a wooden table, bamboo branches, Chinese door and window, white smoke, Chinese zen style, minimalism, center composition, close-up, light teal and dark orange, 8K”（一个深棕色的陶瓷茶壶，放在木桌上，竹枝，中国门窗，白烟，中国禅宗风格，极简主义，中心构图，特写，浅青色和深橙色，8K）。

⊙ 图 3-194

5 抽象艺术（abstract art）

抽象艺术是指对真实自然物象的描绘予以简化或完全抽离的艺术，它的美感内容借由形体、线条、色彩的形式组合或结构来表现。抽象艺术在装饰、工艺或建筑艺术中具有重要的意义。“abstract art”（抽象艺术）关键词在装饰画中的运用如图 3-195 所示，完整描述语为“abstract pattern, gouache, beautiful underwater world, cute, pretty soft colors, fantasy, abstract art, 4k”（抽象图案，水粉画，美丽的海底世界，可爱，漂亮柔和的颜色，幻想，抽象艺术，4k）。

⊙ 图 3-195

使用描述语"abstract art, tiger, cute, pretty soft colors, fantasy, 4k"（抽象艺术，老虎，可爱，漂亮柔和的颜色，幻想，4k）输出的抽象艺术感的老虎图像如图 3-196 所示。

⊙ 图 3-196

6 立体主义（cubism）

立体主义又称立方主义，是 20 世纪初兴起于法国的一种艺术流派，它主要追求几何形体的构建与形式排列组合所产生的美感。立体主义的代表人物是巴勃罗·毕加索（Pablo Picasso）和乔治·布拉克（Georges Braque）。

图 3-197 所示是分别使用"Batman"（蝙蝠侠）和"Iron Man"（钢铁侠）得到的立体主义绘图。可以看到图像中使用了很多基本的几何形状来表现物体的立体感，呈现出多种视角的效果。完整描述语为"abstract Batman/Iron Man painting, cubism, cubism picasso, old paper sheet"（抽象蝙蝠侠 / 钢铁侠绘画，立体主义，立体派毕加索，旧纸）。

⊙ 图 3-197

7 野兽主义（fauvism）

野兽主义是 20 世纪初西方现代主义的重要流派之一。野兽主义艺术家运用简练的线条和夸张的颜色来实现色彩在画面中的完全释放和独立。野兽主义的艺术作品通常会表现出狂野的艺术特征和无限的想象力。

在 Midjourney 中使用关键词“fauvism”（野兽主义）来获得一些插花艺术的灵感，如图 3-198 所示，完整描述语为“flower arranging art, pale blue, rich and rare flower materials, vine woven flower basket, wooden pillar, fauvism, exotic, professional photography, super detail, 8k”（插花艺术，淡蓝色，丰富、稀有的花卉材料，藤编花篮，木柱，野兽主义，异国情调，专业摄影，超级细节，8k）。

⊙ 图 3-198

8 观念艺术（concept art）

观念艺术又称概念艺术，是当代艺术的一种。观念艺术尽管常以视觉艺术的方式呈现，但这种呈现是为表达观念服务的。因为观念艺术、装置艺术和行为艺术在表现形式上具有重合性，所以许多艺术家在创作作品时往往会涉及这三种类型的艺术表达方式。

我们使用玻璃和织物搭建一个玫瑰造型的艺术装置，效果如图 3-199 所示，完整描述语为“in the showroom, sculpture of organic roses, made of glass and fabric, light white and red, concept art, installation art, abstract art, ethereal scenes, dreamy, Vray tracing, 8k --ar 3:4”（展厅里，有机玫瑰雕塑，由玻璃和织物制成，浅白色和红色，概念艺术，装置艺术，抽象艺术，空灵的场景，梦幻，Vray 追踪，8k，3:4 画幅）。

⊙ 图 3-199

9 超写实主义（hyperrealism）

超写实主义又称高度写实主义，是绘画和雕塑的一个流派，通过微妙的灯光和阴影效果，创造出有形固态和实际存在的感觉，其风格类似高分辨率照片。

使用 Midjourney 尝试还原名画中的人物，效果如图 3-200 所示，完整描述语为“Het meisje met de parel, Johannes Vermeer, portrait photography, black background, hyperrealism, super detailed, 8k”（《戴珍珠耳环的少女》，约翰内斯・维米尔，肖像摄影，黑色背景，超写实主义，超细节，8k）。如果需要生成相似度较高的图像，可以使用名画的原图作为垫图，让 Midjourney 计算更为精准。

在同样的句式下，将作品名称替换为“Mona Lisa”（《蒙娜丽莎》），并将艺术家名字替换为“Leonardo da Vinci”（列奥纳多・达・芬奇），得到的图像效果如图 3-201 所示。

⊙ 图 3-200

⊙ 图 3-201

10 超现实主义（surrealism）

超现实主义是一种现代西方文艺流派，将表现手法和题材融为一体，将潜意识中存在的多种抽象概念与想法以绘画的形式进行阐述。超现实主义强调偶然的结合、无意识的发现以及梦境的真实再现。

超现实主义在 Midjourney 中的表现效果如图 3-202 所示，完整描述语为“a 3-year-old girl chases a white balloon, long hair, white floral short dress, looking at the camera, macaron color scheme, surrealism, fantastic, soft-focus, 8k --ar 3:4”（一个 3 岁的女孩追逐一个白色气球，长发，白色碎花短裙，看着镜头，马卡龙配色方案，超现实主义，梦幻，柔焦，8k，3:4 画幅）。

⊙ 图 3-202

超现实主义在时尚摄影中的运用如图 3-203 所示，完整描述语为“a fashion girl wearing white suits, sitting on a white chair, pigeons flying, center composition, airy and light, cinematic, surrealism, Rene Magritte, romantic soft focus and ethereal light, light white and light gold palette, ultra wide angle lens, octane render, highly detailed, 8k --ar 16:9”（一个穿着白色西装的时尚女孩，坐在白色的椅子上，鸽子在飞翔，中心构图，轻盈明亮，电影，超现实主义，雷尼·玛格利特，浪漫的柔焦和空灵的光线，淡白色和淡金色的调色板，超广角镜头，oc 渲染，高度细致，8k，16:9 画幅）。

⊙ 图 3-203

11 解构主义（deconstruction）

解构主义于 20 世纪 60 年代起源于法国，可以理解为先分解结构再进行创新和重组。解构主义设计最早出现于建筑领域，其主要特征是把完整的现代主义、结构主义建筑整体破碎处理后进行重组，形成破碎的空间和形态，具有个人性和随意性。

"deconstruction"（解构主义）在建筑上的表现效果如图 3-204 所示，完整描述语为"panda variation style museum, arc-shaped architecture, dark beige and black concrete, Peter Eisenman, in style of deconstruction, whimsical, visually stunning effect, 8K --ar 16:9"（熊猫变体风格博物馆，弧形建筑，深米色和黑色混凝土，彼得•艾森曼，解构风格，异想天开，视觉震撼效果，8K，16:9 画幅）。

⊙ 图 3-204

⊙ 图 3-204（续）

“deconstruction”（解构主义）在服装设计中的表现如图 3-205 所示，完整描述语为“runway fashion, eastern supermodel dressed loose cut suit, black and navy blue, masculine elements, deconstruction, minimalism, Yohji Yamamoto, full body, realistic photography, high quality, 8K”（T 台时尚，东方超模穿着宽松剪裁西装，黑色和海军蓝，男性元素，解构主义，极简主义，山本耀司，全身，写实摄影，高品质，8K）。当把服装设计师关键词“Yohji Yamamoto”（山本耀司）替换为“Martin Margiela”（马丁・马吉拉）后，Midjourney 生成的服装风格如图 3-206 所示。

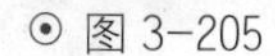

⊙ 图 3-205　　⊙ 图 3-206

12 工业风格（industrial style）

工业风格被广泛应用于室内装修和产品设计中，在 Midjourney 中使用关键词“industrial”（工业）可以辅助我们做一些工业设计的概念方案，如图 3-207 所示，完整描述语为“wireless mouse design, transparent glass and mechanical structure, Gundam armor design, internal complex circuit board, futuristic, fine gloss, studio lighting, close-up, industrial design, ultra realistic, ultra details, 3D, Vray tracing, 8K”（无线鼠标设计，透明玻璃和机械结构，高达装甲设计，内部复杂电路板，未来主义，精细光泽，工作室照明，特写，工业设计，超逼真，超细节，3D，Vray 追踪，8K）。

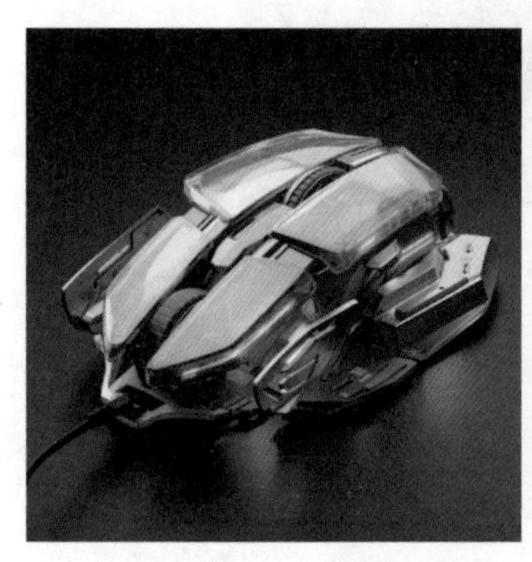

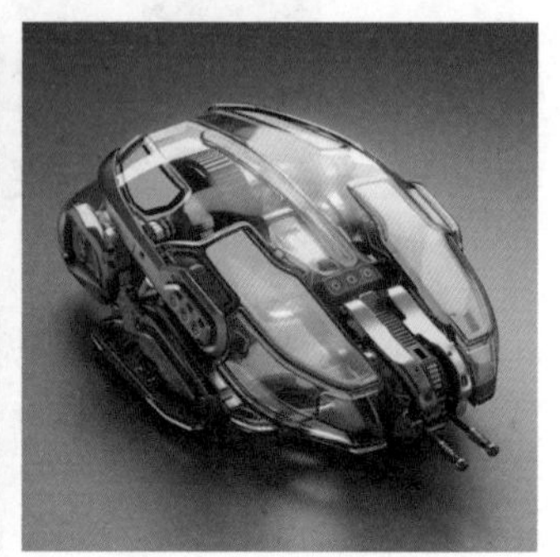

⊙ 图 3-207

13 皮克斯风格（Pixar style）

皮克斯是一家位于美国的动画工作室，皮克斯的动画作品以独特的角色风格和温暖的故事情节给观众留下了深刻的印象。图 3-208 所示是 Midjourney 生成的皮克斯风格的电影镜头，完整描述语为“a little grey rabbit wearing martin boots, traveling, delicate features, straw hat, walking stick, meadow, flowers growing, soft sunlight, pixar style, cinematic footage, octane render, best quality, 8k --ar 4:3”（一只穿着马丁靴的小灰兔，旅行，精致的特征，草帽，手杖，草地，鲜花生长，柔和的阳光，皮克斯风格，电影片段，oc 渲染，最佳质量，8k，4:3 画幅）。

⊙ 图 3-208

14 巴洛克风格（Baroque style）

巴洛克是 16—17 世纪在欧洲盛行的一种艺术风格。巴洛克艺术崇尚奢华富丽，注重强烈情感的表现，具有动人心魄的艺术效果。

巴洛克风格的古董花瓶在 Midjourney 中的效果如图 3-209 所示，完整描述语为“exquisite antique vase, transparent glass texture, complex and luxurious Baroque metal elements, interior illuminated, dark pastel colors, surrounded by flowers, 3-dimensional dispersion, ornate galaxy, baroque style, clean background, ethereal and soft lighting, hyper detailed, 8k”（精致的古董花瓶，透明玻璃质地，复杂奢华的巴洛克金属元素，内部照明，深色粉彩，鲜花环绕，三维色散，华丽的银河系，巴洛克风格，干净的背景，空灵柔和的灯光，超精细，8k）。

⊙ 图 3-209

现实世界丰富的多样性加上创作者各不相同的风格，决定了艺术风格的多样化，我们可以尝试在同一主题上选择叠加、搭配不同风格化的关键词赋予作品独特的气质。以下是更多风格类的关键词，供大家学习参考。

- partial anatomy（局部解剖）
- dark fantasy（黑暗幻想）
- mystic fantasy（神秘幻想）
- magic realism style（魔幻现实主义）
- Lolita（洛丽塔风格）

- miserablism（悲惨主义）
- romantic（浪漫主义）
- naturalism（自然主义）
- modern（现代主义）
- orientalism（东方主义）
- ethnic art（民族艺术）
- space art（太空艺术）
- rustic（乡村风格）
- vintage（复古风格）
- glamorous（奢华风格）
- game scenes（游戏场景）
- mythology（神话）
- bloomcore（盛开风格）
- tourism illustration（扁平插画）
- geometric shapes（几何形状）
- American anime（美漫）
- ACGN（二次元动漫风）
- Kyoto animation（京都动画）
- minitura movie style（微电影风格）
- POPMART blind box（泡泡玛特盲盒）
- commercial photography（商业摄影）

3.9 电影，游戏（movies,games）

本节将把游戏名称、电影名称、角色名字等加入描述语中，让Midjourney模仿电影的氛围、色调、场景搭建、游戏美术风格等，绘制场景插图，制作壁纸、图标，并完成一些电影分镜头的设计，或者提供有关服饰、家居创意设计上的灵感。

拓展视频

1 《美少女战士》（*Sailor Moon*）

《美少女战士》是一部由东映动画制作的魔法少女变身类动画片，原作者是日本漫画家武内直子（Takeuchi Naoko）。美少女战士的头像设计如图 3-210 所示，完整描述语为“A cute girl dressed rococo costumes, Sailor Moon, light golden hair, moon markings on the forehead, luxurious hair accessories, light in eyes, facia features, chiaroscuro, clean background, art by Takeuchi Naoko, close-up, C4D, romantic, shiny, ray tracing, Unreal Engine, soft and bright, super details, realistic, 8k --ar 3:4 --niji 5”（一个可爱的女孩穿着洛可可风格的服装，《美少女战士》，浅金色的头发，额头上的月亮标记，奢华的发饰，眼睛里的光，面部特征，明暗对照，干净背景，武内直子的艺术，特写，C4D，浪漫，闪亮，光线追踪，虚幻引擎，柔和明亮，超级细节，逼真，8k，3:4 画幅，动漫风格）。

⊙ 图 3-210

可爱的卡通人物涂鸦效果如图 3-211 所示，完整描述语为“doodle in the style of Keith Haring, super cute baby Tsukino Usagi with droopy-eared rabbits, Sailor Moon, wearing a hat, bold lines and solid colors, mixed patterns, text and emoji installations, in the style of Grunge Beauty, chibi, 8k --ar 3:4 --niji 5”（凯斯·哈林风格的涂鸦，超级可爱的婴儿月野兔和垂耳兔子，《美少女战士》，戴着帽子，粗线条和纯色，

混合图案，文本和表情设置，破旧美风格，chibi 漫画，8k，3:4 画幅，动漫风格）。其中，关键词“chibi”是一种日本漫画风格，它的特点是角色头部较大，身体短小，非常可爱、迷人。

⊙ 图 3-211

2 《冰雪奇缘》（*Frozen*）

《冰雪奇缘》是由美国迪士尼影业制作的动画电影，于 2013 年上映。Midjourney 通过垫图（见图 3-212）生成的冰雪奇缘风格的香水海报如图 3-213 所示，完整描述语为“clear cracks on the ice layer, A bottle of perfume broke the ice, thick frost covering the surface of perfume, frozen, snow flakes, onspired by Disney’s Frozen, movie poster, rich texture layers, chiaroscuro, bright cold color, clean and transparent, edge lighting, artistic creativity, viewed from a vertical overhead angle, C4D, Unreal Engine, octane render, super details, realistic, 8k --ar 3:4 --niji 5”（冰层上清晰的裂缝，一瓶香水破冰而出，厚厚的霜覆盖香水表面，结冰，雪花，灵感来自迪士尼的《冰雪奇缘》，电影海报，丰富的纹理层次，明暗对照，明亮的冷色，干净透明，边缘照明，艺术创意，从垂直头顶角度观看，C4D，虚幻引擎，oc 渲染，超级细节，逼真，8k，3:4 画幅，动漫风格）。

⊙ 图 3-212

⊙ 图 3-213

3 《权力的游戏》（*Game of Thrones*）

《权力的游戏》是一部中世纪史诗奇幻题材的电视剧。图 3-214 所示是 Midjourney 绘制的《权力的游戏》风格盾牌图标，完整描述语为“game emblems, shield made of golden metal, ruby crystal inlay, dragon totem, metallic relief, golden wings on both sides, sword at the bottom, Game of Thrones, symmetrical, ancient subject for digital art, dancing flames, epic, antique, ancient colors, high metal textures, ornate details, front view, 3D, 8k”（游戏徽章，金色金属盾牌，红宝石水晶镶嵌，龙图腾，金属浮雕，两侧金色翅膀，底部剑，《权力的游戏》，对称，数字艺术的古老主题，舞动的火焰，史诗，古董，古老的颜色，强金属纹理，华丽的细节，正面视图，3D，8k）。

⊙ 图 3-214

4 《哈利·波特》(*Harry Potter*)

《哈利·波特》是由英国作家J.K. 罗琳（J. K. Rowling）所著的同名魔幻文学系列小说改拍成的系列电影。以下两幅图分别是 Midjourney 生成的《哈利·波特》电影氛围感的书房一角（见图 3-215）以及桌面上的魔法书（见图 3-216）场景。要想生成氛围感与之接近的画面，需要先通过描述语生成大场景，再使用这个大场景作为垫图，并修改部分描述语以生成其他图像。在这里需要注意镜头的使用。

⊙ 图 3-215

⊙ 图 3-216

图 3-215 使用的完整描述语为“a corner of the study room in Hogwarts magic chateau, ethereal blue light, surrealism, Harry Potter, realistic details, medium close-up, 8k --ar 4:3”（霍格沃茨魔法城堡书房的一角，空灵的蓝光，超现实主义，《哈利·波特》，逼真的细节，中等特写，8k，4:3 画幅）。

图 3-216 使用的完整描述语为“study room in Hogwarts magic chateau, an open grimoire on the desk, ethereal blue light particles, surrealism, Harry Potter, realistic details, close-up, 8k --ar 4:3”（霍格沃茨魔法城堡的书房，桌子上有一本打开的魔法书，空灵的蓝光粒子，超现实主义，《哈利·波特》，逼真的细节，特写，8k，4:3 画幅）。

《哈利·波特》电影是以主角哈利被霍格沃茨魔法学校录取的故事情节展开的，使用 Midjourney 设计一份来自格兰芬多学院的邀请函，如图 3-217 所示，完整描述语为“Create a invitation template from Hogwarts School, water color, Gryffindor, Lion and the scale of justice elements, chivalry, the color scheme of red and gold, Harry Potter, flat illustration, 8k --ar 2:3”（创建霍格沃茨学校的邀请函模板，水彩，格兰芬多，狮子和正义的天平元素，骑士精神，红色和金色的配色方案，《哈利·波特》，平面插图，8k，2:3 画幅）。

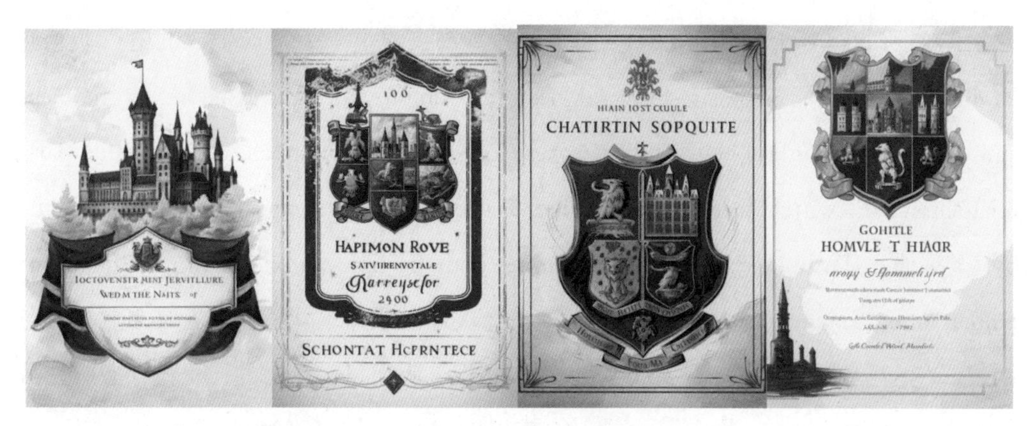

图 3-217

5 《夏洛克 · 福尔摩斯》(*Sherlock Holmes*)

《夏洛克 · 福尔摩斯》电影拍摄于 1922 年，讲述了传奇侦探福尔摩斯的破案故事。图 3-218 所示是 Midjourney 电影镜头中的侦探兔子形象，完整描述语为 “An anthropomorphic white rabbit dressed in a long trench coat, with a Sherlock Holmes hat, sharp eyes, set against old newspapers, detective, Sherlock Holmes movie style, 3d, realistic details, 8k”（一只拟人化的大兔子，穿着一件长风衣，戴着夏洛克·福尔摩斯的帽子，犀利的眼神，以旧报纸为背景，侦探，《夏洛克 · 福尔摩斯》电影风格，3d，逼真的细节，8k）。

⊙ 图 3-218

6 《暮光之城》(*Twilight*)

《暮光之城》是融合了吸血鬼传说、狼人故事、校园生活、喜剧、冒险等各种元素的系列电影。在 Midjourney 中加入该片导演、演员等关键词生成的电影质感画面如图 3-219 所示，完整描述语为“A beautiful vampire queen, dressed in victoria black suit, in a exquisite glass house full of roses, long hair, vampires, charming, gothic dark, mist-shrouded, Twilight theme, Bella Cullen, Kristen Stewart’s appearance characteristics, by Catherine Hardwicke, cinematic, stunning realistic lighting and shading, 3d, octane render, unreal engine, ultra HD --ar 9:4”（一个美丽的吸血鬼女王，穿着维多利亚黑色西装，在一个满是玫瑰的精致玻璃房子里，长发，吸血鬼，迷人的，哥特式黑暗，薄雾笼罩，《暮光之城》主题，贝拉·卡伦，克里斯汀·斯图尔特的外表特征，凯瑟琳·哈德威克，电影，令人惊叹的现实主义照明和阴影，3d，oc 渲染，虚幻引擎，超高清，9:4 画幅）。

⊙ 图 3-219

7 《英雄联盟》（*League of Legends*）

《英雄联盟》是一款英雄对战竞技网游，我们使用游戏中的热门角色金克丝（Jinx）

制作一组表情包，如图 3-220 所示，完整描述语为“League of Legends character Jinx, A set of six expressions, angry, happy, gloomy, cry, cute, surprise, various postures, same size, neatly arranged, equal spacing between each element, no overlapping, bold lines and solid colors, chibi, 8k --ar 4:3 --niji 5”（《英雄联盟》人物金克丝，一套六种表情，愤怒、快乐、阴郁、哭泣、可爱、惊喜，各种姿势，大小相同，排列整齐，每个元素间距相等，没有重叠，粗线条和纯色，chibi 漫画，8k，4:3 画幅，动漫风格）。

⊙ 图 3-220

8 《原神》（*Genshin Impact*）

《原神》是一款开放世界冒险游戏，游戏发生在一个被称作“提瓦特大陆”的幻想世界。在 Midjourney 中模拟的原神风格场景图如图 3-221 所示，完整描述语为“In the light blue sky, many islands suspended in the air, A magnificent triumphal arch on a glass floor, portal, gate, complex and luxurious architectural structure, specular reflection on the ground, perspective structure with perfect symmetry, shimmering, sea of clouds, bright sunlight, plants, light blue color scheme, pale gold, center composition, fantasy, dreamy, Genshin Impact, game scenes, intricated details, extreme panorama, 8k --ar 16:9 --niji 5”（在淡蓝色的天空中，许多岛屿悬浮在空中，玻璃地面上宏伟的凯旋门，入口，大门，复杂而豪华的建筑结构，地面上的镜面反射，完美对称的透视结构，闪闪发光，云海，明亮的阳光，植物，淡蓝色的配色方案，淡金色，中心构图，幻想，梦幻，《原神》，游戏场景，错综复杂的细节，极限全景，8k，16:9 画幅，动漫风格）。

⊙ 图 3-221

9 《超级马里奥兄弟》（*Super Mario Bros.*）

《超级马里奥兄弟》是一款由任天堂公司开发的系列游戏。Midjourney 中的马里奥赛车手如图 3-222 所示，完整描述语为“Mario is sitting in a kart, kart racing driver, sparkling, Super Mario Bros., rich cityscape, mushroom growing, candy color, creative composition, ultra low angle of view, Pixar, C4D, colorful layered forms, depth of field, octane render, ultra fine detail, high quality --ar 3:4”（马里奥坐在卡丁车上，卡丁车赛车手，闪闪发光，《超级马里奥兄弟》，丰富的城市景观，蘑菇生长，糖果色，创意构图，超低视角，皮克斯，C4D，彩色分层形式，景深，oc 渲染，超精细细节，高品质，3:4 画幅）。

⊙ 图 3-222

10 乐高（LEGO）

乐高是全球知名的玩具制造厂商。使用乐高积木可以拼插出变化无穷的造型，被称为“魔术塑料积木”。乐高积木做成的耐克板鞋如图 3-223 所示，完整描述语为“nike aj1 made with LEGO bricks, mockup, plastic material, LEGO, vibrant colors, white background, studio lighting, 3d, 8k”（耐克 aj1 由乐高积木制成，模型，塑料材料，乐高，鲜艳的颜色，白色背景，工作室照明，3d，8k）。

⊙ 图 3-223

通过对以上案例的学习，我们大致了解了有关电影、游戏关键词的应用，大家可以先从简单的案例入手，继而挑战一些复杂的微电影画面。

3.10 建筑（architecture）

将 Midjourney 与建筑设计及室内设计相结合，利用先进的技术和算法快速生成设计概念或建筑图纸，以及进行交互式的修改和优化，能极大地简化设计流程，同时提高设计质量和客户满意度。本节介绍具有代表性的 12 种建筑风格和部分建筑风格的扩展应用。

1 巴洛克建筑（Baroque architecture）

巴洛克建筑起源于 17 世纪的意大利，是一种以大胆的曲线和富丽的装饰为特点的建筑和装饰风格。巴洛克建筑常用壮丽的拱门和穹顶，复古复杂的浮雕和壁画等元素来表现自由的思想或营造神秘的气氛，通过对称和对比来增强视觉冲击力。

Midjourney 生成的一座巴洛克风格的博物馆如图 3-224 所示，描述语为"Baroque architecture, an ancient and mysterious museum, bright environment with sunshine, through the woods, outdoor art, photo-realistic, 8K --ar 3:4"（巴洛克建筑，一个古老而神秘的博物馆，阳光明媚的环境，穿过树林，户外艺术，照片逼真，8K，3:4 画幅）。

⊙ 图 3-224

巴洛克风格的室内婚礼布置如图 3-225 所示，描述语为"Multi decoration indoor 3d wedding stage, Baroque architecture, crystal lights hanging on the roof, organic shapes and curved lines, blue flowers blooming, bright, multi-level stage, natural light, wide field of view, interior aesthetic, Corona Render, 3d, super details, 8k --ar 4:3”（多重装饰的室内 3d 婚礼舞台，巴洛克建筑，屋顶挂着水晶灯，有机形状和曲线，蓝色花朵盛开，明亮，多级舞台，自然光，宽视野，室内美学，Corona 渲染，3d，超级细节，8k，4:3 画幅）。上述描述语中使用的 Corona Render 是一款在建筑领域非常受欢迎的渲染器。

⊙ 图 3-225

2 美术学院派建筑（Beaux-Arts architecture）

美术学院派建筑（Beaux-Arts architecture）是西方国家对 18、19 世纪的古典主义建筑和复古主义建筑的统称。图 3-226 和 3-227 所示是 Midjourney 呈现的美术学院派建筑风格的大学图书馆，图 3-226 所使用的描述语为“outside of a college library, Beaux-Arts architecture”（大学图书馆外面，美术学院派建筑），图 3-227 所使用的描述语为“college library, Beaux-Arts architecture”（学院图书馆，美术学院派建筑）。

⊙ 图 3-226

⊙ 图 3-227

3 中式建筑（Chinese architecture）

中式建筑的类型有很多，如宫殿、坛庙、民居、园林建筑等。中式建筑在 Midjourney 中的表现如图 3-228 所示，描述语为“Chinese architecture, natural lighting, surreal photography, 8k --ar 3:4”（中式建筑，自然光，超现实摄影，8k，3:4 画幅）。

⊙ 图 3-228

接着，我们加入关键词“pavilion”（亭）和“plum blossom”（梅花）以及控制色调的关键词“rich and deep tones”（丰富深邃的色调），内容描述进一步丰富后，Midjourney 输出的中式建筑图像如图 3-229 所示，完整的描述语为“Chinese architecture, pavilion, plum blossom, natural lighting, rich and deep tones, surreal photography, 8k --ar 3:4”（中式建筑，亭，梅花，自然光，丰富深邃的色调，超现实摄影，8k，3:4 画幅）。

⊙ 图 3-229

中式建筑结合山景在海报中的应用如图 3-230 所示，描述语为“minimalist geometry, Chinese architecture, Chinese palace, mountain scenery, Gongbi painting, collage, gold foil texture, red and light gold, Song Dynasty aesthetics,Chinese blank-leaving art effects, retro, chiaroscuro, 8k --ar 3:4”（极简几何，中式建筑，中国宫殿，山景，工笔画，拼贴，金箔纹理，红色和淡金色，宋代美学，中国留白艺术效果，复古，明暗对照，8k，3:4 画幅）。

⊙ 图 3-230

4 日式建筑（Japan architecture）

日式建筑又称“和风建筑”，讲究淡雅精巧、沉静内敛，线条结构细腻，自然的色彩透露出浓郁的东方气息。日式建筑风格的寿司店如图 3-231 所示，完整描述语为“a sushi shop, Japan architecture, sketch, watercolor, Morandi color matching, illustration --ar 3:4”（寿司店，日式建筑，素描，水彩，莫兰迪配色，插图，3:4 画幅）。

深夜的日本居酒屋效果如图 3-232 所示，完整描述语为“a Japanese izakaya, Japan architecture, in operation, lately night, traditional, creative design, cartoon, soft light, Blender, Octane render, ultra HD”（日本居酒屋，日式建筑，在运营，深夜，传统，创意设计，卡通，柔光，Blender，oc 渲染，超高清）。

⊙ 图 3-231

⊙ 图 3-232

5 禅宗建筑（Zen architecture）

禅宗建筑以简约、空灵、自然为主要特征，讲究文化意蕴，强调人与自然的融合。禅宗建筑在 Midjourney 中的表现如图 3-233 所示，完整描述语为“Zen architecture exterior design, marble and wooden, glass, Mediterranean landscape, ethereal, minimalist, photorealistic rendering, panorama, front view, ultra-detail, 16k --ar 4:3”（禅宗建筑外观

设计，大理石和木制，玻璃，地中海景观，空灵，极简主义，照片真实感渲染，全景，正视图，超细节，16k，4:3 画幅）。加入色彩描述“in the style of white and light bronze”（白色和浅青铜色）后的效果如图 3-234 所示。

⊙ 图 3-233

⊙ 图 3-234

Midjourney 中禅宗建筑风格的舞台设计如图 3-235 所示，完整描述语为“stage design, the middle of the stage is composed of traditional Chinese pavilions and glass screen, zen architecture, actors in hanfu standing with back view, light blue main tone, natural light, surrealist dream style, panorama, ultra-detail, 3d, oc rendering, 16k --ar 16:9”（舞台设计，舞台中间由中国传统的亭台楼阁和玻璃屏风组成，禅宗建筑，穿着汉服的演员背影，淡蓝色主基调，自然光，超现实主义梦幻风格，全景，超细节，3d，oc 渲染，16k，16:9 画幅）。

⊙ 图 3-235

6 现代建筑（modernist architecture）

现代建筑讲究灵活均衡的非对称构图和简洁纯净的外观线条，强调功能性和居住的便利性。Midjourney 中现代建筑风格的别墅如图 3-236 所示，完整描述语为“a three floors villa in the middle of the woods, large floor-to-ceiling windows and deep tones concrete walls, modernist architecture, panorama, front view, ultra-detail, 16k --ar 3:4”（一座坐落在树林中的三层别墅，大落地窗和深色调的混凝土墙，现代建筑，全景，正视图，超细节，16k，3:4 画幅）。

⊙ 图 3-236

如果将现代建筑风格应用于农舍（farmhouse），效果如图 3-237 所示，完整描述语为“a farmhouse in the middle of the woods, white brick wall, burlywood, modernist architecture, panorama, front view, ultra-detail, 16k”（树林中间的农舍，白色砖墙，原木，现代建筑，全景，正视图，超细节，16k）。

⊙ 图 3-237

7 印度式建筑（Indian architecture）

印度式建筑具有浓厚的宗教气息，以其独特的结构风格和精湛的装饰细节在世界上享有盛誉。

Midjourney 表现出来的印度古迹泰姬陵（Taj Mahal）的微缩建筑如图 3-238 所示，完整描述语为“Tiny cute Taj Mahal, Indian architecture, the middle flowing river and the trees on both sides, plants, soft natural light, rich background, isometric, tilt, Blender, Octane render, ultra HD --ar 4:3 --s 250”（小巧可爱的泰姬陵，印度式建筑，中间流动的河流和两侧的树木，植物，柔和的自然光，丰富的背景，等距，倾斜，Blender，oc 渲染，超高清，4:3 画幅，风格化后缀参数值 250）。

把泰姬陵替换成“tiny cute temple carved in white marble”（白色大理石雕刻的小可爱寺庙），效果图如图 3-239 所示，完整描述语为“Tiny cute temple carved in white marble, Indian architecture, flowing water and plants, soft natural light, rich background, isometric, tilt, Blender, Octane render, Ultra HD --ar 4:3 --s 150”。

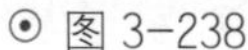

⊙ 图 3-238

⊙ 图 3-239

上述描述语中使用了一个新的美学风格后缀参数“--s”，它是“--stylize”的简写，默认数值为 100，取值范围为 0 ~ 1000，数值越大，图像的风格性与艺术性就越强。

8 未来主义建筑（futuristic architecture）

未来主义建筑起源于意大利，是一种将艺术与尖端技术相结合的建筑形式，它的特点是简洁、抽象、几何化、流线型等。使用“futuristic architecture”（未来主义建筑）关键词设计一座机甲结构的摩天大楼，效果如图 3-240 所示，完整描述语为“a mecha structured skyscraper, carbon fiber shell and glass, electronic screen, futuristic architecture, tesla style, futuristic cityscape, futuristic sci-fi aesthetic, cinematic lighting, 3d, octane render, visual effects, bottom view, ultra detailed, 16k --ar 3:4 --s 150”（机甲结构的摩天大楼，碳纤维外壳和玻璃，电子屏幕，未来建筑，特斯拉风格，未来城市景观，未来科幻美学，电影照明，3d，oc 渲染，视觉效果，仰视图，超详细，16k，3:4 画幅，风格化后缀参数值 150）。

⊙ 图 3-240

凯蒂猫结构的未来主义建筑效果如图 3-241 所示，完整描述语为“Hello Kitty’s-themed giant architecture, Hello Kitty’s head ::2 model, Hello Kitty’s head variation style, delicate bowknot shape, curved glass enclosures, large open spaces, futuristic architecture, minimalism, childlike, bright, pastel colors, soft smooth lighting, 3D production, ultra-high details, unreal engine, octane render, photo-realistic, 8K --ar 4:3”(凯蒂猫主题的巨型建筑，凯蒂猫的头部模型，凯蒂猫的头部变体风格，精致的蝴蝶结形状，曲面玻璃外壳，大型开放空间，未来主义建筑，极简主义，童真，明亮，柔和的色彩，柔和平滑的照明，3D 制作，超高细节，虚幻引擎，oc 渲染，照片逼真，8K，4:3 画幅）。在上述描述语中，通过使用英文双冒号“::”（权重切分符号）和正值来加大“head”（头部）的权重，让 Midjourney 理解头部的重要性，需要注意冒号与数字之间无空格，如“::2”或“::-2”。

⊙ 图 3-241

9 未来主义室内设计（futuristic interior design）

Midjourney 呈现的赛博朋克风格的未来主义室内设计效果如图 3-242 所示，完整描述语为“interior of a capsule bedroom, futuristic interior design, streamlined, metals and biomaterials, LED, futuristic technology, cyberpunk style, 3d, ray tracing, octane render, 8k --ar 4:3 --s 250 --c 50”（胶囊卧室内部，未来主义室内设计，流线型，金属和生物材料，LED，未来派技术，赛博朋克风格，3d，光线追踪，oc 渲染，8k，4:3 画幅，风格化后缀参数值 250，多样性后缀参数值 50）。在这段描述语中，“--c”是“--chaos”的简写，意为混乱，取值范围是 0 ~ 100，默认值为 0，chaos 参数可以控制出图的多样性，数值越大，风格、构图的差异越大。

⊙ 图 3-242

10 芭比室内设计（Barbie interior design）

芭比室内设计源于格蕾塔·葛韦格执导的电影《芭比》，是以粉色为主色调的室内设计风格。Midjourney 中时尚与怀旧碰撞的芭比梦幻小屋的效果如图 3-243 所示，完整描述语为“the interior of a bungalow, Barbie interior design, irregular structures, arched doorways, fluffy sofa, carpet, recessed lighting, decorated murals, layered textural surfaces, in the style of soft and dreamy pastels, bright environment, realistic, 16K --ar 4:3 --s 150”（平房的内部，芭比室内设计，不规则结构，拱形门道，毛茸茸的沙发，地毯，嵌入式照明，装饰壁画，分层纹理表面，柔和梦幻的色彩风格，明亮的环境，逼真，16K，4:3 画幅，风格化后缀参数值 150）。

⊙ 图 3-243

11 包豪斯室内设计（Bauhaus interior design）

包豪斯风格主张简洁、干净，具有高度功能化与理性化的设计理念，强调几何形体以及黑白和原色的色彩配合。Midjourney 呈现的包豪斯风格的木制小屋室内设计效果如图 3-244 所示，完整描述语为“the interior of a cabin, Bauhaus interior design, simple furniture and floor lamp, some plants, layered textural surfaces, neutral hues, bright environment, depth of field, panorama, realistic, high quality --ar 4:3”（小木屋内部，包豪斯室内设计，简单的家具和落地灯，一些植物，层次分明的纹理表面，中性色调，明亮的环境，景深，全景，逼真，高品质，4:3 画幅）。

注意 关键词“cabin”（木屋）的默认外部环境是树林。

12 孟菲斯室内设计（Memphis interior design）

孟菲斯风格源于意大利家具设计，其特点是明亮通透的色彩运用、富有装饰性的几何图形以及自由随性的设计方式。室内设计也是非常适合孟菲斯风格发挥的载体，Midjourney 呈现的效果如图 3-245 所示，完整描述语为“interior design, small bathroom, bathtub and mirrored cabinet, niche, dry and wet separation, mixed-material, geometric shapes, psychedelic colors, Memphis design, 8k --ar 4:3 --s 250 --c 10”（室内设计，小浴室，浴缸和镜子柜，壁龛，干湿分离，混合材料，几何形状，迷幻色彩，孟菲斯设计，8k，4:3 画幅，风格化后缀参数值 250，多样性后缀参数值 10）。

⊙ 图 3-244

⊙ 图 3-245

以上就是不同建筑风格在 Midjourney 中的实例表现，通过调试关键词，我们可以在短时间内得到大量的可选方案和建筑灵感。但是，Midjourney 提供的图像无法准确地描述三维空间关系和具体的建造数据，还需要建筑师将这些图像转换成施工图纸或者模型，让方案得到落地执行。

3.11 构图（composition）

构图对于作品艺术感的呈现起到至关重要的作用，通过合理安排构图元素，把控

色彩与光影，使主题更为明确，画面更富感染力。本节将介绍多种在 Midjourney 中常用的构图手法，结合具体的案例帮助大家理解。

1 中心构图（center composition）

中心构图是将主体置于图像的视觉中心，形成视觉焦点。中心构图的方式可以使图像取得上下、左右平衡的效果。以房屋为例的中心构图图像效果如图 3-246 所示，完整描述语为“house, center composition, photography”（房屋，中心构图，摄影）。

⊙ 图 3-246

可以把圣诞老人、圣诞树、雪人放置在画面中心，设计圣诞节的节日海报，如图 3-247 所示，完整描述语为“3D clay world, super cute Santa Claus in blind box style, fairytale town, winter snow scenery, minimalism, full body, center composition, dribble, behance, octane render, 8K --ar 3:4 --s 150”（3D 黏土世界，盲盒风格的超可爱圣诞老人，童话小镇，冬季雪景，极简主义，全身，中心构图，dribble，behance，oc 渲染，8K，3:4 画幅，风格化后缀参数值 150）。

以人物肖像为中心的古驰风格时尚摄影如图 3-248 所示，完整描述语为“fashion beautiful model wearing Prada sunglasses, portrait, morandi color scheme, center composition, flower adornment, surrealism, Gucci poster, fashion photography, by Petra Collins, ultra-detailed,16k --ar 3:4 --s 250”（时尚美女模特戴着普拉达的太阳镜，肖像，莫兰迪配色，中心构图，花卉装饰，超现实主义，古驰海报，时尚摄影，佩特拉 • 柯林斯摄影，超详细，16k，3:4 画幅，风格化后缀参数值 250）。

⊙ 图 3-247

⊙ 图 3-248

2 框架构图（frame composition）

框架构图是指在摄影中使用如门窗、洞口、山石、花卉等元素作为框架将主体框起来的构图手法，框架构图在增加画面层次感的同时能将观众的注意力更好地集中在框架内的主体上。以房屋为例的框架构图画面效果如图 3-249 所示，描述语为“house, photography, frame composition”（房屋，摄影，框架构图）。

⊙ 图 3-249

使用窗户作为框架的画面效果如图 3-250 所示，完整描述语为“through a window you can see a little girl wearing a yellow raincoat, holding an umbrella, rainy morning, dreamy, bright, depth of field, frame composition, cinematic shot, art by Rinko Kawauchi, best quality, amazing details, 8k --ar 3:4”（透过窗户你可以看到一个穿着黄色雨衣、撑着雨伞的小女孩，下雨的早晨，梦幻、明亮、景深，框架构图，电影镜头，川内伦

子的艺术，最佳质量，惊人的细节，8k，3:4 画幅）。

接着，我们修改部分关键词，并去掉了原来作为框架构图的“window”（窗户）后，Midjourney 生成的画面如图 3-251 所示，完整描述语为“a little girl wearing a yellow sweater, holding balloons, sunny morning, dreamy, bright, outdoor grassland, depth of field, frame composition, art by Rinko Kawauchi, best quality, amazing details, 8k --ar 3:4”（一个小女孩穿着黄色毛衣，手里拿着气球，阳光明媚的早晨，梦幻，明亮，户外草原，景深，框架构图，川内伦子的艺术，最佳质量，惊人的细节，8k，3:4 画幅）。在这段描述语中，Midjourney 使用了气球和野花搭建了更为自然的框架效果，画面表现更为温馨和轻快。

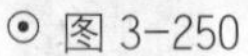

⊙ 图 3-250

⊙ 图 3-251

3 散点构图（scattered composition）

散点构图可以理解为画面上存在多个拍摄主体，构图具有很大的自由性。以房屋为例的散点构图画面效果如图 3-252 所示，描述语为“scattered composition, houses, photography”（散点构图，房屋，摄影）。

我们可以使用散点构图形式的水果和爆炸效果的水制作果汁类的海报，如图 3-253 所示，完整描述语为“commercial photography, fresh limes, berries, powerful liquid explosion, scattered composition, pastel beige background, studio lighting, super details, 8k --ar 3:4”（商业摄影，新鲜酸橙，浆果，强大的液体爆炸，散点构图，柔和的米色背

景，摄影棚照明，超级细节，8k，3:4 画幅）。假设需要呈现一些果汁的颜色，不妨试试加入关键词“berry juice”（浆果汁）或者“berry juice splash”（浆果汁飞溅）。

⊙ 图 3-252

维持同样的效果并将水果替换成草莓和牛奶，如图 3-254 所示，完整描述语为“commercial photography, fresh strawberries, splash of milk, scattered composition, pastel color background, studio lighting, super details, 8k --ar 3:4”（商业摄影，新鲜草莓，飞溅的牛奶，散点构图，柔和的背景，摄影棚照明，超级细节，8k，3:4 画幅），也可以使用关键词“splash of whipped cream”（飞溅的奶油）替换“splash of milk”（飞溅的牛奶）。

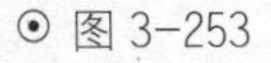
⊙ 图 3-253

⊙ 图 3-254

通过观察散点构图画面我们可以看到，虽然各个元素以不规则点状自由分布于画面中，但是它们依旧能够成为统一的整体。

4 对角线构图（diagonal composition）

对角线构图也叫斜线构图，是把主体安排在画面中的对角线上，以此打破画面平衡，增强画面的延伸感和立体感。以房屋为例的对角线构图画面效果如图 3-255 所示，描述语为“diagonal composition, house, photography”（对角线构图，房屋，摄影）。

⊙ 图 3-255

使用这种构图形式制作的节气海报如图 3-256 所示，完整描述语为“miniature scene, two Asian farmers working in the wheat field, autumn harvest, villages, in autumn, sunlight, high brightness, creative photography poster, diagonal composition, high details, high quality, 8k --ar 3:4 --s 150”（微型场景，两个亚洲农民在麦田里劳作，秋收，村庄，在秋天，阳光，高亮度，创意摄影海报，对角线构图，高细节，高质量，8k，3:4 画幅，风格化后缀参数值 150）。

⊙ 图 3-256

使用 Midjourney 制作的宠物食品罐头海报如图 3-257 所示，从对角线构图的画面中，我们也能感受到强烈的运动感，完整描述语为“A Garfield Catchasing a pet food can on the street, a huge aluminum can with food pattern, low saturated and high brightness tones, surrealism, dynamic, kodak film 5207, masterpiece, diagonal composition, intricate details, 8k --ar 3:4 --s 250 --c 10”（一只加菲猫在街上追逐一个宠物食品罐，一个有食品图案的巨大铝罐，低饱和和高亮度色调，超现实主义，动态，柯达 5207 电影卷，杰作，对角线构图，复杂的细节，8k，3:4 画幅，风格化后缀参数值 250，多样性后缀参数值 10）。

⊙ 图 3-257

5 水平线构图（horizontal line composition）

水平线构图常用于表现宏大、广阔的场景，给人强烈的画面平衡感。以房屋为例的水平线构图画面效果如图 3-258 所示，描述语为“horizontal line composition, house, photography”（水平线构图，房屋，摄影）。

使用水平线构图形式，Midjourney 绘制的乡村风光画面如图 3-259 所示，完整描述语为“rustic scenery of spring, terraces, mountain villages, shimmering lake, farmcore, light white and light navy, cinematic light, minimalism, airy and light, wide angle, horizontal line composition, by Hasselblad, super detail, high quality, 16k --ar 4:3”（春天的乡村风光，

梯田，山村，波光粼粼的湖泊，农村元素，浅白色和浅海军蓝，电影光，极简主义，轻盈明亮，广角，水平线构图，哈苏相机，超级细节，高品质，16k，4:3 画幅）。

⊙ 图 3-258

⊙ 图 3-259

圣托里尼小镇的地中海风光如图 3-260 所示，完整描述语为“Greece scenery, Santorini, white and blue buildings, summer, blue sea, minimalism, photorealistic, surrealism, horizontal line composition, amazing details, 8k --ar 4:3”(希腊风景，圣托里尼，白色和蓝色的建筑，夏天，蓝色的大海，极简主义，照片真实感，超现实主义，水平线构图，惊人的细节，8k，4:3 画幅）。

6 线条构图（line composition）

线条构图能有效地表现河流的迂回流动或道路的蜿蜒向前，是一种优美、灵动、雅致的构图手法。以房屋为例的线条构图画面效果如图 3-261 所示，描述语为“line composition, houses, photography”（线条构图，房屋，摄影）。

图 3-260

⊙ 图 3-261

Midjourney 中的山景、河流摄影如图 3-262 所示，完整描述语为“nature photography, northern China’s terrain, mountain villages, a river through it, misty, natural light, line composition, high quality, hyperdetailed, Canon 5D, 8K --ar 3:4”（自然摄影，中国北方的地形，山村，河流穿过，薄雾，自然光，线条构图，高质量，超精细，佳能 5D，8K，3:4 画幅）。

⊙ 图 3-262

线条构图在电商产品海报上的应用如图 3-263 所示。通过传送带，把产品从自然场景中输送出来，以体现自然无添加的绿色产品概念。完整描述语为“Product photography, gigantic traditional tea cans on the conveyor belt, antique wooden conveyor belt extending to the distant, arrange neatly along the transmission direction, equal spacing between each tea cans, clear textures, outdoor tea plantations landscape, misty, sunshine, line composition, photo montage, vintage oil painting style, layered details, high quality, 8k --ar 3:4 --s 250 --c 10 ”（产品摄影，传送带上巨大的传统茶罐，古老的木制传送带延伸到远处，沿着传送方向排列整齐，每个茶罐间距相等，纹理清晰，户外茶园景观，薄雾，阳光，线条构图，照片蒙太奇，复古油画风格，层次分明的细节，高品质，8k，3:4 画幅，风格化后缀参数值 250，多样性后缀参数值 10）。

⊙ 图 3-263

7 消失点构图（vanishing point composition）

消失点是平行线的视觉相交点，消失点构图使画面表现出强烈的透视感、纵深感。以房屋为例的消失点构图效果如图 3-264 所示，描述语为“vanishing point composition, house, photography”（消失点构图，房屋，摄影）。

排行榜、竞技活动运营页面中使用的奖杯视觉海报如图 3-265 所示，完整描述语为“trophy, chalice, crown on top, wings on both sides, metal texture, extreme iridescent reflection, sculpture, futuristic, bright, high-key lighting, E-sports, 3D digital art, vanishing point composition, ultra wide shot, octane rendering, unreal engine, intricate details, high quality, 16k --ar 16:9 --s 750 --niji 5"（奖杯，圣杯，顶部皇冠，两侧翅膀，金属纹理，极致彩虹反射，雕塑，未来主义，明亮，高亮度的光线，电子竞技，3D 数字艺术，消失点构图，超广角，oc 渲染，虚幻引擎，复杂细节，高质量，16k，16:9 画幅，风格化后缀参数值 750，动漫风格）。在描述语中使用的关键词"chalice"（圣杯）可以保证奖杯形态的稳定输出。

⊙ 图 3-264

⊙ 图 3-265

8 对称构图（symmetrical composition）

对称构图能让画面体现稳定、平衡的视觉效果，广泛运用于建筑摄影中。以房屋为例的对称构图效果如图 3-266 所示，描述语为“symmetrical composition, house, photography”（对称构图，房屋，摄影）。

⊙ 图 3-266

使用对称构图生成的未来主义空场景如图 3-267 所示，完整描述语为“sci-fi spaceship interior, radiating lines, abstract frame, blue gradient frosted glass, white transparent technology sense, big data, big scene, Symmetrical composition, minimalism, bright, spatial concept art, Futuristic environment, octane rendering, unreal engine, ray tracing, best quality, 16k --ar 3:4”（科幻飞船内部，放射线，抽象框架，蓝色渐变磨砂玻璃，白色透明科技感，大数据，大场景，对称构图，极简主义，明亮，空间概念艺术，未来主义环境，oc 渲染，虚幻引擎，光线追踪，最佳质量，16k，3:4 画幅）。

⊙ 图 3-267

使用对称构图绘制的送礼场景如图 3-268 所示，适用于产品介绍或者产品广告中，完整描述语为“Model slim hand close-up, Asian female hand, holding a gift box in hand, elegant and professional movement, delicate skin texture, soft shadows, no humans, French romantic style, magazine cover photography, Tiffany blue simple background, symmetrical composition, studio lighting, professional color grading, 8k --ar 3:4 --no human”（模特纤细的手特写，亚洲女性手，手拿礼盒，动作优雅专业，细腻的皮肤纹理，柔和的阴影，没有人，法式浪漫风格，杂志封面摄影，蒂芙尼蓝简约背景，对称构图，摄影棚照明，专业色彩分级，8k，3:4 画幅，排除后缀参数）。“--no”排除后缀参数用于去除画面中的部分内容，在这个案例中，不需要人物出现，可使用“--no human”，使用“--no”后缀参数可去除颜色、物品、材质等。

⊙ 图 3-268

9 三分法构图（rule of thirds composition）

三分法构图也称井字构图，是指把画面的横、竖向各划分为三等份，然后把主体放置在分割线交叉形成的任意一个交叉点上的构图手法。以房屋为例的三分法构图效果如图 3-269 所示，描述语为“house, photography, rule of thirds composition --ar 4:3”（房屋，摄影，三分法构图，4:3 画幅）。

使用三分法构图输出的越野车广告如图 3-270 所示，完整描述语为“commercial photography, an off-road vehicle at the seaside, naturalistic depictions of flora, clean sky, seaside landscape, natural light, bright, soft, calm, contemporary art, film still imagery, extra long shot, rule of thirds composition, art by Rinko Kawauchi, depth of field, rich details, 8k --ar 4:3 --s 150”（商业摄影，海边的越野车，自然主义风格的植物，干净的天空，海

边的风景，自然光，明亮，柔和，平静，当代艺术，电影静态图像，超远景，三分法构图，川内伦子的艺术，景深，丰富的细节，8k，4:3 画幅，风格化后缀参数值 150）。

⊙ 图 3-269

⊙ 图 3-270

10 对比构图（contrasting composition）

对比构图是指利用各元素之间大小、明暗、虚实、色彩等的对比突出主体，以增强画面的视觉冲击力的构图手法。以房屋为例的对比构图画面效果如图 3-271 所示，描述语为“contrasting composition, house, photography”（对比构图，房屋，摄影）。

一支雪山上的探险队摄影图像如图 3-272 所示，完整描述语为“Realistic photography, An exploration team on a snow-capped mountain, Alps landscape, white cloudy sky, contrasting composition, light white and navy palette, natural light, high quality, intricate details, 8k --ar 4:3 --s 500”（写实摄影，一支探险队在雪山上，阿尔卑斯山景观，白色多云的天空，对比构图，白色和海军蓝色调，自然光，高质量，复杂的细节，8k，4:3 画幅，风格化后缀参数值 500）。在做后期处理时，可以使用 Photoshop 绘图

工具添加拼搏、奋斗等文字，制作成企业文化展板。

⊙ 图 3-271

⊙ 图 3-272

11 两点透视构图（two-point perspective）

两点透视是指在地平线上有两个消失点，也称为成角透视。以房屋为例的两点透视效果如图 3-273 所示，描述语为“two-point perspective, house --ar 4:3”（两点透视，房屋，4:3 画幅）。

⊙ 图 3-273

在 Midjourney 中使用两点透视生成的母婴节促销活动海报如图 3-274 所示，完整描述语为“a shopping cart filled with children’s toys in a toyshop, futurism trend grocery store background, high-tech vision, fluorescent translucent, pink and white and blue holographic, diamond luster, 3d, C4D, Blender, octane rendering, two-point perspective, ultra-detailed, 8K --ar 3:4 --s 250”（玩具店里装满儿童玩具的购物车，未来主义潮流杂货店背景，高科技视觉，荧光半透明，粉白蓝全息，钻石光泽，3d，C4D，Blender，oc 渲染，两点透视，超精细，8K，3:4 画幅，风格化后缀参数值 250）。

⊙ 图 3-274

12 正面、侧面、背面三视图（front, side, rear three views）

三视图是指分别从三个方向的视点描绘对象，一般为正面、正侧面、背面三个方向。在 Midjourney 中，三视图经常用于产品设计、角色设计、服装设计。角色设计如图 3-275 所示，完整描述语为“Realistic 3D character style rendering, front, side, rear three views, an Asian teacher in cream color sweater, holding a textbook in hand, rim lighting, dark brown background, no dividing line, detailed character design, daz3d, clay, award-winning, octane rendering, high detail, 8k --ar 4:3 --s 150 --niji 5”（逼真的 3D 人物风格渲染，正面、侧面、背面三视图，一位穿着奶油色毛衣的亚洲老师，手里拿着课本，边缘照明，深棕色背景，没有分界线，详细的人物设计，daz3d，黏土，获奖，oc 渲染，高细节，8k，4:3 画幅，风格化后缀参数值 150，动漫风格）。

⊙ 图 3-275

要生成高质量的图像，需要探求构图所运用的形式美法则，根据不同的题材选择合适的构图，增加画面深度，从而让观者产生情感共鸣。以下列举了更多构图手法供大家学习参考。

- S 形构图（S-shaped composition）
- 径向构图（radial composition）
- 分割互补构图（split complementary composition）
- 布景构图（mise-en-scene composition）
- 负空间构图（negative space composition）
- 拼贴构图（collage composition）
- 遮挡构图（blocking composition）
- 三角形构图（triangular composition）
- 仰拍构图（upside-down composition）
- 俯拍构图（perspective composition）

- 非对称构图（asymmetrical composition）
- 黄金分割构图（golden ratio composition）
- 三点透视（three-point perspective）

3.12 人物（characters）

使用 Midjourney 创建人物形象时，需要给出有关主题背景、人物特征、服饰搭配、镜头、照明等的具体描述。结合不同的画面构图、配色方案和绘制风格，Midjourney 可以生成逼真的肖像或动漫角色。我们可以将 Midjourney 创建的人物素材用于运营活动的 Banner 设计中，或者用作小说、演示文稿的配图。在本节内容中，我们会使用 12 种不同的人物特点和属性进行相关测试。

1 亚洲商务女士（Asian business lady）

商务形象需要展现自信、干练的气质和特征，一般以穿正装西服为主，并使用单色背景或办公室环境。通过 Midjourney 生成的照片级商务女士图像如图 3-276 所示，完整描述语为“an Asian business lady in an office conference space, ceo, delicate face, wearing haute couture white suit, laptop, minimalism, business sense, studio lighting, professional photography, ultra-wide-angle lens, Nikon D800E, in style of Calvin Klein, super detail, best quality, ultra HD --ar 4:3 --s 250”（一位亚洲商务女士在办公室会议空间，首席执行官，精致的面孔，穿着高级定制的白色西服，笔记本电脑，极简主义，商业感，工作室照明，专业摄影，超广角镜头，尼康 D800E，卡尔文 • 克雷恩风格，超细节，最佳质量，超高清，4:3 画幅，风格化后缀参数值 250）。

在这段描述语中，使用“Asian”（亚洲）可以生成东方女性的面部特征。“ceo”（首席执行官）的职位设定和“haute couture white suit”（高级定制白色西服）会让角色看起来更优雅、专业。

2 家庭主妇（housewife）

“housewife”（家庭主妇）在 Midjourney 中表现为温柔、慵懒的形象，效果如图 3-277 所示，完整描述语为“a gentle housewife in white apron, gesture of cooking food, IKEA style kitchen interior design, display cake and cutlery, kitchen utensils, romantic soft focus and ethereal light, light cream and light green tones, bright and airy, soft colours, hyper-realistic atmospheres, octane rendering, rich details, 8k --ar 3:4 --s 250”（一个穿着白色围裙的温柔家庭主妇，烹饪食物的姿势，宜家风格的厨房内部设计，展示蛋糕和餐具，厨房用具，浪漫的柔焦和空灵的光线，浅奶油色和浅绿色色调，明亮通风，柔和的颜色，超逼真的氛围，oc 渲染，丰富的细节，8k，3:4 画幅，风格化后缀参数值 250）。这段描述语中的关键词“hyper-realistic atmospheres”（超逼真的氛围）可以帮助 Midjourney 理解需要渲染出真实感的场景。

⊙ 图 3-276

⊙ 图 3-277

3 老年人（elderly）

在 Midjourney 中，关键词“elderly”（老年人）可在外貌特征和体态上体现出老年人的特点，效果如图 3-278 所示，完整描述语为“fashion shoot of an Asian elderly, playing hip-hop street dance, clear facial expressions, wearing loose jacket, nike sneakers, street background with graffiti wall, hip-hop aesthetics, youthful energy, photorealistic, surrealism, by Hasselblad, broad view, super detail, best quality, ultra HD --ar 4:3 --s 250 --c 10”（一位亚洲老人的时尚拍摄，玩嘻哈街舞，清晰的面部表情，穿着宽松的夹克，耐克运动鞋，涂鸦墙街道背景，嘻哈美学，年轻活力，照片真实感，超现实主义，哈苏相机，视野开阔，超细节，最佳质量，超高清，4:3 画幅，风格化后缀参数值 250，多样性后缀参数值 10）。在这段描述语中，我们并没有对人物的发色、肤质进行详细的描绘，仅仅使用“elderly”关键词就能在 Midjourney 的智能识别系统中调取出此类角色的特点。

⊙ 图 3-278

4 邻家女孩（girl next door）

在 Midjourney 中使用“girl next door”（邻家女孩）关键词生成的女性形象带有特定年龄段的外貌特征，效果如图 3-279 所示，完整描述语为“realistic 3d cartoon style rendering, girl next door, exquisite facial features, high and tight hair, shiny eyes, long legs, realistic skin texture, athleisure outfit, MD cloth, running fitness, body extensions, traincore, greige, beige and orange, rim lighting, full body shot, daz3d, octane rendering, extreme detail, best quality, 8k --ar 3:4 --niji 5 --s 1000”（逼真的 3d 卡通风格渲染，邻家女孩，精致的面部特征，浓密的头发，闪亮的眼睛，长腿，逼真的皮肤纹理，运动休闲装，模拟布料，跑步健身，身体伸展，训练核，灰色，米色和橙色，边缘照明，全身拍摄，daz3d 软件，oc 渲染，极致细节，最佳质量，8k，3:4 画幅，动漫风格，风格化后缀参数值 1000）。

注意 在描述语中加入有关脸型、眼睛、嘴巴的描绘都会让 Midjourney 生成的人物脸部更加精细。也可以用“long legs”（长腿）、“slender”（苗条的）、“skinny slim waist”（纤细的腰）等关键词控制身材比例。另外，使用关键词“MD cloth”可以提升衣物的质感，MD 即 marvelous designer（布料模拟软件）。

⊙ 图 3-279

5 高中生（high school student）

高中生具有朝气蓬勃的精神样貌、坚毅的眼神和挺拔的身姿。当在描述语中使用学生（student）形象设定，Midjourney 反馈的图像一般都会伴随背包、耳机、书本等物品。穿着学院装的高中男生如图 3-280 所示，完整描述语为“male high school student, exquisite facial features, undercut hair, academia outfit, book in hand, MD cloth, dollcore, asian-inspired, fine luster, white background, C4D, blender, realistic 3d cartoon style rendering, pinterest, dribble, exquisite details, best quality, 8k --ar 3:4 --niji 5 --s 500”（高中男生，精致的面部特征，短发，学院装，手里拿着书，模拟布料，娃娃核，亚洲风格，精细光泽，白色背景，C4D，blender，逼真的 3d 卡通风格渲染，pinterest，dribble，精致的细节，最好的质量，8k，3:4 画幅，动漫风格，风格化后缀参数值 500）。

假设不额外添加“academia outfit”（学院装）关键词，学生群体的穿着风格在 Midjourney 中也会表现得非常明显。我们可以使用这个描述语模板，替换不同的发型，如“side part”（侧分）、“dreadlocks”（脏辫）、“crew cut”（干练短发）等，也可以添加一些人物的动作，如“open arms”（张开双臂）、“hands on hips”（双手叉腰）、“hugging”（拥抱）等，表现人物不同的性格特征。

> 注意 描述语中出现的关键词“dollcore”（娃娃核），从英文构成来看，“doll”（娃娃）结合“core”（核心），即以娃娃元素为核心的美学风格。

⊙ 图 3-280

6 记者（journalist）

记者（journalist）是报社、通讯社、广播电台、电视台等机构中担任采访、报道、摄影的工作人员。记者职业的人物表现效果如图 3-281 所示，完整描述语为“street style photo of a female journalist, Chinese, holding the microphone, off-white striped shirt, standing among the crowd, sunshine natural light, street style, brown tones, hyper realistic, cinematic leica lens, medium shot, super detail, best quality, ultra HD --ar 3:4 --s 250”（一位女记者的街头风格照片，中国人，拿着麦克风，米白色条纹衬衫，站在人群中，阳光自然光，街头风格，棕色调，超逼真，电影徕卡镜头，中景，超细节，最佳质量，超高清，3:4 画幅，风格化后缀参数值 250）。

关键词“standing among the crowd”（站在人群中）可以在画面背景中表现出摩肩接踵的人群，同时又自带景深，虚化背景，营造出“入目无别人，四下皆是你”的意境。同时，也可以根据画面需求，选择不同的拍摄镜头，如“saist shot”（腰部以上）、“chest shot”（胸部以上）、“medium full shot”（膝盖以上）等。

7 宇航员（astronaut）

宇航员（astronaut）是指以太空飞行为职业或进行过太空飞行的人。他们穿着特制的航天服，戴着手套和头盔以保障生命安全。科幻片风格的宝宝宇航员可用于创意儿童摄影，效果如图 3-282 所示，完整描述语为“editorial style photo, a baby girl wearing a spacesuit, space astronaut, broken spaceship mechs, wide desert background, in the style of apocalypse art, full body, surrealism, retro futuristic, wide angle view, unreal engine, cinematic, intricate details, 8k --ar 4:3 --s 250”（编辑风格的照片，一个穿着太空服的女婴，太空宇航员，破损的宇宙飞船机械，宽阔的沙漠背景，废土风格，全身，超现实主义，复古未来主义，广角视野，虚幻引擎，电影，复杂的细节，8k，4:3 画幅，风格化后缀参数值 250）。

⊙ 图 3-281

我们可以尝试不同的背景描述，如“valley background”（山谷背景）、“tunnel background”（隧道背景）、“flower field background”（花田背景）或“apocalyptic street background”（启示录街道背景）等。

8 程序员（programmer）

程序员是从事程序开发、程序维护的工作人员，“programmer”（程序员）关键词在 Midjourney 中的服装表现较为休闲，部分图像会带有双肩包配置。我们也可以使用“internet engineer”（互联网工程师）来替代。皮克斯风格的程序员人物特征效果如图 3-283 所示，完整描述语为“bright summer afternoon, a programmer working in front of the computer, exquisite facial features, vintage round-frame glasses, blue shirt, brown hair, white and light blue palette, studio lighting, low saturation Pixar, chibi, 3d, c4d, octane rendering, Vray tracing, behance, high quality, 8k --ar 4:3 --s 500”（明亮的夏日午后，一位程序员在电脑前工作，精致的五官，复古的圆框眼镜，蓝色衬衫，棕色头发，白色和浅蓝色调色板，工作室照明，低饱和度皮克斯，chibi 漫画，3d，c4d，oc 渲染，Vray 追踪，behance，高质量，8k，4:3 画幅，风格化后缀参数值 500）。在这段描述语中，季节关键词“summer”（夏日）能让“blue shirt”（蓝色衬衫）更容易被表现出来。另外需要注意，“working in front of the computer”（在电脑前工作）与“sitting in front of the computer”（坐在电脑前）相比，“working”可以让角色手敲键盘的动作更稳定。

⊙ 图 3-282

⊙ 图 3-283

9 外卖员 / 送餐员（delivery guy）

随着经济的发展，在线餐饮外卖成为三大饮食方式之一。送餐员就是将食品送至指定位置的职业群体，他们穿着统一的服饰，骑车穿梭在城市中，按平台规定派送订单。外卖员驾驶高科技飞行器送餐的超现实画面如图 3-284 所示，完整描述语为“a surrealistic chair type aircraft flying over city streets, carbon fiber shell, nanotech, an asian delivery guy with yellow suit and yellow helmet driving it, full body shot, bird’s-eye view, realistic texture, mechanical design, industrial design, futuristic transportation, advanced technology, photo realism, surrealism, minimalist, times art style, unreal engine, octane render, cinematic, intricate details, 8k --ar 3:4 --s 500 --c 20”（一架飞越城市街道的超现实椅子式飞机，碳纤维外壳，纳米科技，一个穿着黄色套装、戴着黄色头盔的亚洲送餐员，全身拍摄，鸟瞰图，真实质感，机械设计，工业设计，未来交通，先进技术，照片写实主义，超现实主义，极简主义，时代艺术风格，虚幻引擎，oc 渲染，电影般的、复杂的细节，8k，3:4 画幅，风格化后缀参数值 500，多样性后缀参数值 20）。在这段描述语中，我们加入了多样性后缀参数，是为了得到更丰富的飞行器形态。结合 Photoshop 软件的后期处理，在飞行器以及外卖员服饰上加入平台标志，一张外卖平台概念广告图就轻松完成了。

⊙ 图 3-284

10 医生（doctor）

医生的人物特征通常是干净、整洁，穿着白色大褂，戴着听诊器，散发出专业的气质和精神状态。使用现代矢量商业插画风格绘制的医患关系场景可以用于医疗器械、医疗美容类的企业网站，传达专业、高科技的氛围和企业形象，效果如图 3-285 所示，完整描述语为“modern flat illustration, a male doctor is sitting at his desk inquiring about the female patients, background description with hospital, health, vector, UI, cartoon minimalist style, elegant lines, animated lighting, granular gradient, geometric graphic, pinterest, dribble, super details, best quality, 8k --ar 4:3 --niji 5 --s 250”（现代平面插图，一位男医生坐在办公桌前询问女性患者，医院背景描述，健康，矢量，UI，卡通极简风格，优雅的线条，动画照明，颗粒渐变，几何图形，pinterest，dribble，超级细节，最佳质量，8k，4:3 画幅，动漫风格，风格化后缀参数值 250）。

⊙ 图 3-285

11 外星人（alien）

外星人是人类对地球以外智慧生物的统称，外星人种并非确定存在的生物种族。Midjourney 创作的科幻电影中的外星人形象如图 3-286 所示，完整描述语为“Hollywood film cover, alien character with delicate big eyes, short body and slender fingers, hyper realistic skin, silicon-based life, misty forest, spacecraft, airy, sci-fi, cinematic, surrealism, photo realism, retro-futurism, waist shot, foreground blurry, photography by tim walker, octane rendering, unreal engine, Vray tracing, hyper-realistic details,ultra HD, 8K --ar 3:4 --c 20”（好莱坞电影封面，拥有精致大眼睛、短身体和细长手指的外星人角色，超逼真的皮肤，硅基生命，迷雾森林，宇宙飞船，通风，科幻，电影，超现实主义，照片写实主义，复古未来主义，腰部以上拍摄，前景模糊，蒂姆 • 沃克摄影，oc 渲染，虚幻引擎，Vray 追踪，超逼真的细节，超高清，8K，3:4 画幅，多样性后缀参数值 20）。在描述语中加入“dreamy pastels”（梦幻色彩）关键词后的画面效果如图 3-287 所示。

⊙ 图 3-286

⊙ 图 3-287

12 精灵（fairy）

fairy 译为小仙女、小精灵，通常可以理解为童话故事中的小仙女，如果是需要耳朵尖尖的小精灵形象，可以使用 elf 这个关键词。niji 动漫风格的精灵盲盒效果如图 3-288 所示，完整描述语为“blind box style, a winged fairy princess sitting on a roman column, exquisite facial features, flower crown on shoulder length white hair, exquisitely dress, holding a large bouquet of flowers, light sky blue and light yellow, translucent pvc materials, delicate pearl like luster, soft light, light and shade contrast, gradients background, chibi, 3d, c4d, octane rendering, behance, high quality, super detailed, 8k --ar 3:4 --niji 5”（盲盒风格，一位坐在罗马柱上的长着翅膀的仙女公主，精致的面部特征，齐肩白发上的花冠，精致的连衣裙，手里拿着一大束鲜花，浅天蓝色和浅黄色，半透明的 pvc 材料，精致的珍珠般的光泽，柔和的光线，明暗对比，渐变背景，chibi 漫画，3d，c4d，oc 渲染，behance，高品质，超详细，8k，3:4 画幅，动漫风格）。

⊙ 图 3-288

使用职业称谓、人际称呼、人群设定等关键词，能节省很多描述，提高人物形象表现的准确性。对表情、发型、服饰、动作等的具体描绘可以增加画面细节和艺术表现力。下面列举了更多人物形象，供大家学习参考。

- indigenous（土著）
- black woman（黑人女性）
- crone（老婆婆）
- kid（孩子）
- goddess（女神）
- hag（老巫婆）
- businessman（商人）
- carpenter（木匠）
- policeman（警察）
- french maid（法式女仆）
- assassin（刺客）
- ghost（幽灵）

本章其他拓展视频：

主题

时尚

背景

国风

第4章 基本参数

学习提示

Midjourney 提供了无尽的创作可能，也充满了随机性，想要更好地掌控出图质量、细节、风格变化或图像延续性就需要掌握一些高频实用参数 / 指令。本章将介绍 13 个常用参数的使用方法，参数功能包括添加图像比例、质量、风格化、多样性后缀参数，去除画面元素，控制关键词或垫图权重，保持图像一致性等，进一步提升 Midjourney 的出图精准度。

4.1 图像比例（--ar）

“--ar”或“--aspect”是设置图片宽高比例的参数，全称 --aspect ratios。如果不加“--ar”参数命令，Midjourney 的默认宽高比为 1:1。

以 7:4（宽度为 7，高度为 4）为例，控制图像比例的正确写法是在描述语结尾留一空格后输入“--ar 7:4”，“--ar”与“7:4”之间留一空格，两个数字之间用英文冒号“:”分隔。需要注意的是，这里的宽高比例数值必须为整数，如图 4-1 所示。

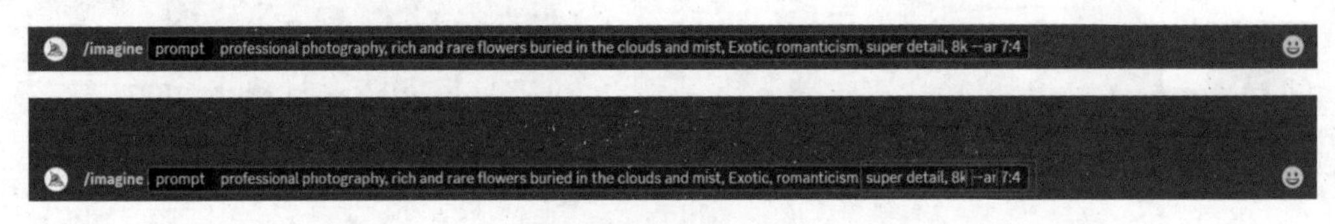

⊙ 图 4-1

举个例子，对于一段简单的画面描述语“professional photography, rich and rare flowers buried in the clouds and mist, Exotic, romanticism, super detail, 8k”（专业摄影，云雾中埋藏着丰富稀有的花朵，异国情调，浪漫主义，超细节，8k），使用常用的宽高比例效果如图 4-2 所示。

⊙ 图 4-2

⊙ 图 4-2（续）

4.2 风格化（--stylize）

拓展视频

风格化后缀参数“--stylize”或“--s”的默认数值是 100，取值范围是 0 ~ 1000。这里的 s 用英文小写形式。风格化设定以 250 数值为例的正确写法是在描述语结尾留一空格，然后输入“--s 250”，“--s”与数字“250”之间留一空格。

增大 s 值会让 Midjourney 生成的图像在构图、材质、细节、光影上的艺术程度更高，当然，较小的 s 值则会更贴近于描述语。所以，如何根据画面需求选择合适的 s 值是需要用户反复测试和感受的。

举个例子，使用同一段描述语，仅修改 s 值，观察图像的变化，如图 4-3 所示，描述语为“model of Sydney Opera House, miniature cute architecture on the water, excellent lighting, rococo pastel hues, clay freeze frame animation, 3s material, front view, Blender, Octane render, Ultra HD”（悉尼歌剧院的模型，水上的微型可爱建筑，出色的照明，洛可可柔和的色调，黏土定格动画，3s 材料，前视图，Blender，oc 渲染，超高清）。

可以在设置选项中进行风格化等级预设，步骤如下。

步骤① 在输入框里输入“/settings”，按 Enter 键确认，如图 4-4 所示。

步骤② 在 Midjourney 弹出的设置选项中，选取以“stylize”开头的 4 个风格化等级中的任意一个即可，如图 4-5 所示。

⊙ 图 4-3

⊙ 图 4-4

⊙ 图 4-5

4.3 发散思维（--chaos）

“--chaos”或“--c”译为混乱，也称为多样性参数，是指 Midjourney 生成的一组四格图像之间的风格变化差异。c 值越大，风格变化越丰富；c 值越小，四格图像之间的相似度越高，风格越统一。也可以简单地理解为 Midjourney 突破我们给定的描述语框架并加入一些自己的想法，c 值越大，它的想象力就越丰富。

多样性参数以 80 数值为例的正确写法是在描述语结尾留一空格，然后输入“--c 80”，“--c”与数字“80”之间留一空格。chaos 参数默认值为 0，取值范围为 0 ~ 100。使用同样的描述语，通过改变 c 值，Midjourney 生成的图像差异示例如下。

初始描述语为“A pumpkin shaped tricycle in pumpkin patch, exterior is carved from pumpkins, fairy tale, clay, Pixar style, 3d art, c4d, octane rendering, ray tracing, intricate details, animated lighting, vibrant colors, best quality, 8k --ar 4:3 --s 250”（南瓜地里的南

瓜形状三轮车，外部由南瓜雕刻，童话，黏土，皮克斯风格，3d 艺术，c4d，oc 渲染，光线追踪，复杂的细节，动画照明，鲜艳的颜色，最佳质量，8k，4:3 画幅，风格化后缀参数值为 250）。

未加 c 值时呈现的效果如图 4-6 所示，四格图像的风格比较统一。输入“--c 80”后呈现的效果如图 4-7 所示，得到了一些意想不到的构图和风格。

⊙ 图 4-6

⊙ 图 4-7

4.4 排除（--no）

使用“--no”指令可移除画面中的元素，如颜色、形状、材质、物品等。以移除“材质”为例的书写格式为：在描述语结尾留一空格，然后输入“--no textures”，“--no”与“textures”之间留一空格。一个命令可以叠加多个单词，只需使用英文逗号进行分隔，例如，“--no textures,red,human”（移除材质，红色，人物）。

举个例子，在 Midjourney 生成的图像中，选取较满意的图像并按 U4 按钮放大，如图 4-8 所示。在放大的图片上单击“Vary (Subtle)”（微妙变化），效果如图 4-9 所示。Vary 开头的 3 个选项分别对应 Vary (Strong)（强变化）、Vary (Subtle)（微妙变化）和 Vary (Region)（局部重绘）。

在弹出的 Remix Prompt 对话框中，修改描述语，加入“--no leaves”后缀移除车顶上的叶子，完整描述语为“A pumpkin shaped tricycle in pumpkin patch, exterior is carved from pumpkins, fairy tale, clay, Pixar style, 3d art, c4d, octane rendering, ray tracing, intricate details, animated lighting, vibrant colors, best quality, 8k --ar 4:3 --s 250 --no leaves”（南瓜地里的南瓜形状三轮车，外部由南瓜雕刻，童话，黏土，皮克斯风格，3d 艺术，c4d，oc 渲染，光线追踪，复杂的细节，动画照明，鲜艳的颜色，最佳质量，8k，4:3 画幅，风格化后缀参数值 250，去除叶子），如图 4-10 所示，单击“提交”按钮后等待 Midjourney 出图，呈现的效果如图 4-11 所示。

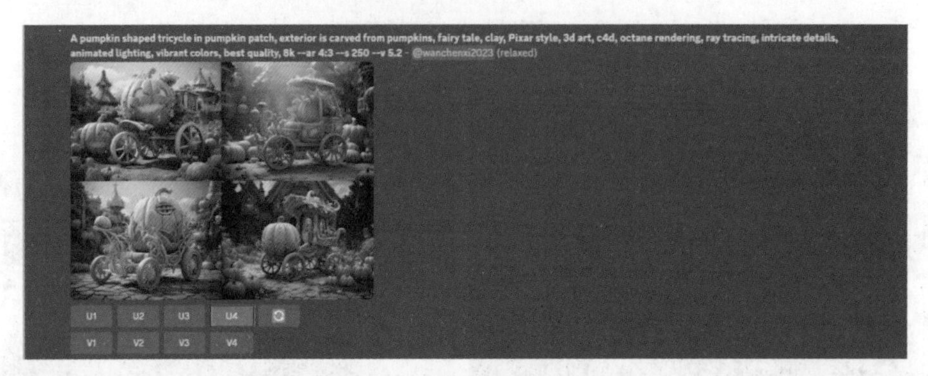

⊙ 图 4-8

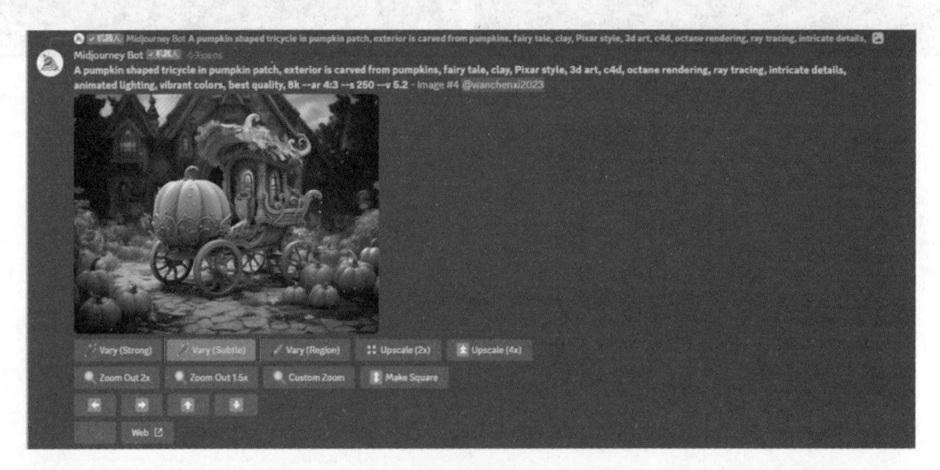

⊙ 图 4-9

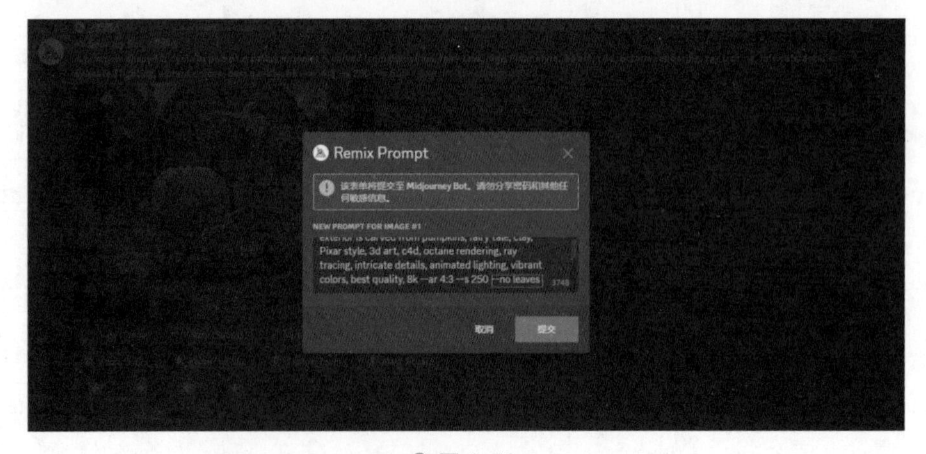

⊙ 图 4-10

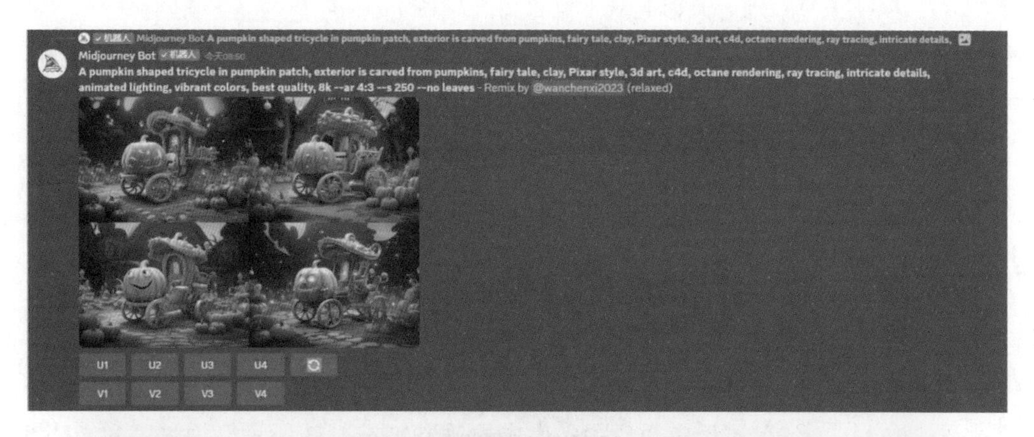

⊙ 图 4-11

4.5 质量参数（--q）

“q”或“quality”指图像质量，也指画面的精细程度。q 值越大，GPU 处理的时间越长，细节越多，可见画面品质越高，出图越慢。使用该指令的正确写法是在描述语结尾留一空格，输入“--q 2”，“--q”与数字“2”之间留一空格，取值范围为 0.25~2。q 值不会影响画面的分辨率。下面通过示例观察 q 值的变化带来的图像品质的变化。

首先给定一段绘制图标的描述语，“A lovely gift icon design, blue frosted glass box body, pink ribbon, soft color, smooth, mockup, white background, transparent, studio lighting, isometric view, C4D, 8k”（一个可爱的礼物图标设计，蓝色磨砂玻璃盒体，粉色缎带，柔和的颜色，光滑，实物模型，白色背景，透明，工作室照明，等距视图，C4D，8k）。

在未加 q 值的情况下，Midjourney 生成的图标如图 4-12 所示。使用本节讲解过的步骤，通过“Vary (Subtle)”（微妙变化），在弹出的 Remix Prompt 对话框中修改描述语，加入“--q 2”质量参数后缀，生成的效果如图 4-13 所示，细腻度和光感都有明显的提升。

⊙ 图 4-12

⊙ 图 4-13

4.6 图像权重符（--iw）

拓展视频

iw 为 image weight 的缩写，使用“--iw”指令可以控制生成的图像与垫图的相似程度，数值越大，对于垫图的参考比重越高。“--iw”的默认值为 0.25，取值范围是 0 ~ 2。

将准备好的儿童画上传到 Midjourney 作为原始垫图，如图 4-14 所示。

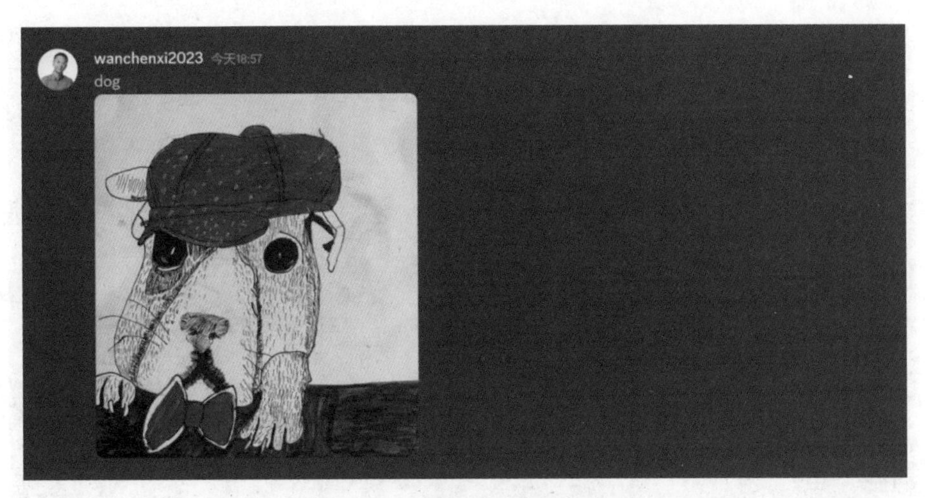

⊙ 图 4-14

根据图像，我们给出一段描述语“portrait of a cute dog, cartoon, delicate round eyes, wearing a red knitted newsboy hat, red bow tie, small ears, front paws are on the table, clean background, super details, best quality, 8k --ar 3:4”（一只可爱的小狗肖像，卡通，精致的圆眼睛，戴着红色针织报童帽，红色蝴蝶结，小耳朵，前爪在桌子上，背景干净，超级细节，最好的质量，8k，3:4 画幅），使用默认图像权重的效果如图 4-15 所示，默认权重下参考垫图比重较低。

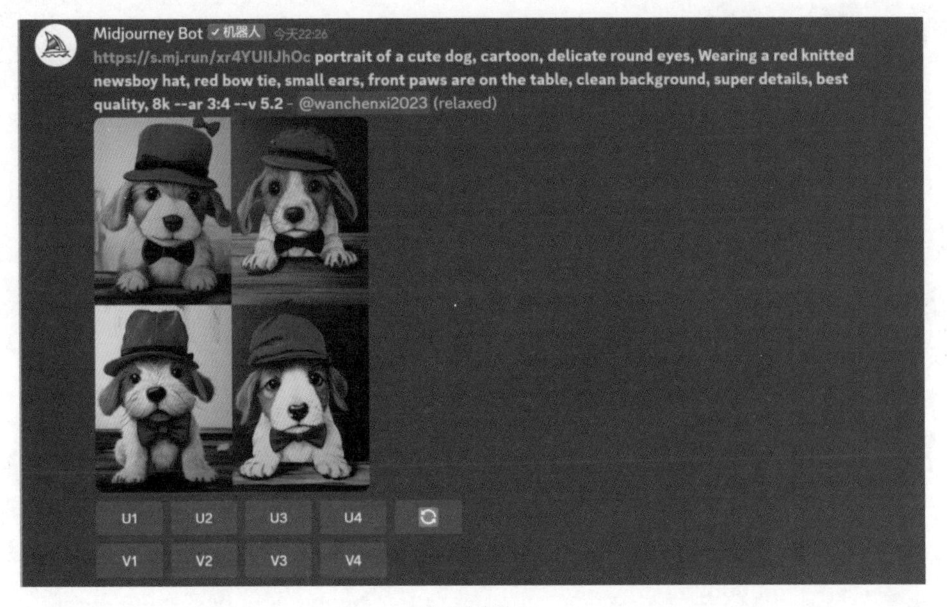

⊙ 图 4-15

使用“--iw 2”图像权重，参考垫图比重较高，效果如图 4-16 所示。

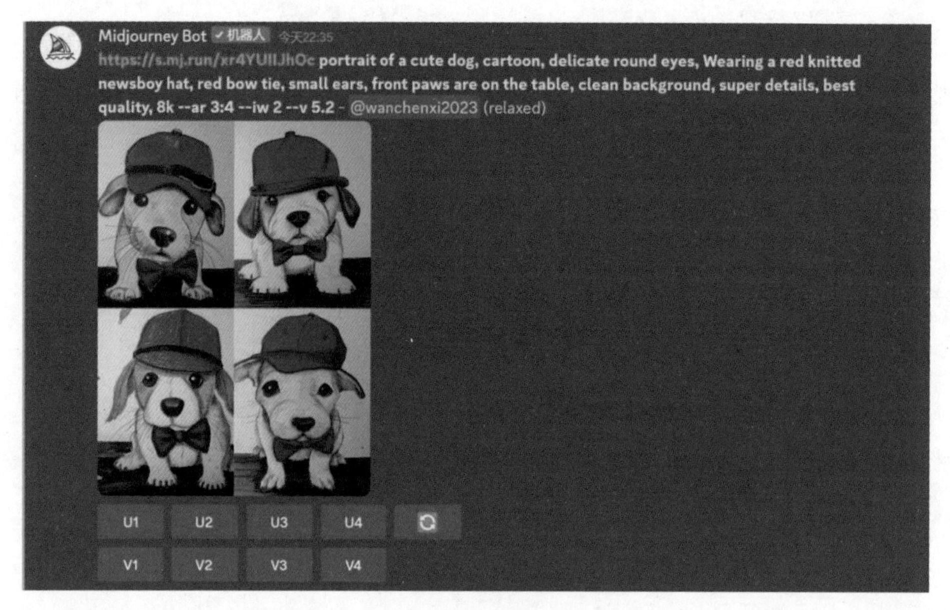

⊙ 图 4-16

使用“--iw 2”权重命令，Midjourney 生成的图像与垫图在色彩搭配、形象外观、绘画风格上极为相似，但同时也会影响描述语修改的变化幅度，因此，权重值并不是越大越好，需要找到平衡点。

4.7 种子值（--seed）

“seed”或“sameseed”译为种子，使用“--seed”命令可以控制 Midjourney 的出图结果，保持同种风格继续衍生出更多作品。以指定的“229”种子值为例，书写格式为在描述语结尾留一空格，输入“--seed 229”，“--seed”与数值“229”之间留一空格。

注意 “--seed”后面的数值可以是 0 ~ 4294967295（无符号整数的十进制最大值）的任意整数。

我们先使用一段描述语“portrait of a cute dog, cartoon, delicate round eyes, wearing a red knitted newsboy hat, red bow tie, small ears, front paws are on the table, clean background, super details, best quality, 8k --ar 3:4”（一只可爱的小狗肖像，卡通，精致的圆眼睛，戴着红色针织报童帽，红色蝴蝶结，小耳朵，前爪在桌子上，背景干净，

超级细节，最好的质量，8k，3:4 画幅），并给这段描述语预设一个 seed 值，如“--seed 229”，接着使用同一段描述语和同一个 seed 值，再让 Midjourney 执行一次，得到了完全一样的图像结果，如图 4-17 所示。

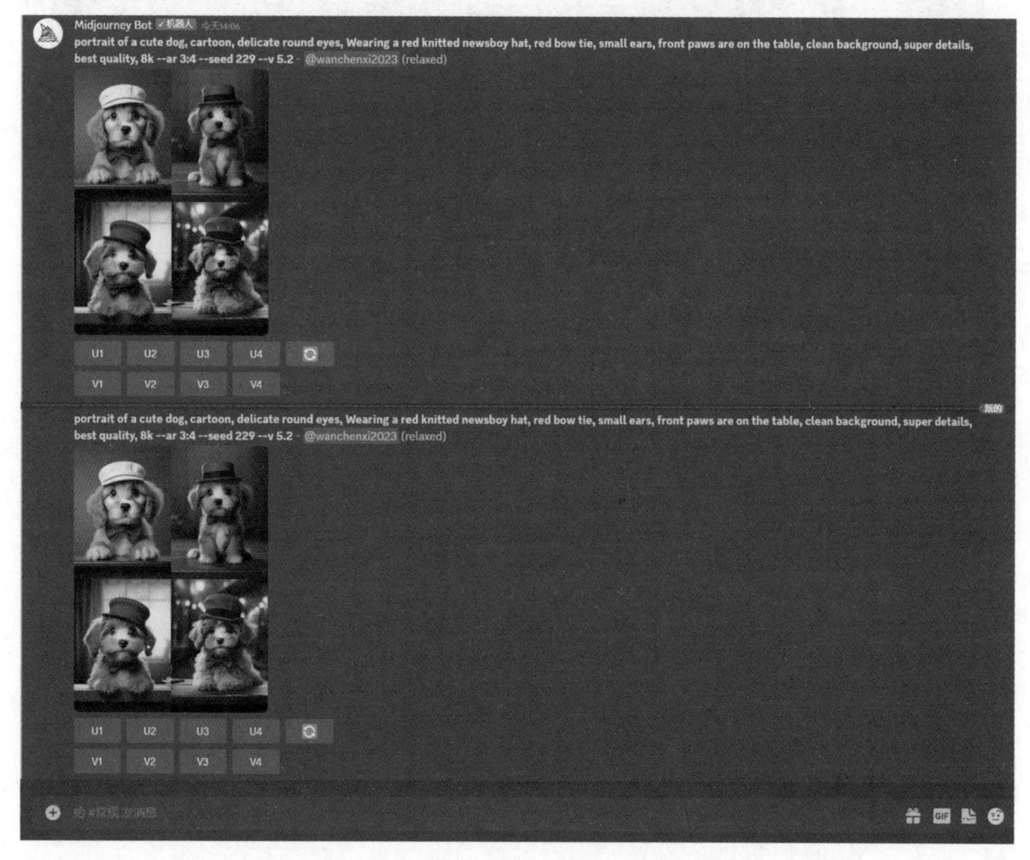

⊙ 图 4-17

继续使用相同的 seed 值并微调描述语为“portrait of a cute dog, cartoon, delicate round eyes, wearing a blue knitted newsboy hat, blue bow tie, small ears, front paws are on the table, clean background, super details, best quality, 8k --ar 3:4 --seed 229”（一只可爱的小狗肖像，卡通，精致的圆眼睛，戴着蓝色针织报童帽，蓝色蝴蝶结，小耳朵，前爪在桌子上，背景干净，超级细节，最好的质量，8k，3:4 画幅，种子值 229），把帽子和蝴蝶结改成蓝色，其他内容保持一致，Midjourney 生成的图像图 4-18 与图 4-17 非常相似，但是目前的版本还无法做到完全一致。

Midjourney 生成每个图像时都会分配一个对应的 seed 值，如果想得到类似的图像效果，就需要获得这个 seed 值，具体步骤如下。

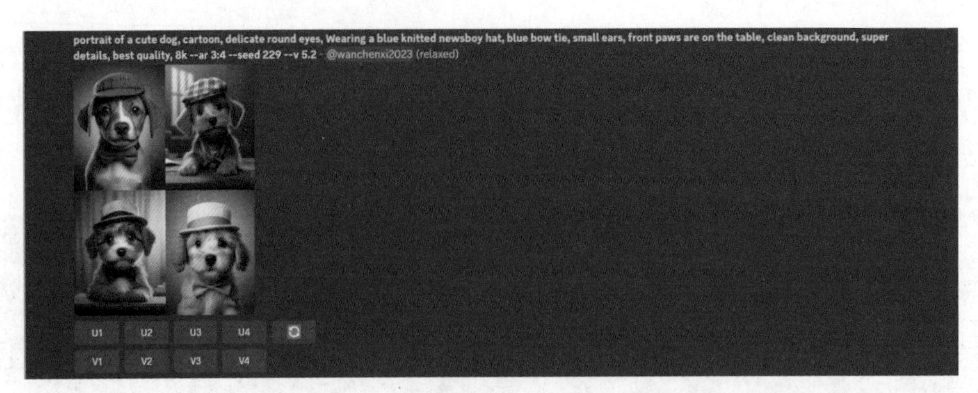

⊙ 图 4-18

步骤 ① 在图片右上角单击“...”（更多）按钮，然后选择“添加反应”-“显示更多”，在弹出的文本框里输入“envelope”，最后单击信封图标✉，如图 4-19 所示。

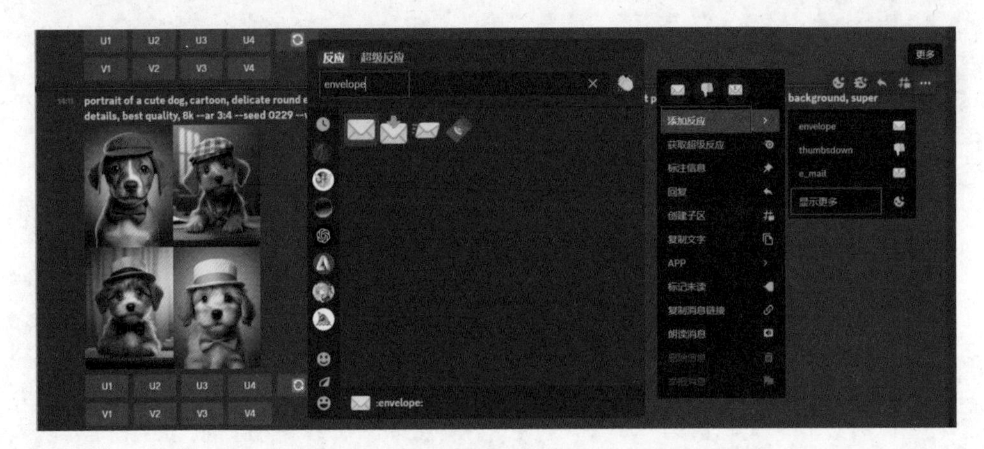

⊙ 图 4-19

或者在图片右上角单击“添加反应”按钮，在文本框中输入“envelope”，再单击信封图标✉，如图 4-20 所示。

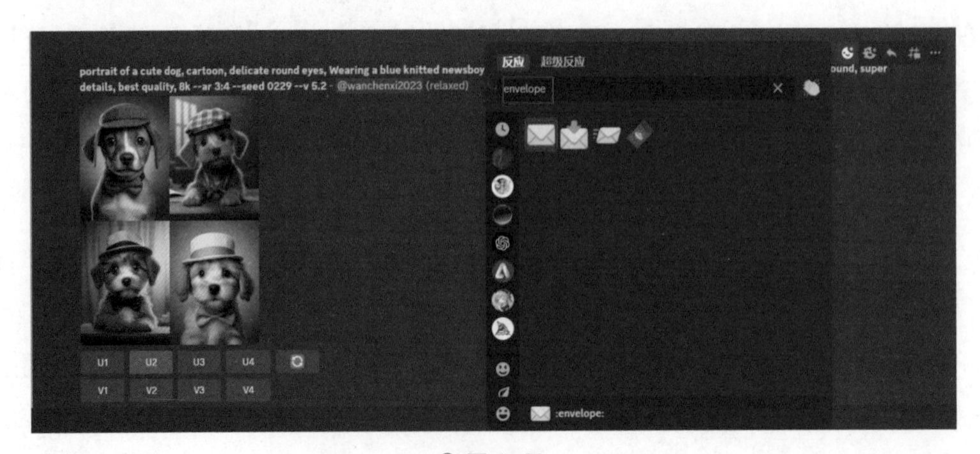

⊙ 图 4-20

步骤 ② 稍等片刻后，系统会在左侧菜单以私信的形式发送 seed 值。通过 Midjourney 生成的一组四格图像，放大任意单张图像都可获取对应的 seed 值，如图 4-21 所示。

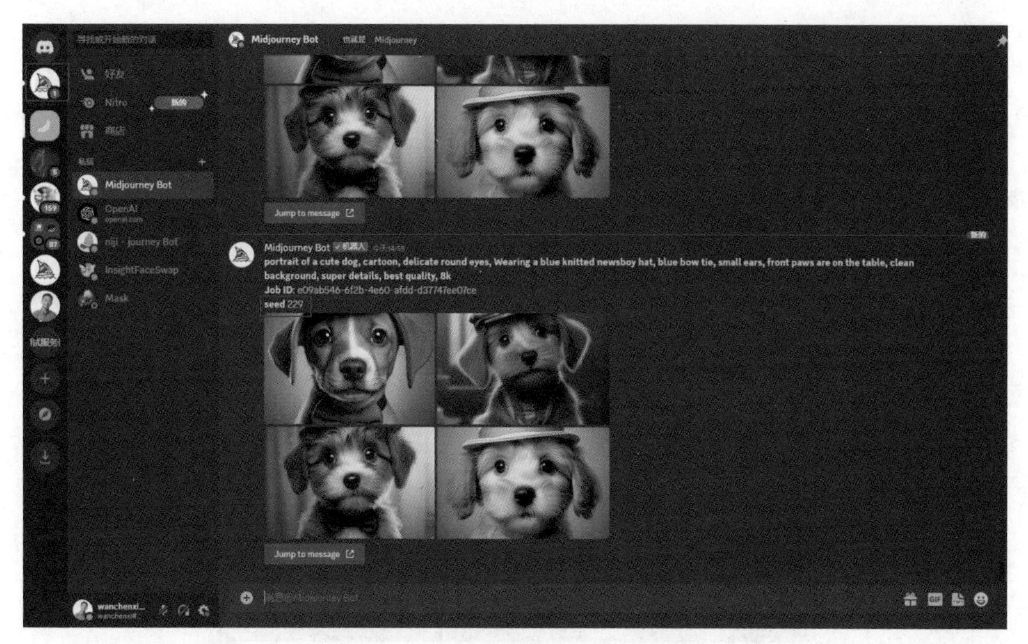

⊙ 图 4-21

4.8 关键词权重（::）

拓展视频

权重强调的是因素或指标的相对重要程度。在 Midjourney 中，使用“::”（英文半角的双冒号）切分语义，注意双冒号之间没有空格。如果我们想要表达夏季宫殿，就需要书写成“Summer:: Palace”，在“Summer::”后留一空格，再写“Palace”，指示 Midjourney 需要分开理解这两个单词（否则会特指中国旅游景区颐和园），如图 4-22 所示。

在“::”后面添加数字可设置关键词的图像比重，即关键词按照权重数值的比例生成在画面中。如“Summer::2 Palace::1”，注意冒号与数字之间无空格，“Summer::2”和“Palace::1”之间留一空格。区别于“Summer:: Palace”的画面，“Summer::2 Palace::1”加大了“Summer”这个关键词的权重，夏季表现比重就高于“Palace”，也就是“Palace”在画面中被弱化了，如图 4-23 所示。比例越大，“::”前面的关键词就越重要，但是比例过大，小数值的关键词在画面中就有可能消失，例如，将“Summer”权重加到 20 时，权重值为 1 的“Palace”就不会在画面中表现出来，如图 4-24 所示。

⊙ 图 4-22

“Summer::20 Palace::2”等同于“Summer::10 Palace::1”。

⊙ 图 4-23

⊙ 图 4-24

我们也可以设置负权重让不需要的元素消失，如“Summer::2 Palace::−1”，生成的图像如图 4-25 所示，“Palace”为负值的时候，就不会在画面中显示。

注意 所有提示权重之和必须为正，例如，“Summer::2 Palace::-1”是可行的，但是“Summer::-2 Palace::1”是不可行的，会出现无效提示，如图 4-26 所示。

⊙ 图 4-25

⊙ 图 4-26

4.9 二次元动漫模型（--niji 5）

拓展视频

Niji version 5 是专门针对动漫和二次元风格的绘图模型，由 Spellbrush 和 Midjourney 联合开发。Niji version 5 在造型张力、色彩运用，以及丰富的风格化表现力方面非常出色。它的调用方式非常简单，只需要在描述语结尾留一空格后输入“--niji 5”即可。

使用人像照片结合“--niji 5”动漫风格后缀参数制作一张人物漫画的操作步骤如下。

步骤① 将人物照片上传到 Midjourney 作为垫图参考，如图 4-27 所示。

⊙ 图 4-27

步骤② 在垫图链接后，加入描述语“Asian hip-hop boy, exquisite facial features, wearing a blue baseball cap, Hip-hop street style blue vest, silver necklace, simple background, front view, 8k --niji 5 --iw 0.8 --ar 3:4”（亚洲嘻哈男孩，精致的五官，戴着蓝色棒球帽，嘻哈街头风格的蓝色背心，银色项链，简单背景，正视图，8k，动漫风格，0.8 图像权重，3:4 画幅），Midjourney 生成的图像如图 4-28 所示，加入“--s 150”后生成的图像如图 4-29 所示。

注意 因为使用的是真实人物照片，所以图像权重值太高，会出现 3d 效果。使用合适的图像权重值才能获得与描述相符的动漫风格。

⊙ 图 4-28

⊙ 图 4-29

也可以通过设置让 Midjourney 默认使用 niji 5，即在描述语结尾自动添加“--niji 5”后缀。操作方法是在输入框中输入“/settings”，按 Enter 键调出设置选项，在模型中选择“Niji Model V5”，如图 4-30 所示。

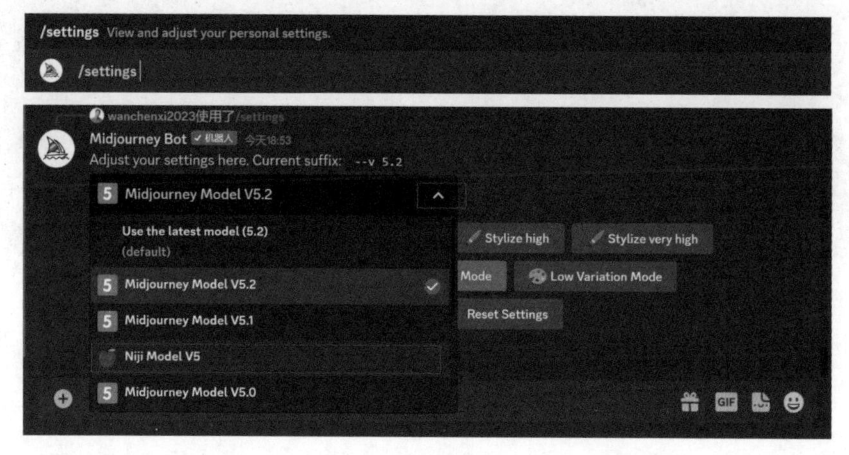

⊙ 图 4-30

我们也可以直接将 niji 机器人添加到自己的服务器频道，操作步骤如下。

步骤① 左侧服务器栏中单击“探索可发现的服务器”，在页面搜索框中输入“niji journey”，按 Enter 键进行搜索，如图 4-31 所示。

⊙ 图 4-31

搜索到的 niji 机器人如图 4-32 所示。

⊙ 图 4-32

步骤② 单击进入 niji journey 社区，在右上角单击“显示成员名单”图标，找到 niji 机器人并单击，将其邀请到自己的服务器，如图 4-33 所示。

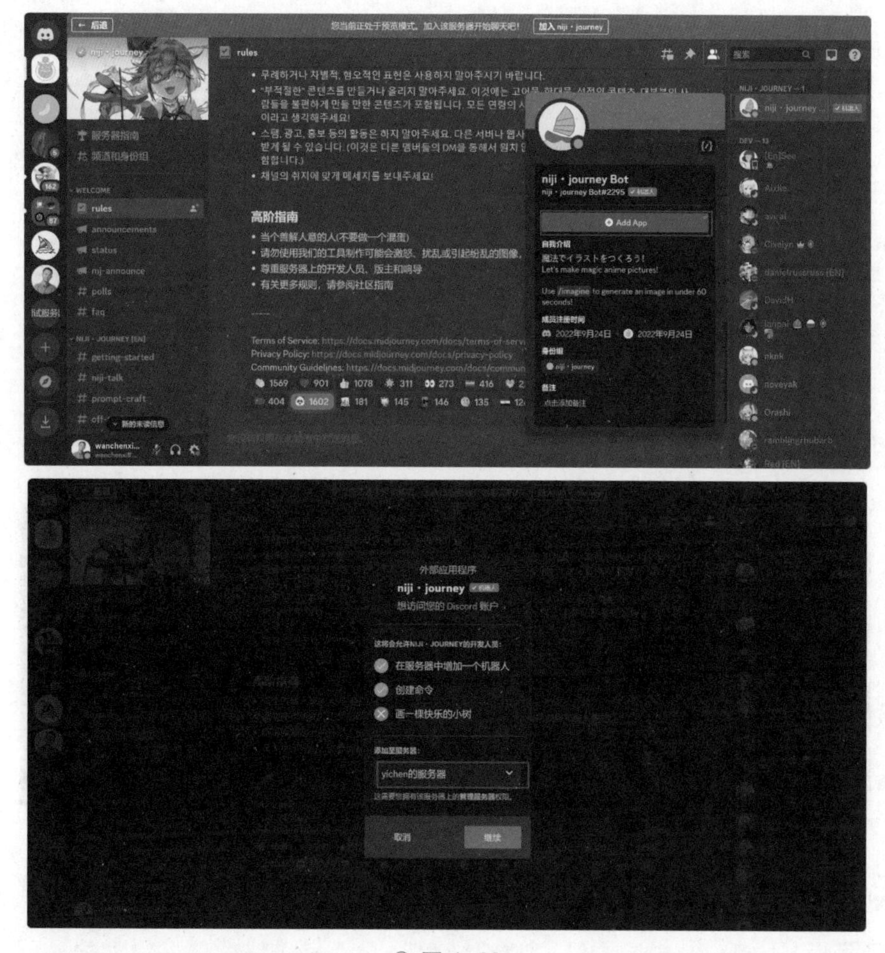

⊙ 图 4-33

步骤 3 添加成功后，返回自己的服务器，在右侧的成员名单中就会显示 niji・journey Bot，如图 4-34 所示。

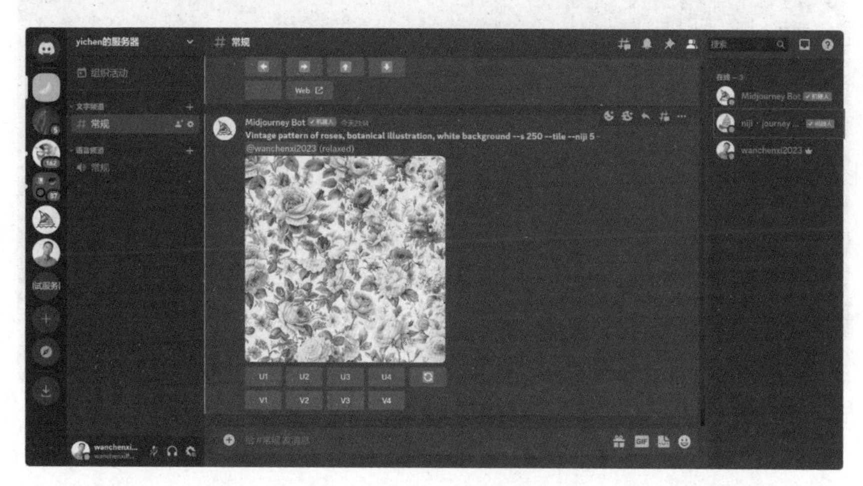

⊙ 图 4-34

步骤④在输入框中输入“/settings”，选择“niji•journey Bot”，进行设置，如图 4-35 所示。

⊙ 图 4-35

步骤⑤设置 niji • journey Bot 选项，如图 4-36 所示。

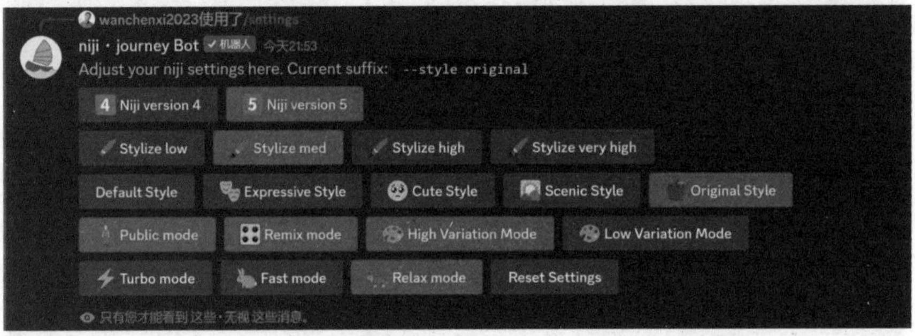

⊙ 图 4-36

使用 niji • journey Bot 时，可以直接使用中文描述语得到效果图，操作方式如下。

步骤①在输入框中输入“/”后，选择 niji•journey Bot→/imagine，如图 4-37 所示。

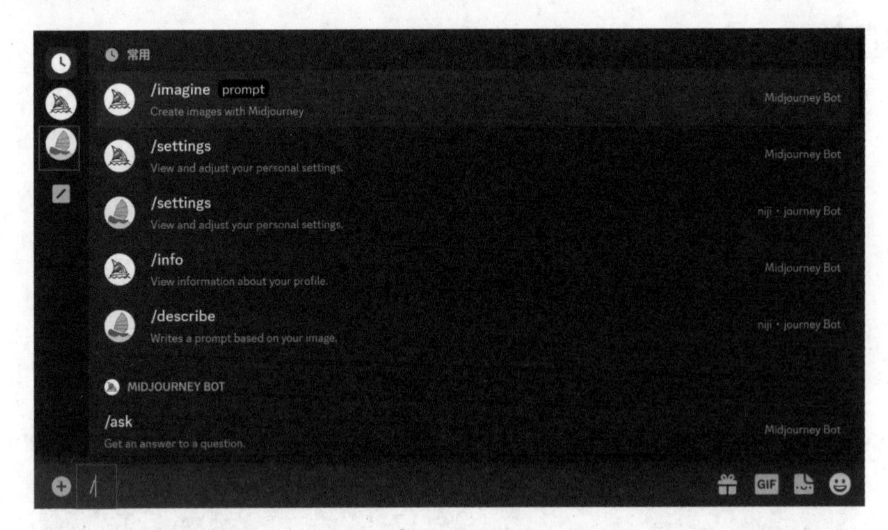

⊙ 图 4-37

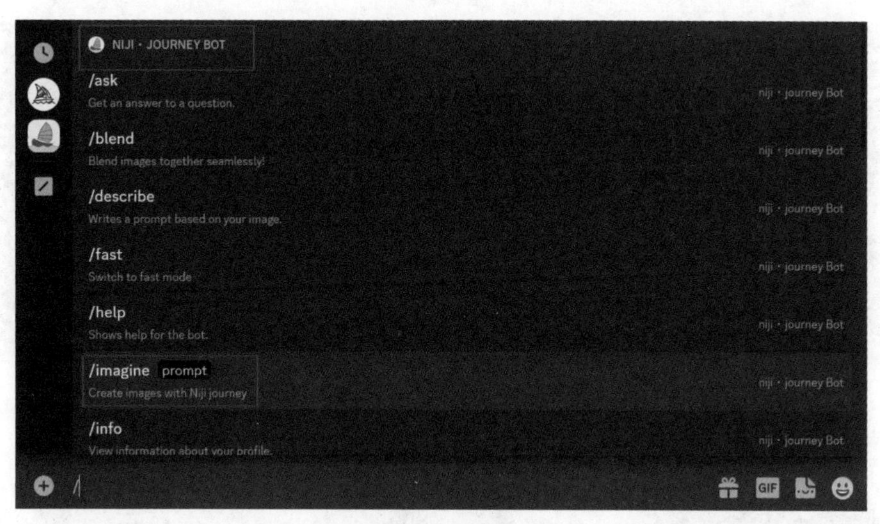

⊙ 图 4-37（续）

步骤 ② 在输入框中输入"一只可爱的小狗的肖像，精致的圆眼睛，戴着红色针织报童帽，系着红色蝴蝶结，小耳朵，前爪在桌子上"，按 Enter 键发送，如图 4-38 所示。

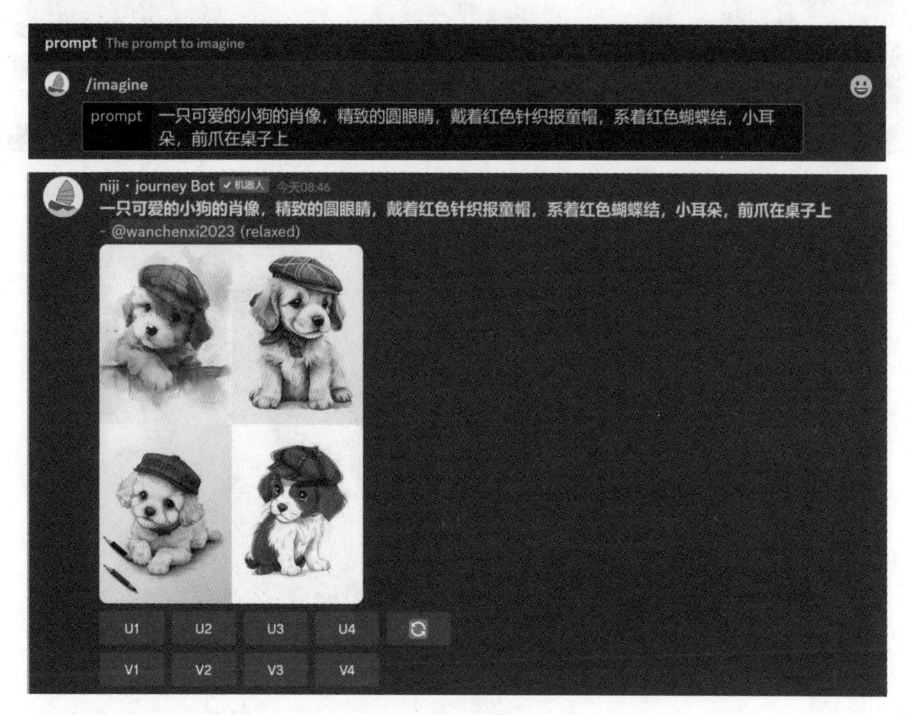

⊙ 图 4-38

我们以中文描述语"圣诞节装扮的小女孩，精致的五官，开心的表情，手里抱着可爱的小狗，充满细节的商业插画"为例，观察 Niji version 5 的 5 种风格图像对比，如图 4-39 所示。

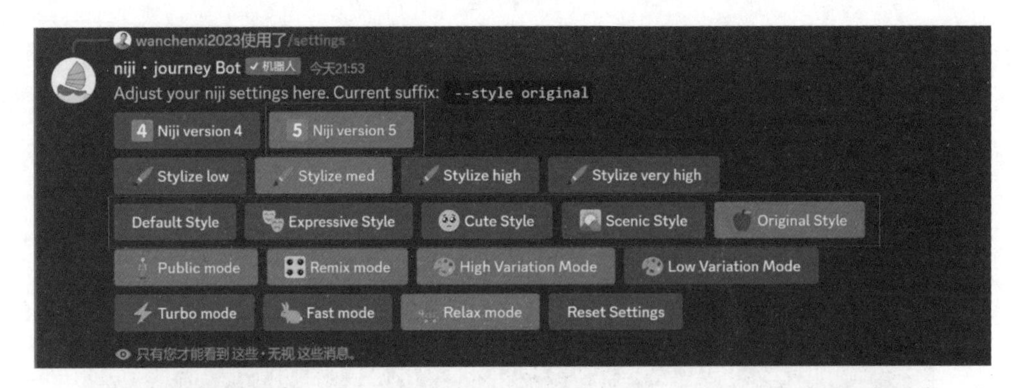

Default Style- 新默认风格

Expressive Style- 表现力风格

Cute Style- 可爱风格

Scenic Style- 风景风格

Original Style- 旧默认风格

⊙ 图 4–39

这 5 种风格分别如下。

- Default Style（新默认风格）：具有丰富的细节和色彩，是光影处理细腻的日漫风格。

- Expressive Style（表现力风格）：偏向西方美术风格，色彩饱和度较高，画面层次更饱满。
- Cute Style（可爱风格）：是画面柔和的可爱日系风格。
- Scenic Style（风景风格）：通过场景氛围烘托主体，适合具有电影感的画面效果展现。
- Original Style（旧默认风格）：整体偏扁平风的传统二次元风格。

在 Midjourney 设置中，选择 Niji Model V5，也会出现与 niji・journey Bot 相同的设置选项，单击 Expressive Style，将其作为预设风格以后，在输入框中输入描述语“A little girl dressed in Christmas theme costume, exquisite facial features, happy expressions, holding a cute little dog in her hand, detailed commercial illustrations”（圣诞节装扮的小女孩，精致的五官，开心的表情，手里抱着可爱的小狗，充满细节的商业插画），按 Enter 键发送，描述语命令会自动加上“--niji 5 --style expressive”后缀，如图 4-40 所示。

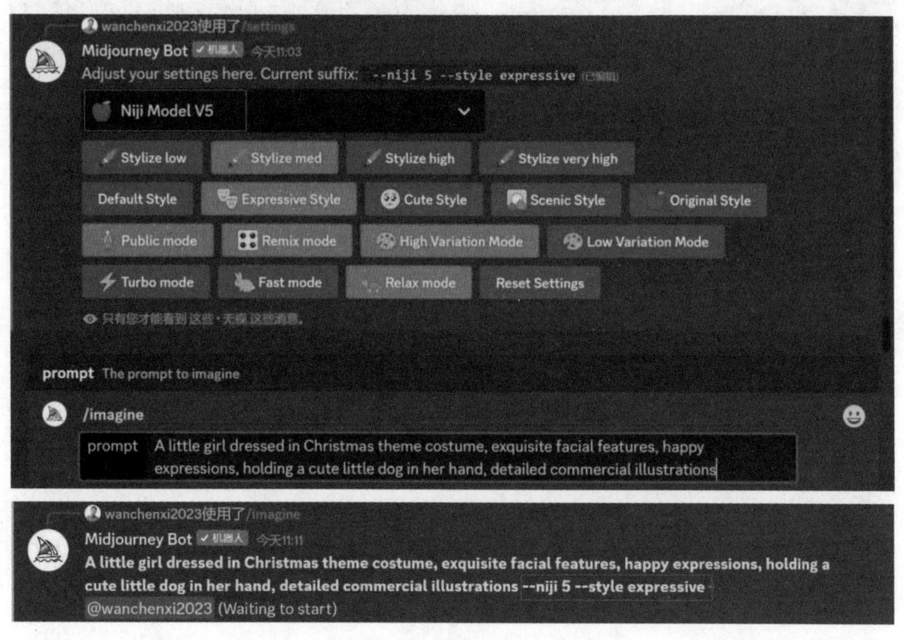

⊙ 图 4-40

或者在默认设置下，通过输入后缀参数“--niji 5 --style cute”直接调用对应风格，如“A little girl dressed in Christmas theme costume, exquisite facial features, happy expressions, holding a cute little dog in her hand, detailed commercial illustrations --niji 5 --style cute”，如图 4-41 所示。

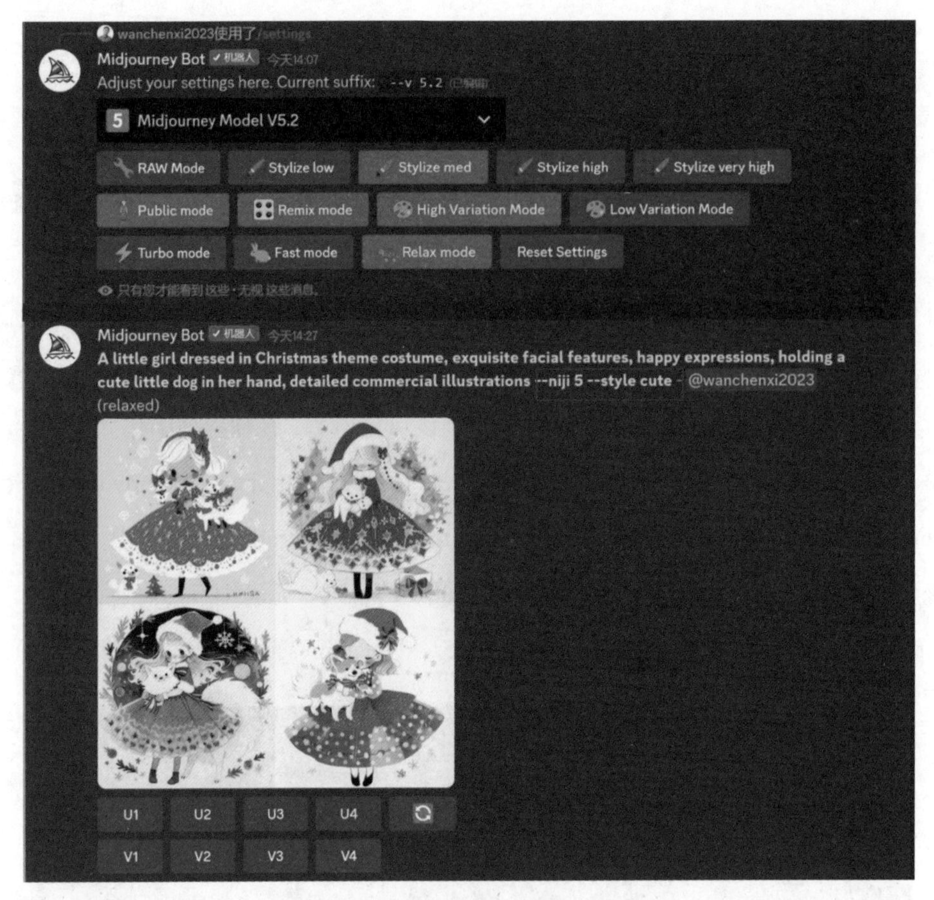

⊙ 图 4-41

4.10 暂停生成（--stop）

停止参数“--stop”可以简单理解为在图像生成过程中，让 Midjourney 提前停止作业。较低的作业完成进度会导致缺少细节和产生模糊的图像结果。停止参数“--stop”的默认数值是 100，取值范围是 10 ～ 100。以 80% 完成度为例的书写格式，是在描述语结尾留一空格，输入“--stop 80”，“--stop”与数字“80”之间留一空格。

以一副中国山水画，并指定完成进度 80% 为例，观察“--stop”参数的效果，描述语为“Gongbi painting of Chinese traditional landscpae, light gray and dark gray, Song dynasty aesthetics, Chinese blank-leaving art effects, 8k --stop 80”（中国传统山水工笔画，浅灰与深灰，宋代美学，中国留白艺术效果，8k，80% 停止），如图 4-42 所示。

⊙ 图 4-42

图 4-43 所示为“--stop 80”，即 80% 停止后缀参数的使用效果，图 4-44 所示为默认 100% 完成度的画面输出效果。

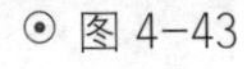

⊙ 图 4-43

⊙ 图 4-44

4.11 无缝拼贴（--tile）

拓展视频

将“--tile”后缀参数直接添加在描述语结尾，可使 Midjourney 生成的图像在水平与垂直方向都可无缝衔接。后期结合 Photoshop 软件做无限扩展后可应用于礼品包装纸设计、服饰印花设计等。

玫瑰图案的无缝拼贴效果如图 4-45 所示，完整描述语为“Vintage pattern of roses, botanical illustration, white background --s 250 --tile”（复古玫瑰图案，植物插图，

白色背景，风格化后缀参数值 250，无缝拼贴），自定义扩展后的效果如图 4-46 所示。

⊙ 图 4-45

⊙ 图 4-46

自定义尺寸的无缝拼贴图案制作步骤如下。

步骤① 在 Photoshop 软件中打开从 Midjourney 导出的图片，选择“编辑”菜单，执行“定义图案”命令，如图 4-47 所示。

⊙ 图 4-47

步骤② 选择“文件”菜单，执行“新建”命令，在弹出的对话框中输入自定义的宽度和高度的尺寸，单击“确定”按钮，新建画布，如图 4-48 所示。

⊙ 图 4-48

步骤③在新建的画布中，选择“编辑”菜单，执行“填充”命令，把定义的图案填充进去，如图 4-49 所示。

⊙ 图 4-49

步骤④选择“文件”菜单，执行“导出”-“存储为 Web 所用格式”命令，选择图片类型及品质后，存储即可，如图 4-50 所示。

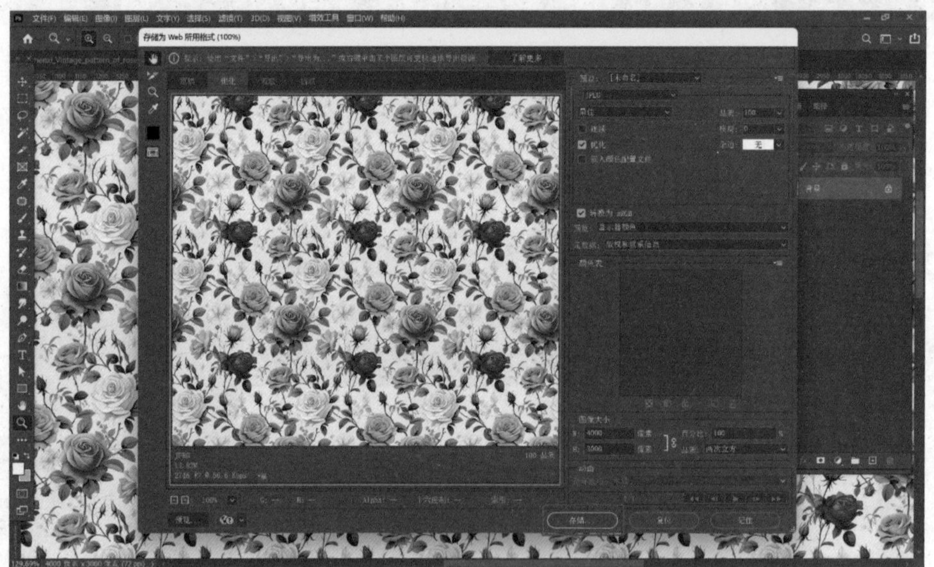

⊙ 图 4-50

4.12 重复（--repeat）

使用“--repeat”或“--r”重复命令，可以在 Fast mode（快速模式）下，使用描述语一次生成多组结果，加快生图速度。一般结合 c 值（--chaos）使用可以让 Midjourney 快速提供更多的创作灵感。重复命令的正确写法是在描述语结尾留一空格后输入“--r 4”，“--r”与数字“4”之间留一空格，指示 Midjourney 此段描述语需重复运行 4 次。

注意 “--r”命令只有 Standard（标准版）和 Pro（专业版）用户可以使用。

我们使用一段描述语观察执行效果，完整描述语为“A pumpkin shaped tricycle, clay, Pixar style, 3d art, soft light, white background, 8k --niji 5 --r 4”（南瓜形状的三轮车，黏土，皮克斯风格，3d 艺术，柔和的光线，白色背景，8k，动漫风格，重复执行 4 次），重复命令需要在快速模式下执行，打开“/settings”设置面板，选择 Fast mode，如图 4-51 所示。

⊙ 图 4-51

在输入框中输入描述语后，Midjourney 会询问是否确定将这段描述语执行 4 次，选择 Yes 选项，如图 4-52 所示。

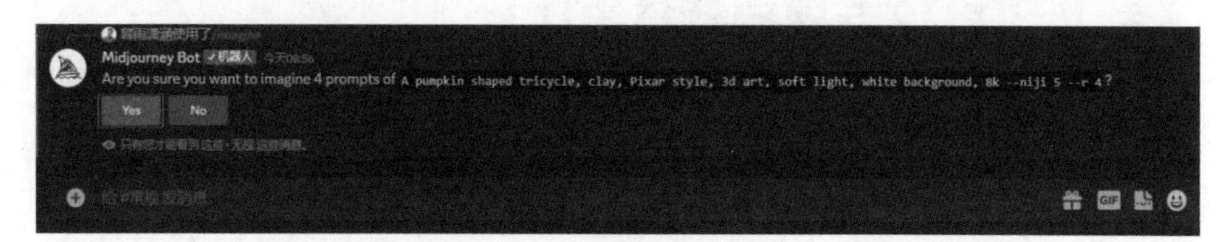

⊙ 图 4-52

接着系统就会提示有 4 份工作正在处理，稍作等待，如图 4-53 所示。

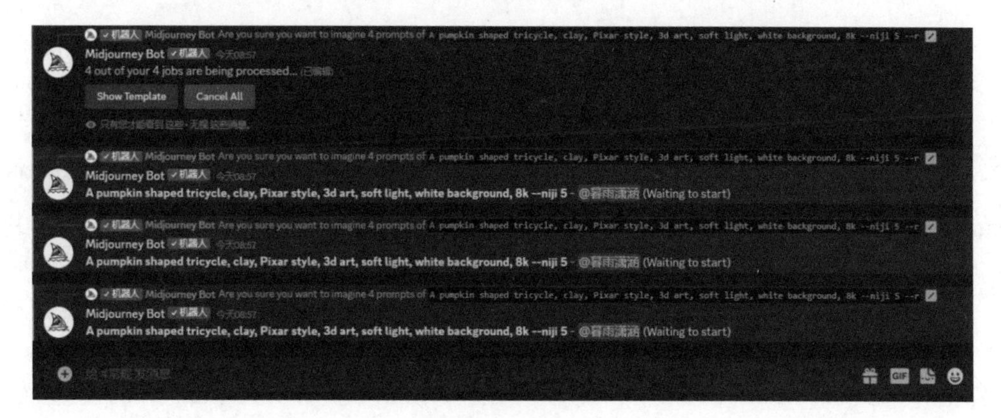

⊙ 图 4-53

可以通过“/info”命令查看剩余 Fast mode（快速模式）时长。

注意 快速模式时间用完后，需要切换成 Relax mode（放松模式）继续使用，如图 4-54 所示。

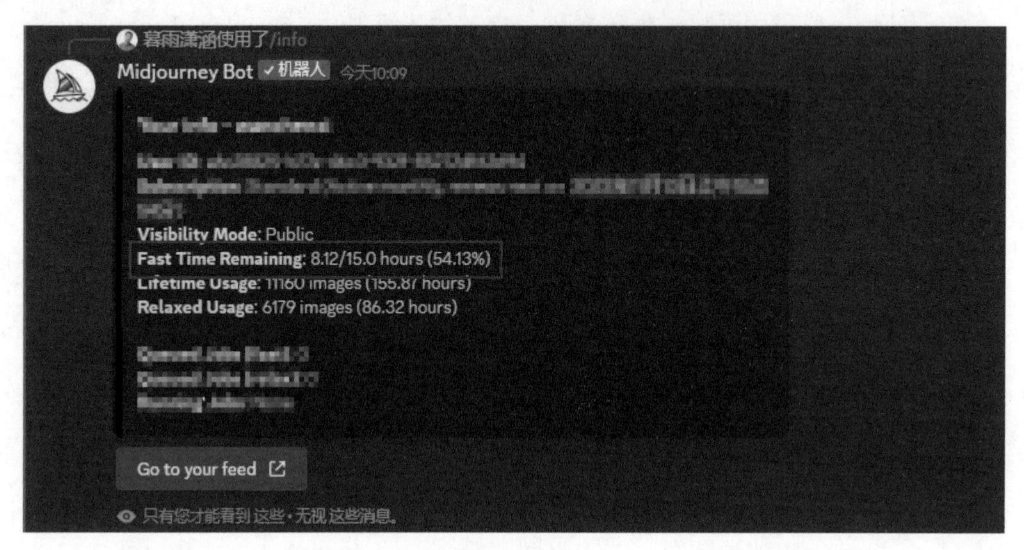

⊙ 图 4-54

4.13 多项目并行（{}）

Midjourney 的批处理功能支持在 Fast mode（快速模式）下，在一条描述语中以大括号“{}”形式一次插入多个并列关系参数后建立多个执行任务，方便批量输出不同主体、尺寸、色彩、画风、模型等图像，提升工作效率。

1 不同尺寸批量输出

以图 4-1 的描述语为例，添加“--ar”参数后缀，分别输出“3:2”“3:4”“16:9”尺寸以适配多渠道发布，基础描述语为“professional photography, rich and rare flowers buried in the clouds and mist, exotic, romanticism, super detail, 8k”（专业摄影，云雾中埋藏着丰富稀有的花朵，异国情调，浪漫主义，超细节，8k）。

“--ar”批量输出的书写格式为“--ar {3:2, 3:4, 16:9}”，“--ar”与后面的“{}”之间留一空格，“3:2”“3:4”“16:9”三个尺寸之间分别用英文逗号隔开。完整描述语为“professional photography, rich and rare flowers buried in the clouds and mist, Exotic, romanticism, super detail, 8k --ar {3:2, 3:4, 16:9}”。注意 Midjourney 的提示，选择 Yes（是）即同意创建批处理，如图 4-55 所示。

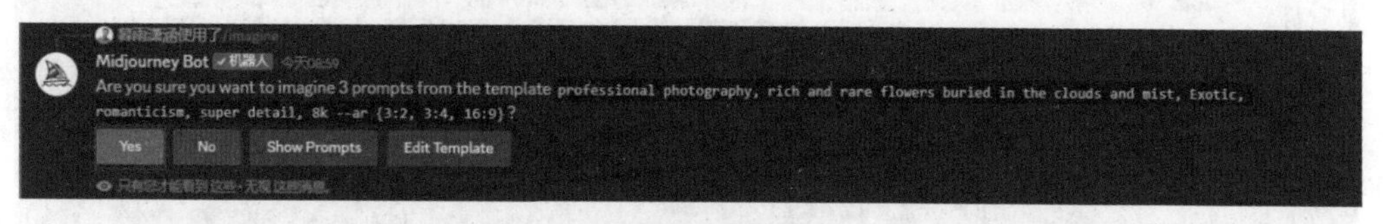

⊙ 图 4-55

Midjourney 会分别执行三次尺寸任务，如图 4-56 所示。

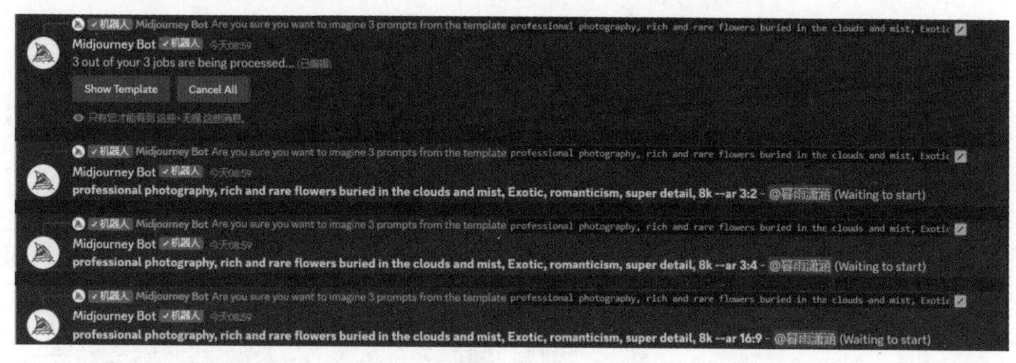

⊙ 图 4-56

2 不同主体批量输出

在一段基础描述语中分别使用“microphone”（麦克风）、“camera”（相机）和“game controller”（游戏手柄）主体关键词让 Midjourney 批量输出 UI 图标，书写格式为“A lovely {microphone, camera, game controller} icon design”，注意“{}”前后都要留一空格。完整描述语为“A lovely {microphone, camera, game controller} icon design, blue frosted graded translucent glass melt, pink, soft color, smooth, prototype machine, mockup, white background, fine luster, glossiness, transparent, studio lighting, isometric view, Soft focus, C4D, Octane rendering, best quality, Super detail, 8k --niji 5”（一个可爱的 { 麦克风，相机，游戏手柄 } 图标设计，蓝色磨砂渐变半透明玻璃熔体，粉红色，柔和的颜色，光滑，原型机，实物模型，白色背景，精细的光泽，光泽，透明，工作室照明，等距视图，柔焦，C4D，oc 渲染，最佳质量，超级细节，8k，动漫风格）。

同意执行批量处理后，Midjourney 开始作业，分别输出三份不同主体的图标图像，如图 4-57 所示。

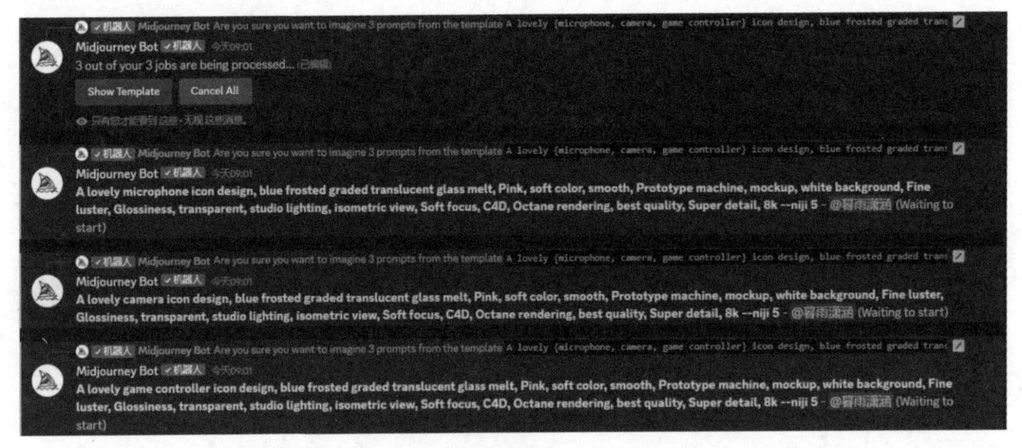

⊙ 图 4-57

Midjourney 输出的图像效果如图 4-58 所示。

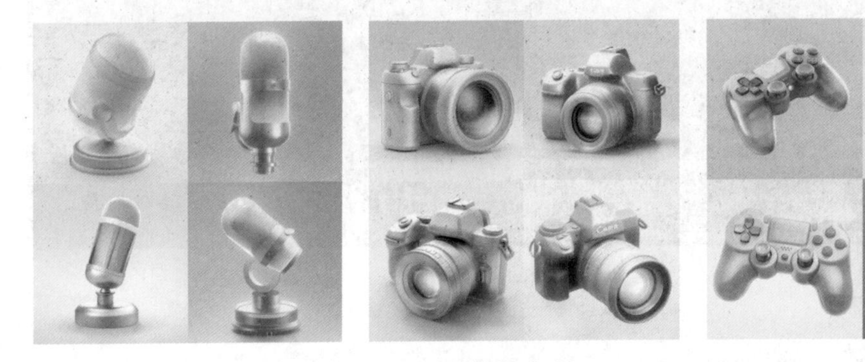

⊙ 图 4-58

3 不同风格批量输出

下面以“oil painting”（油画）、“Gongbi painting”（工笔画）和“anime”（动漫）为例，让 Midjourney 批量输出不同风格的小狗肖像，如图 4-59 所示，完整描述语为“portrait of a cute dog, delicate round eyes, wearing a red knitted newsboy hat, red bow tie, small ears, front paws are on the table, {oil painting, Gongbi painting, anime} style, clean background, super details, best quality, 8k --niji 5”（一只可爱的小狗的肖像，精致的圆眼睛，戴着红色针织报童帽，红色蝴蝶结，小耳朵，前爪在桌子上，{油画，工笔画，动漫}风格，背景干净，超级细节，最好的质量，8k，动漫风格）。

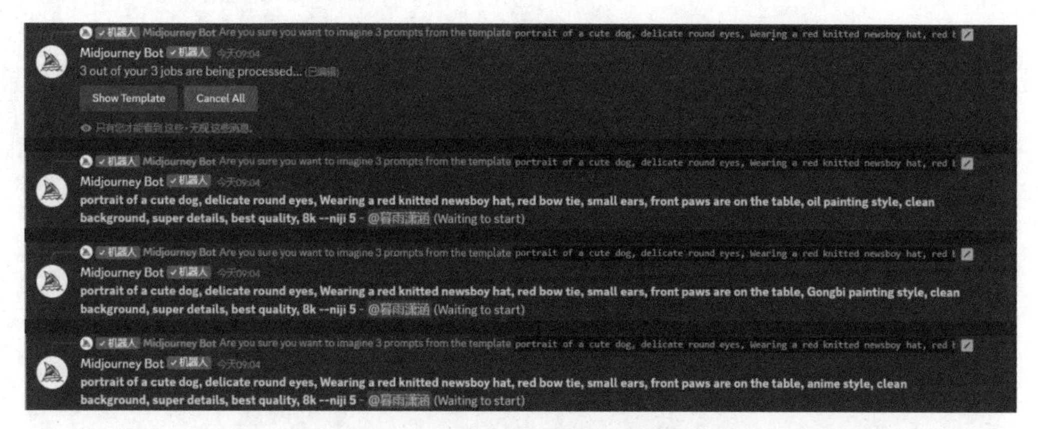

⊙ 图 4-59

Midjourney 根据不同的风格描述输出的三份图像效果如图 4-60 所示。

⊙ 图 4-60

本章其他拓展视频：

--q，--stop 等

第5章 实战案例

学习提示

本章精选了卡通角色定制、UI设计、包装设计、标志设计、海报设计，以及H5专题设计共6个设计类型综合案例对项目落地过程进行分解，展示Midjourney的各项功能指令和关键词在工作中的实际应用。

5.1 Midjourney 辅助卡通角色定制

设计师在实际工作中经常会遇到给定风格的设计需求。本节将以一个卡通角色为例进行探讨。例如，假设甲方给定的画面风格如图 5-1 所示，需要我们延续这种绘画风格，并在人物角色手中添加一把扳手工具，我们可以按照如下方法进行操作。

首先考虑使用 Midjourney 的交互命令“/blend”（混合），“/blend”是将上传的 2 ~ 5 张图像融合为一个新图像的命令。

注意 “/blend”不支持添加关键词描述。

在使用“/blend”（混合）命令之前，还需要一张卡通扳手工具的图像，可以使用描述语“a wrench, repair tool, spanner, monochromatic, white background, front view --niji 5 --style expressive”（一把扳手，修理工具，扳手，单色，白色背景，正视图，动漫风格，表现力风格）生成扳手工具图像，效果如图 5-2 所示。

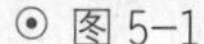
⊙ 图 5-1

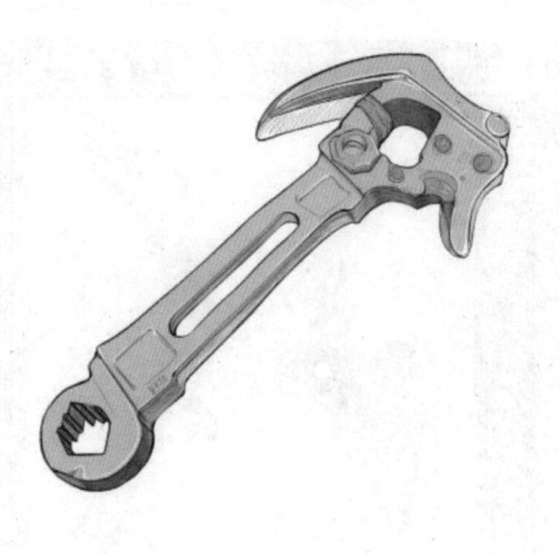

⊙ 图 5-2

然后在输入框中输入“/blend”，把原始参考图以及工具扳手图分别上传到两个“image”（图像）框内，如图 5-3 所示，按 Enter 键发送命令。Midjourney 生成的图像如图 5-4 所示，扳手工具的比例过大，显然不符合我们的预期。

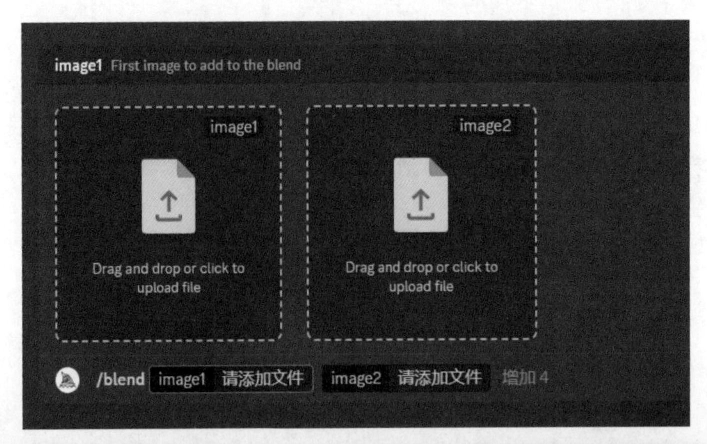

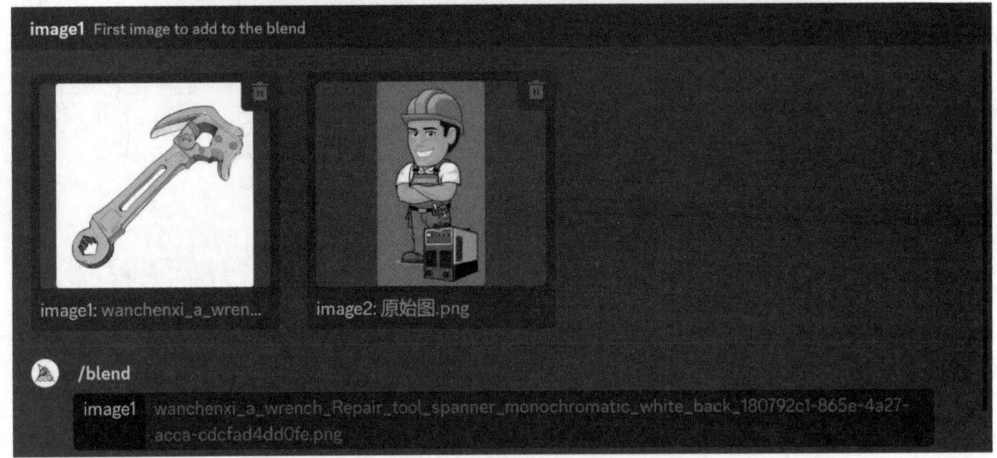

⊙ 图 5-3

⊙ 图 5-4

接着，我们尝试使用描述语的方式生成图像，假设不知道如何描述这张原始图，可以使用 Midjourney 的图生文命令“/describe”（描述）。在此命令下，Midjourney 可以根据上传的图片，自动生成 4 条与画面相匹配的描述语，具体步骤如下。

步骤 ① 将原始参考图上传到“/describe”的 image（图像）框内，如图 5-5 所示，按 Enter 键发送命令。

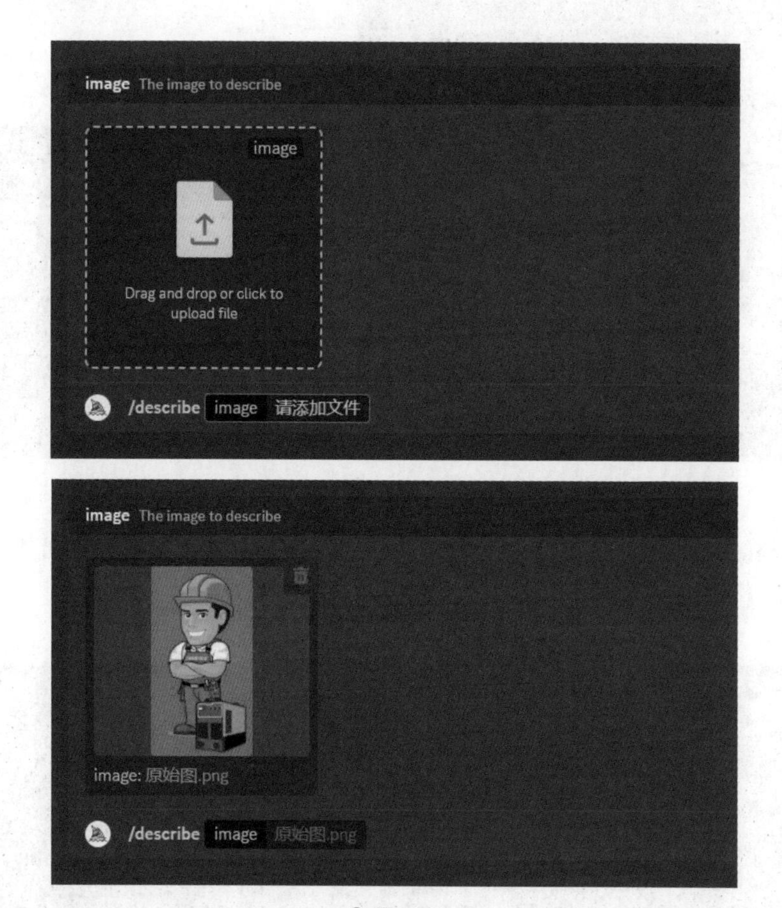

⊙ 图 5-5

步骤 ② 在 Midjourney 返回的 4 条描述语中（见图 5-6）选取一条较为合适的描述语，这里我们选择 2 号描述语，单击图像下面的按钮“2”，在弹出的描述语界面中适当修改关键词。因为我们的需求是角色手里拿着扳手工具，而原始参考图画面描述中并不涉及扳手的关键词，所以需要加入描述语“with a wrench in his hand”（他的手里拿着扳手），然后单击“提交”按钮即可。修改后的 2 号描述语为“with a wrench in his hand, machinist bhichwani electrician, in the style of cartoon realism, pentax 645n, orange and brown, website, character caricatures, logo, william larkin --ar 59:108”，如图 5-7 所示。

⊙ 图 5-6　　⊙ 图 5-7

此时 Midjourney 生成的图像如图 5-8 所示。画面中人物的细节和光影处理得非常细腻，但是绘画风格产生了较大的改变，也不符合我们的预期。

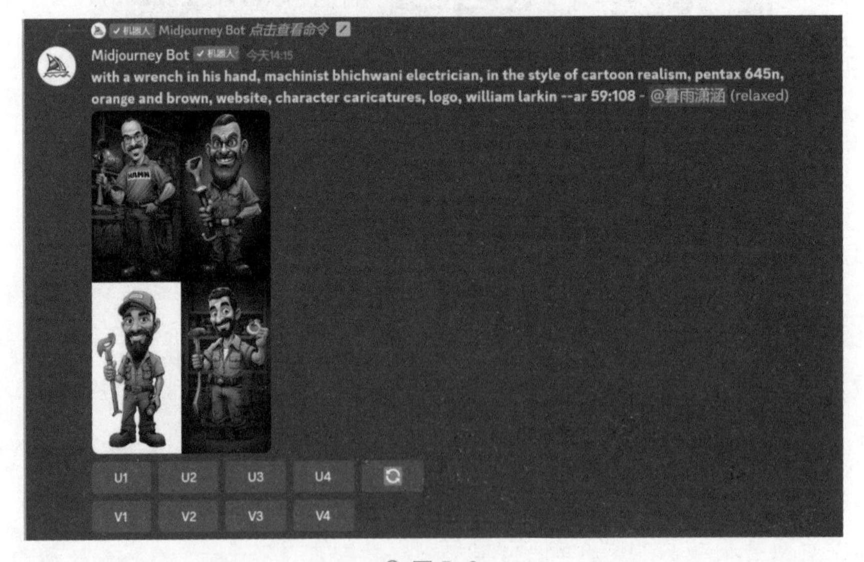

⊙ 图 5-8

下面考虑使用垫图结合描述语的方式生成图像，可以使用原始图像作为垫图，加上图 5-7 的描述语“with a wrench in his hand, machinist bhichwani electrician, in the style of cartoon realism, pentax 645n, orange and brown, website, character caricatures, logo, william larkin --ar 59:108”，此时 Midjourney 生成的结果如图 5-9 所示，与原图的相似度较高，但是受到原始垫图的影响，角色手里拿着扳手工具的图像输出不稳定。

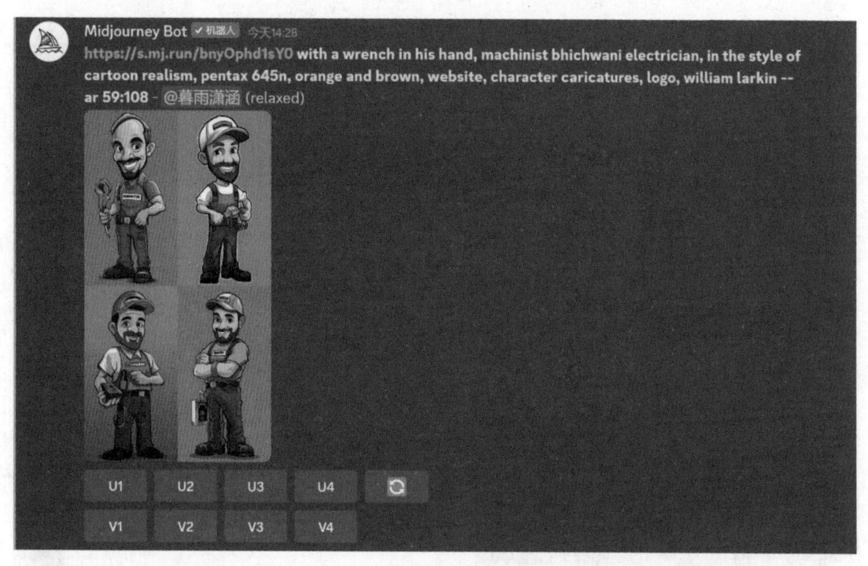

⊙ 图 5-9

看来问题出自原始垫图，那么只需要使用 Photoshop 做预处理，把最初生成的扳手图像（见图 5-2）放到原图画面中，在 Photoshop 中的具体操作步骤如下。

步骤 ① 在 Photoshop 中打开扳手图像，选择“魔棒工具”后，单击图像白色区域，出现动态虚线，如图 5-10 所示。

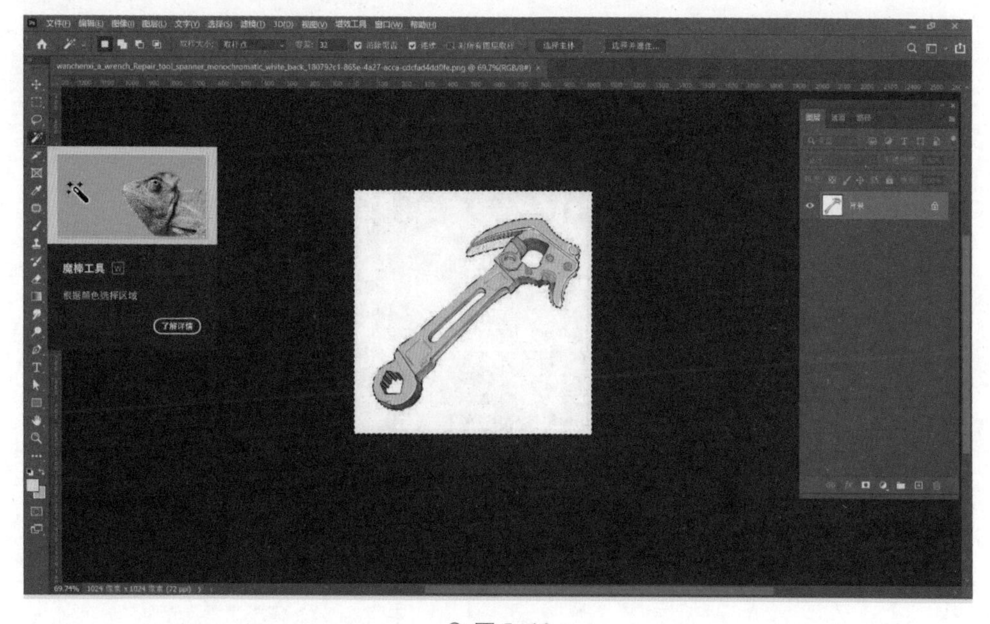

⊙ 图 5-10

步骤② 在菜单栏中执行“选择”-“反选”命令，图片中的动态虚线将选中扳手工具，如图 5-11 所示。然后使用快捷键 Ctrl+C 复制图层。

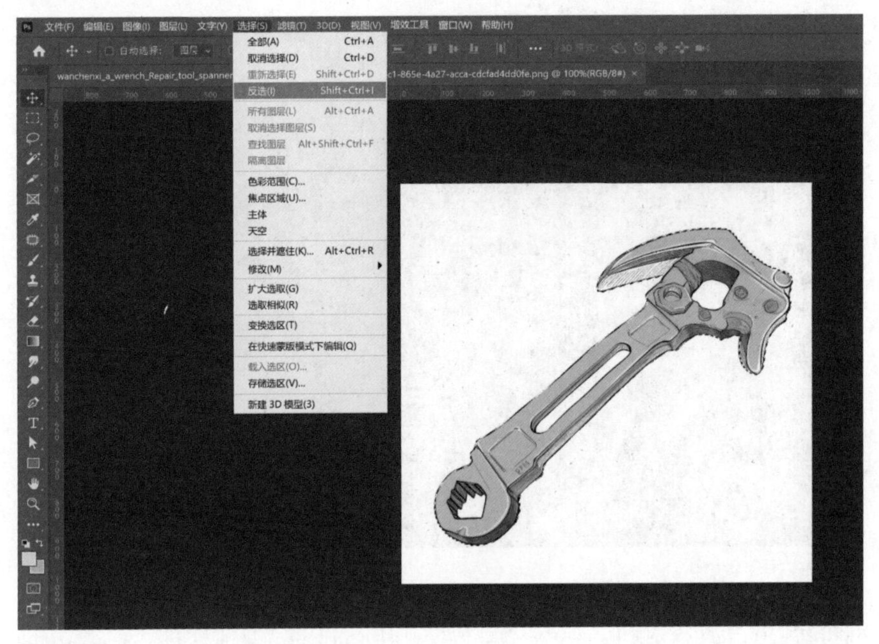

⊙ 图 5-11

步骤③ 打开原始参考图像，先使用快捷键 Ctrl+V 粘贴扳手工具，然后在“编辑”菜单中执行“自由变换”命令，拖动变换框的 4 个角点，调整扳手的大小，最后按 Enter 键确认变换效果，如图 5-12 所示。

⊙ 图 5-12

步骤④ 在“文件”菜单中执行“存储副本”命令，将文件的保存类型设置为“.jpeg”格式进行保存。通过 Photoshop 预处理的图像如图 5-13 所示。

⊙ 图 5-13

下面使用图 5-13 作为垫图，此时 Midjourney 生成的图像如图 5-14 所示，完整描述语为“with a wrench in his hand, machinist bhichwani electrician, in the style of cartoon realism, pentax 645n, orange and brown, website, character caricatures, logo, william larkin --ar 59:108”。

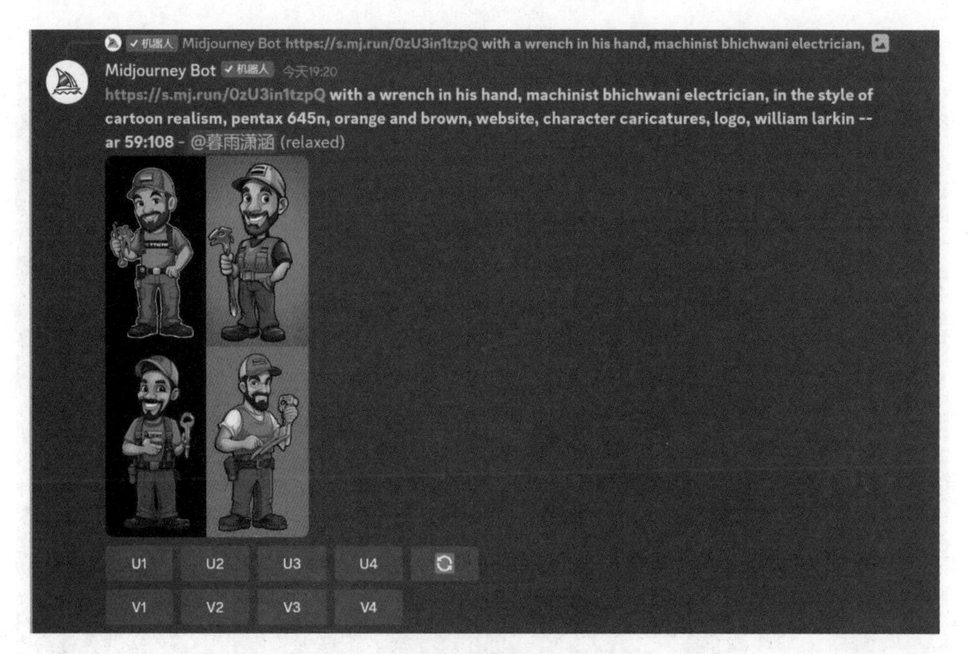

⊙ 图 5-14

通过上述方法，我们基本实现了角色拿着扳手工具的预期目标，但是 Midjourney

对于细节的处理还不够完善，比如图 5-15 中出现了扳手断开的问题，这时我们可以通过局部重绘命令对齐，进行进一步修复，步骤如下。

步骤 ① 放大单张图像后，单击 Vary(Region) 按钮进行局部重绘，如图 5-16 所示。

⊙ 图 5-15　　⊙ 图 5-16

步骤 ② 在弹出的界面中，选择框选工具或者套索工具绘制需要重绘的区域，在输入框中输入描述语“a wrench tool in his hand”（他手里的一把扳手工具），然后单击确认重绘按钮即可，如图 5-17 所示。

⊙ 图 5-17

通过局部重绘，Midjourney 最终生成的人物角色如图 5-18 所示。我们选择较满意的图像 U1，单张放大保存，如图 5-19 所示。

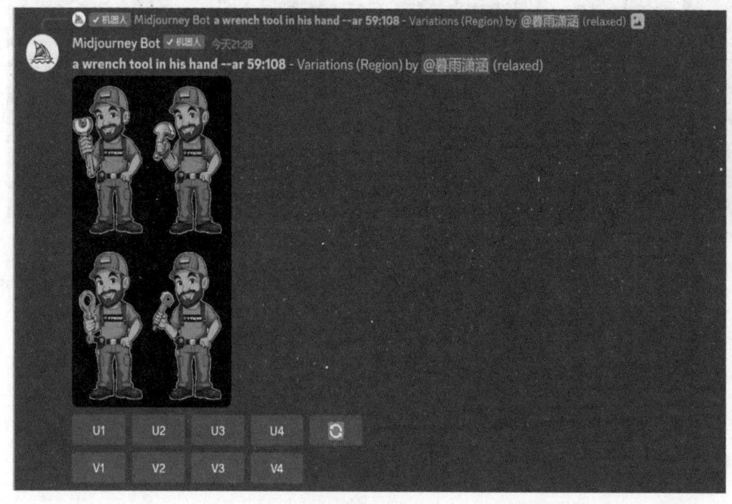

⊙ 图 5-18

⊙ 图 5-19

5.2 Midjourney 辅助 UI 设计

拓展视频

UI 是 User Interface 的缩写，译为用户界面。UI 是广义的概念，实际包括用户研究、交互设计、界面设计 3 个方面，本书中仅指界面设计。本节将探讨如何使用 Midjourney 辅助完成 UI 设计工作。

Midjourney 无法直接根据提供的原型图绘制界面，但是我们可以从中找到有关创作配色、布局、元素的灵感。例如，输入一段有关手机 UI 设计的描述语“mobile app UI design, technological information, blue”（手机应用 UI 设计，科技信息，蓝色），Midjourney 生成的手机 UI 界面如图 5-20 所示。假设需要绘制科技感的曲线或者柱状图，则可以参考图（1），采用图（2）提供的框架布局，并结合图（3）的色彩搭配，就可以使用 Photoshop 来制作需要的效果图了。

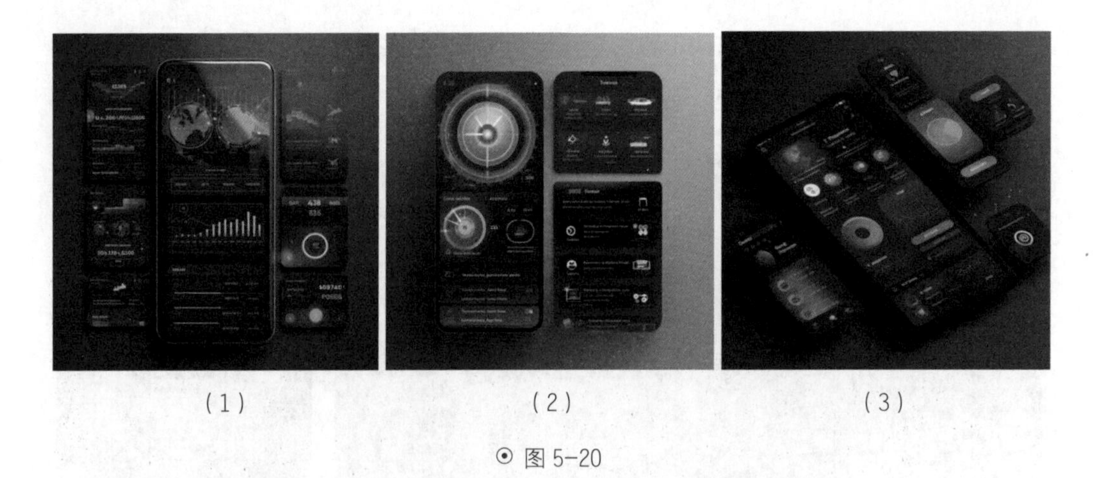

（1）　（2）　（3）

⊙ 图 5-20

除了提供创作灵感，Midjourney 还可以为 UI 设计做些什么呢？

1 使用 Midjourney 可以生成系列 UI 图标

UI 图标有很多类型，如 3d 图标、扁平图标、线性图标、手绘图标等，我们首先以 3d 图标为例。在 Midjourney 生成图标集的核心关键词“industrial design of web icon images set 12”（12 个网页图标图像集的工业设计）中加入需要生成的图标名称，如“Folder”（文件夹）、“Calendar”（日历）、“Email”（电子邮件）、“alarm clock”（闹钟）、“address book”（通信簿），完整描述语为“industrial design of web icon images set 12, in style of Folder, Calendar, Email, alarm clock, address book, blue and orange, top view, dark blue background, from dribbble, behance, high detail, 8k --ar 4:3”（12 个网页图标图像集的工业设计，风格为文件夹、日历、电子邮件、闹钟、通信簿、蓝色和橙色，俯视图，深蓝色背景，设计师交流网站 dribbble、behance，高细节，8k，4:3 画幅），Midjourney 生成的效果如图 5-21 所示。

⊙ 图 5-21

从图 5-21 中可以看到，使用图标集描述输出的图像虽然在整体风格上表现得比较统一、和谐，但是无法兼顾每个图标的细节。

在实际工作流程中，我们更倾向于先使用一段描述语输出单个图标，再通过对关键词进行微调来延续输出其他一系列图标，具体操作步骤如下。

步骤 ① 输入生成单个文件夹图标的描述语“A 3D document folder icon, frosted glass, silicone material, blue gradient, transparent sense of science and technology, 3d, c4d, octane rendering, studio lighting, dark blue background, from dribbble, behance, high detail, 8k --s 250”（一个三维文档文件夹图标，磨砂玻璃，硅胶材料，蓝色渐变，透明科技感，3D，c4d，oc 渲染，工作室照明，深蓝色背景，设计师交流网站 dribbble、behance，高细节，8k，风格化后缀参数值 250），Midjourney 生成的效果如图 5-22 所示。

在这段描述语中，主体是“A 3D document folder icon”（一个三维文档文件夹图标），主体可以按需替换，而对于材质，我们使用了“frosted glass”（磨砂玻璃）和“silicone material”（硅胶材料），也可以替换成任何想要的材质，如“crystal texture”（水晶材质）、“clay material”（黏土材料）等，颜色可以是“blue color”（蓝色）、“psychedelic colors”（迷幻色彩）、“blue gradient”（蓝色渐变）等更多色彩组合，3d、c4d 或者 blender 都是三维模型关键词，配备三维渲染关键词“octane rendering”（oc 渲染）。

选择 U3，将其放大，提取单张图像后（见图 5-23），可以获取它的 seed 值（见图 5-24），用于其他图标的风格延续。

seed 值获取步骤详见 4.7 节。

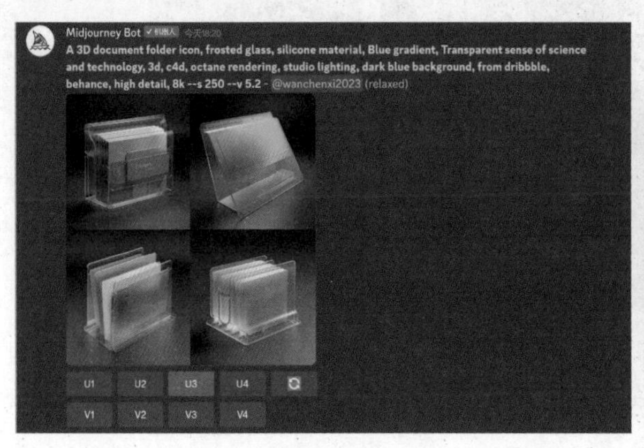

⊙ 图 5-22

⊙ 图 5-23

⊙ 图 5-24

步骤② 复制整段描述语，只更改主体关键词继续输出其他图标，或者沿用获取的 seed 值，微调描述语进行图像输出，如“A 3D desk calendar icon, frosted glass, silicone material, blue gradient, transparent sense of science and technology, 3d, c4d, octane rendering, studio lighting, dark blue background, from dribbble, behance, high detail, 8k --s 250 --seed 3430076038”（一个三维台历图标，磨砂玻璃，硅胶材料，蓝色渐变，透明科技感，3D，c4d，oc 渲染，工作室照明，深蓝色背景，设计师交流网站 dribbble、behance，高细节，8k，风格化后缀参数值 250，seed 值 3430076038），Midjourney 生成的图标如图 5-25 所示。

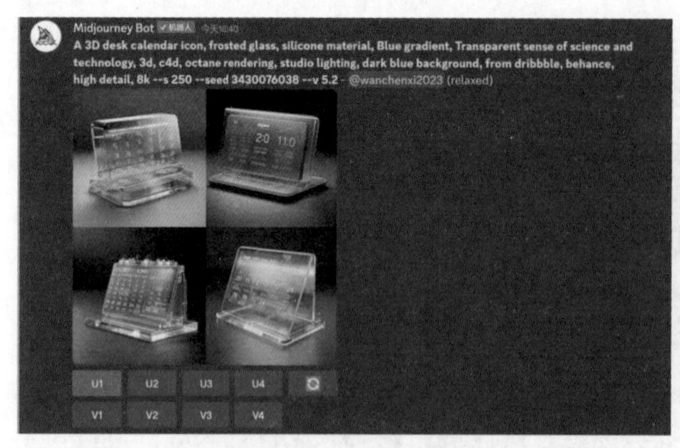

⊙ 图 5-25

也可以使用不同主体的关键词，如“alarm clock”（闹钟）、“home”（房子）、“telephone”（电话机）、“cloud data”（云数据），生成的图标分别如图 5-26 所示。

⊙ 图 5-26

若不使用 3d 关键词，则图标效果如图 5-27 所示，完整描述语为“a web icon of minimalist safety shield, frosted glass, blue and orange, smooth, app style, transparent technology, top view, dark blue background, from dribbble, behance, high detail, 8k”（极简主义安全盾牌的网络图标，磨砂玻璃，蓝色和橙色，光滑，应用程序风格，透明技术，俯视图，深蓝色背景，设计师交流网站 dribbble、behance，高细节，8k），主体可分别替换为“camera lens”（相机镜头）、“alarm clock”（闹钟）、“opened folder”（打开的文件夹）。先使用关键词生成一张比较满意的图像，然后使用 seed 值延续风格。

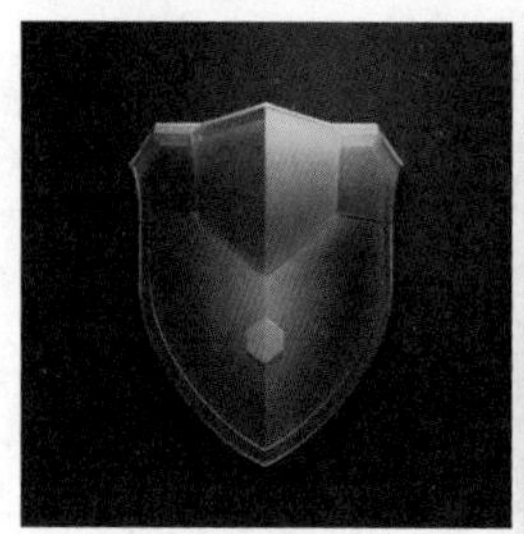

⊙ 图 5-27

线性图标也是经常使用的类型，线性图标集的核心关键词是“outline icon set”（轮廓图标集）、“line icon set”（线条图标集）和“linear icons”（线性图标），我们需要根据画面要求使用不同的线条颜色，如“black and white”（黑白）、“blue line”（蓝线）等，Midjourney 绘制的食物类线性图标如图 5-28 所示，描述语为“outline icon set of food, light blue line, pinterest, dribbble, dark blue background, UI design”（食物的轮廓图标集，浅蓝色线条，设计师交流网站 pinterest、dribbble，深蓝色背景，UI 设计）。

具有填充效果的图标集描述语为“filled outline icon set of food, light blue line, green color filled, pinterest, dribbble, dark blue background, UI design”（食物的填充轮廓图标集，浅蓝色线条，绿色填充，设计师交流网站 pinterest、dribbble，深蓝色背景，

UI 设计），Midjourney 生成的效果如图 5-29 所示。

⊙ 图 5-28　　⊙ 图 5-29

若不指定填充色，则生成的图标集效果如图 5-30 所示，描述语为“filled outline icon set of food, light blue line, pinterest, dribbble, dark blue background, UI design”（食物的填充轮廓图标集，浅蓝色线条，设计师交流网站 pinterest、dribbble，深蓝色背景，UI 设计）。

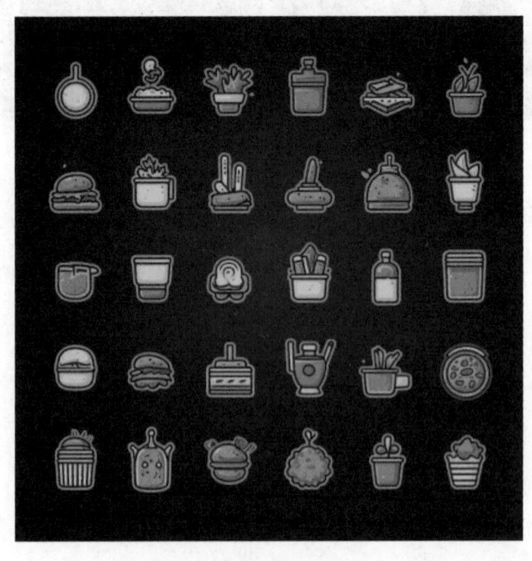

⊙ 图 5-30

对于扁平化风格的图标，只需要使用核心关键词“graphic illustration”（图形插图）就可以实现，一组运动类图标效果如图 5-31 所示，描述语为“icon set of sports, basketball, football, badminton, tennis, gymnastics, horse racing, graphic illustration, psychedelic colors, minimalism, dark blue background, pinterest, dribbble, UI design --ar 4:3”（运动图标集，篮球，足球，羽毛球，网球，体操，赛马，图形插图，迷幻色彩，极简主义，深蓝色背景，设计师交流网站 pinterest、dribbble，UI 设计，4:3 画幅）。

⊙ 图 5-31

2 使用 Midjourney 可以生成具有品牌特色的 banner 图

与使用矢量软件绘制 banner 插画相比，通过指令方式让 Midjourney 直接生成插画素材能极大提高工作效率。

在 3.12 节我们已经绘制过类似的矢量插画，我们可以套用“主题内容 + 背景环境 + 色彩色调 + 艺术风格 + 画面质量”的格式衍生出一系列不同行业的插画素材。

主题内容：如“two technology experts are discussing data charts”（两位技术专家正在讨论数据图表）、“people presenting business graph”（人们展示商业图表）、“a group of people working around a table”（一群围着桌子工作的人）等。

背景环境：如“in front of a dash board”（在仪表板前）、“background description with hospital”（医院背景描述）、“the background is a silhouette of the mall”（背景是购物中心的剪影），“camping scene”（露营场景）、“clean background”（干净背景）等。

色彩色调：如“blue and light blue”（蓝色和浅蓝色）、“blue and cyan”（蓝色和青色）、“bright color scheme”（明亮的配色方案）、“gradient color”（渐变色）、“light color”（浅色）等。

艺术风格：如“modern flat illustration”（现代平面插图）、“corporate flat illustration”（企业平面插图）、“business style illustration”（商务风格插图）、“charming character illustrations”（迷人的人物插图）、“UI illustration”（UI 插图）、“tech illustration”（技术插图）、“in the style of graphic design-inspired illustrations”（以平面设计风格为灵感的插图）、“in the style of vibrant illustrations”（充满活力的插图风格）、“minimalist style”（极简风格）、“abstract Memphis”（抽象孟菲斯）、“geometric graphic”（几何图形）、“in the style of soft lines and shapes”（柔和的线条和形状）、“elegant lines”（优雅的线条）等。

画面质量：如“high resolution vector”（高分辨率矢量）、“best quality”（最佳质量）、“super details”（超级细节）等。

画面优化的辅助词：如 from dribbble、behance、pinterest 等设计师交流网站。

先尝试生成一组商务会议主题的插画，效果如图 5-32 所示，完整描述语为“a group of people working around a table, office background, indoor plants, bright color scheme, modern flat illustration, corporate flat illustration, minimalist style, elegant lines, high resolution vector, from dribbble, behance, 8k”（一群人围着桌子工作，办公室背景，室内植物，明亮的配色方案，现代平面插图，企业平面插图，极简风格，优雅的线条，高分辨率矢量，设计师交流网站 dribbble、behance，8k）。

⊙ 图 5-32

使用不同的关键词组合，再绘制一幅运动主题的插画，如图 5-33 所示，描述语为“a group of athletes are playing football, outdoor football field scene, bright color scheme, modern flat illustration, charming character illustrations, minimalist style, elegant lines, high resolution vector, from dribbble, behance, 8k --niji 5”（一群运动员正在踢足球，户外足球场场景，明亮的配色方案，现代平面插图，迷人的人物插图，极简风格，优雅的线条，高分辨率矢量，设计师交流网站 dribbble、behance，8k，动漫风格）。

⊙ 图 5-33

5.3 Midjourney 辅助包装设计

拓展视频

产品包装不仅可以在产品流通过程中对产品起到保护作用，还可以通过包装的色彩、文字、图案等元素直观地传达产品的功能、特点和品牌形象，从而达到宣传及吸引顾客的目的，提高产品销量。本节将以茶叶包装为例，介绍如何使用 Midjourney 完成包装设计工作。

我们可以使用简单的关键词框架：主题 + 场景 + 风格 + 质量，具体方法如下。

1 制作茶叶罐包装效果图

将包装设计关键词“green tea packaging”（绿茶包装）放在最前面来强调主题，对于更具体的包装类型，可以使用“metal tea cans”（金属茶罐）或者“paper box”（纸盒）；图案可以是“sketch illustration of a tea garden”（茶园素描）、“tea leaves pattern”（茶叶）或“mountain scenery”（山景）等；风格可以选择“japanese art”（日式风格）、“traditional chinese style”（中国传统风格）等。

将这些关键词组合成完整的描述语“green tea packaging, metal tea cans, the pattern on the sticker is a sketch illustration of a tea garden, exquisite text layout below, japanese art, delicate lines, studio lighting, product photography, clean background, best quality, ultra HD --ar 3:4"（绿茶包装，金属茶罐，贴纸上的图案是一个茶园素描，下面是精美的文字布局，日本艺术，精致的线条，工作室照明，产品摄影，干净的背景，最佳质量，超高清，3:4 画幅），Midjourney 生成的茶叶罐包装如图 5-34 所示。

注意 在这段描述语中，为了让画面尽可能简单，从而凸显主题，我们并没有使用风格化后缀参数。

⊙ 图 5-34

2 制作茶叶礼盒包装效果图

礼盒包装的关键词是"gift box packaging"，使用优雅的线条图案，注意关键词"linear"（线条）。我们可以指定礼盒的形状，这里使用"hexagon"（六边形），有关灯光、质量、风格的描述，可以参考图 5-34 的关键词，完整描述语为"tea gift box packaging, hexagonal box body, linear tea leaves pattern, gold and green, delicate lines, japanese art, studio lighting, Light beige background, isometric, best quality, ultra HD --ar 3:4 --s 150"（茶礼盒包装，六边形盒体，线性茶叶图案，金色和绿色，精致的线条，日本艺术，工作室照明，浅米色背景，等距，最佳质量，超高清，3:4 画幅，风格化后缀参数值 150），Midjourney 生成的礼盒包装效果如图 5-35 所示。

⊙ 图 5-35

另外，还可结合 Photoshop 软件做包装设计，具体操作步骤如下。

步骤① 制作一张茶罐包装的贴纸，插画风格的图像如图 5-36 所示，描述语为“sketch illustration of a tea garden, tea plantations landscape, exquisite japanese label, minimalist, 8k --ar 3:4 --s 250”（茶园素描，茶园景观，精致的日本标签，极简主义，8k，3:4 画幅，风格化后缀参数值 250）。照片风格的图像如图 5-37 所示，描述语为“commercial photography, tea plantations landscape, japanese minimalism, 8k --ar 3:4 --s 250”（商业摄影，茶园景观，日本极简主义，8k，3:4 画幅，风格化后缀参数值 250）。

除此之外，还可以使用 3.3 节中的其他绘制方式，如木刻版画、中国画等获得不同风格的包装贴纸。

⊙ 图 5-36

⊙ 图 5-37

如果原画面比例无法满足后续的设计需求，可以使用上、下、左、右箭头按钮来平移扩展图像，如图 5-38 所示，经过扩展的图像如图 5-39 所示。

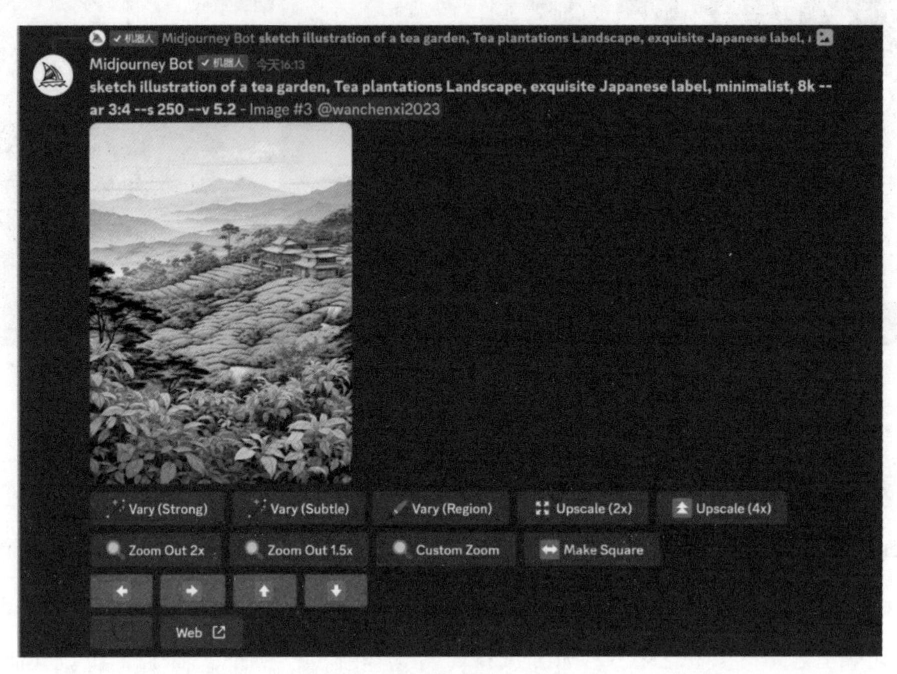

⊙ 图 5-38

⊙ 图 5-39

步骤② 制作文字标签的底纹图像，效果如图 5-40 所示，描述语为“linear tea

leaves pattern --tile”（线性茶叶图案，无缝拼贴）。为了适应更多尺寸，我们使用了“--tile”（无缝拼贴）后缀参数。在设计工作中合理地使用底纹可以增加细节，让画面表现更精致。我们使用 Photoshop 软件把生成的线性茶叶图案作为剪贴蒙版限定在框架范围内，然后修改图层混合模式为柔光，让图案融合于背景色，最后加上文字即可，如图 5-41 所示。

⊙ 图 5-40

⊙ 图 5-41

接着，通过包装样机把生成的背景图以及制作好的标签以真实的包装场景展示出来，如图 5-42 所示，操作步骤如下。

⊙ 图 5-42

步骤 ① 在素材网站上下载包装样机，使用 Photoshop 软件将其打开。然后执行“窗口”-“图层”命令，打开“图层”面板，如图 5-43 所示。

⊙ 图 5-43

步骤② 在“图层”面板中找到“智能对象”图层，在图层缩览图右下角双击，将其打开。在新打开的文件中，拖入图像素材后，拖动其变换框的 4 个角点，调整图像，使其填满画布，如图 5-44 所示。然后单击“√”按钮提交变换，最后执行“文件”-“存储”命令。

⊙ 图 5-44

步骤③ 返回样机文件，就可以看到 Midjourney 生成的图像已经成功应用在包装样机上，如图 5-45 所示。

⊙ 图 5-45

当然，Midjourney 也可以生成茶罐包装样品，如图 5-46 所示，描述语为“metal tea cans mockup, empty, clean background, monochromatic artworks, brand identity mockup, volumetric lighting”（金属茶罐模型，空的，干净的背景，单色艺术品，品牌标识模型，体积照明）。

⊙ 图 5-46

5.4 Midjourney 辅助标志设计

标志（logo）是表明事物特征的识别符号。标志以单纯、显著、易识别的形象、图形或文字符号为表现形式，具有功用性、识别性、艺术性、独特性等特征。本节将介绍 Midjourney 在图形及形象 logo 中的辅助应用。

1 Midjourney 辅助创建图形 logo

以物流公司的 logo 设计为例，输入描述语“logo design, logistics company”（logo 设计，物流公司），Midjourney 在简单描述语下生成的 logo 偏向于美式徽章的风格，如图 5-47 所示，自动匹配了货车的主体形态，虽然符合物流公司的形象，但是设计细节过于复杂，会影响辨识度和记忆。所以考虑加入“Minimalism”（极简主义）、“abstract geometric shapes”（抽象几何形状）、“simple details”（简单细节）等关键词，生成的效果如图 5-48 所示。

⊙ 图 5-47

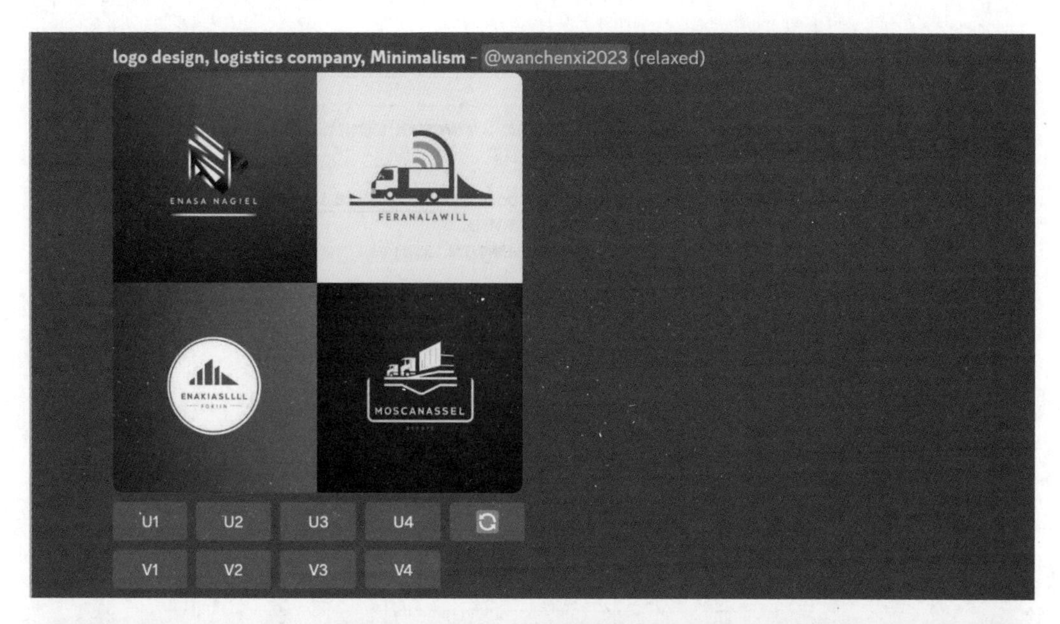

⊙ 图 5-48

如果不满足于以上 Midjourney 作品，那么应该如何进一步优化关键词呢？首先，需要提取出与物流公司相关的元素，除了默认出现的货车，还可以考虑如飞机、船舶等运输工具，或者是体现行业特点的仓库、包裹，用箭头来表现高效，也可以用地球传达全球化的业务范围。其次，在色彩上，可以选择代表专业、信任的蓝色或者代表活力和温暖的橙色等，要善于利用知名标志设计师风格或者品牌风格。

另外，注意关键词的顺序，这会影响画面中内容的权重。如果不善于做这些内容分析，也可以借助 ChatGPT 辅助完成，如图 5-49 所示。

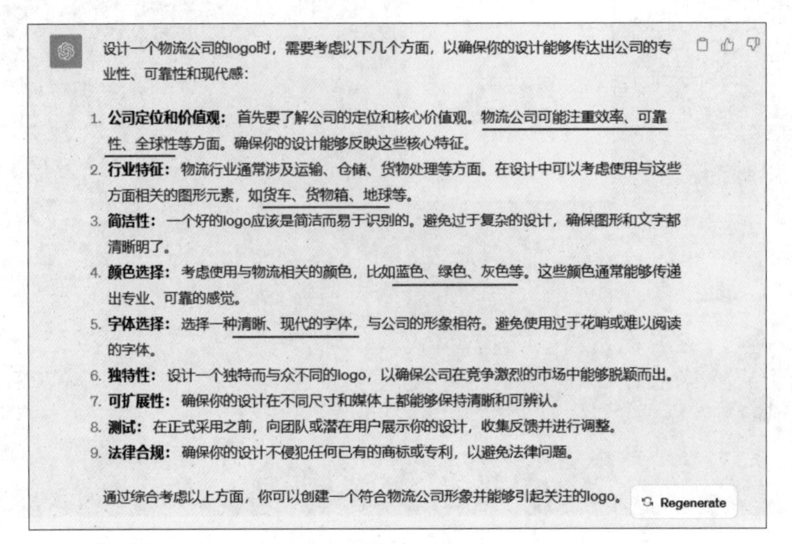
设计一个物流公司的logo时，需要考虑以下几个方面，以确保你的设计能够传达出公司的专业性、可靠性和现代感：

1. **公司定位和价值观：** 首先要了解公司的定位和核心价值观。物流公司可能注重效率、可靠性、全球性等方面。确保你的设计能够反映这些核心特征。
2. **行业特征：** 物流行业通常涉及运输、仓储、货物处理等方面。在设计中可以考虑使用与这些方面相关的图形元素，如货车、货物箱、地球等。
3. **简洁性：** 一个好的logo应该是简洁而易于识别的。避免过于复杂的设计，确保图形和文字都清晰明了。
4. **颜色选择：** 考虑使用与物流相关的颜色，比如蓝色、绿色、灰色等。这些颜色通常能够传递出专业、可靠的感觉。
5. **字体选择：** 选择一种清晰、现代的字体，与公司的形象相符。避免使用过于花哨或难以阅读的字体。
6. **独特性：** 设计一个独特而与众不同的logo，以确保公司在竞争激烈的市场中能够脱颖而出。
7. **可扩展性：** 确保你的设计在不同尺寸和媒体上都能够保持清晰和可辨认。
8. **测试：** 在正式采用之前，向团队或潜在用户展示你的设计，收集反馈并进行调整。
9. **法律合规：** 确保你的设计不侵犯任何已有的商标或专利，以避免法律问题。

通过综合考虑以上方面，你可以创建一个符合物流公司形象并能够引起关注的logo。

Regenerate

⊙ 图 5-49

最后我们总结一段描述语“round logo design, bold line airplane, includes speed lines and arrow, dark blue and orange, white background, logistics company, in style of Walter Landor, simple details”（圆形标志设计，粗线条飞机，包括速度线和箭头，深蓝色和橙色，白色背景，物流公司，华特·朗涛的风格，简单细节），Midjourney 由此生成的图像如图 5-50 所示。

⊙ 图 5-50

当然，也可以在网上搜集一些相关行业的优秀设计作品作为参考垫图，或者可以通过在线 logo 编辑器生成参考样式，以“标小智”为例，我们一起学习操作步骤。

步骤① 进入“标小智”官网首页，选择菜单栏中的“logo 生成器”，按照提示填写 logo 名称，输入“晨曦物流公司”，如图 5-51 所示。

⊙ 图 5-51

步骤 ② 选择运输行业，挑选合适的品牌色系和字体风格，如图 5-52 所示。

⊙ 图 5-52

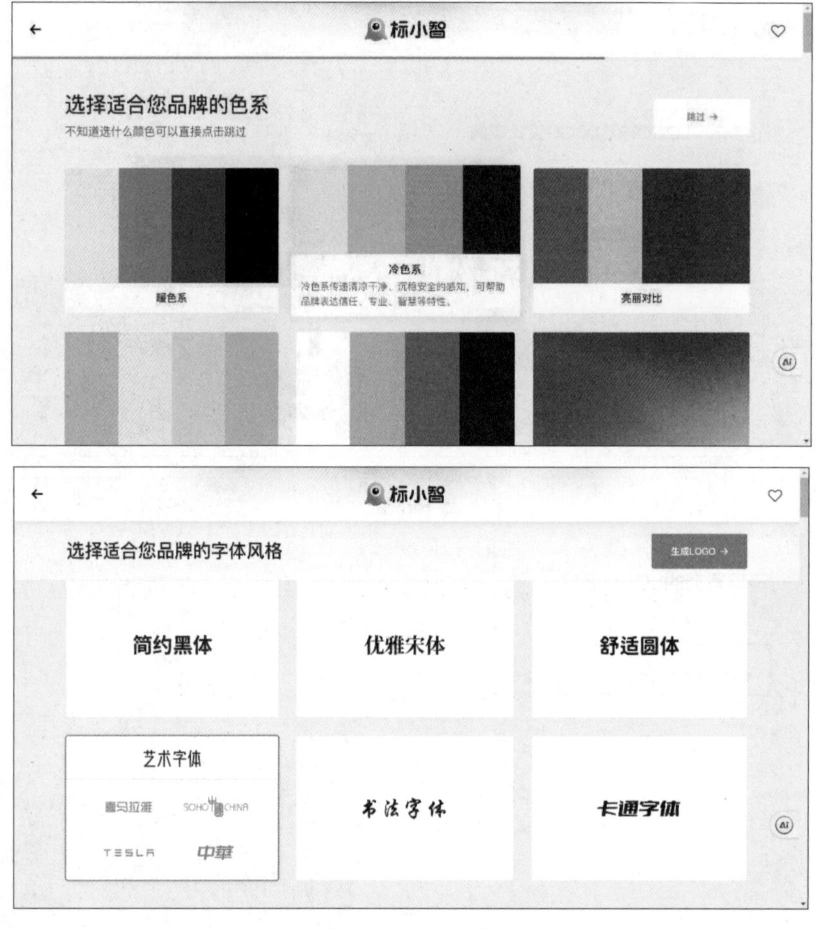

⊙ 图 5-52（续）

步骤 ③ 在生成的一系列 logo 选项中，选取合适的 logo 并下载保存，如图 5-53 所示。

⊙ 图 5-53

将保存的 logo 图案上传到 Midjourney 作为参考垫图，如图 5-54 所示，加入描述语“logo design, airplane, logistics”（标志设计、飞机、物流）后生成的 logo 如图 5-55 所示。

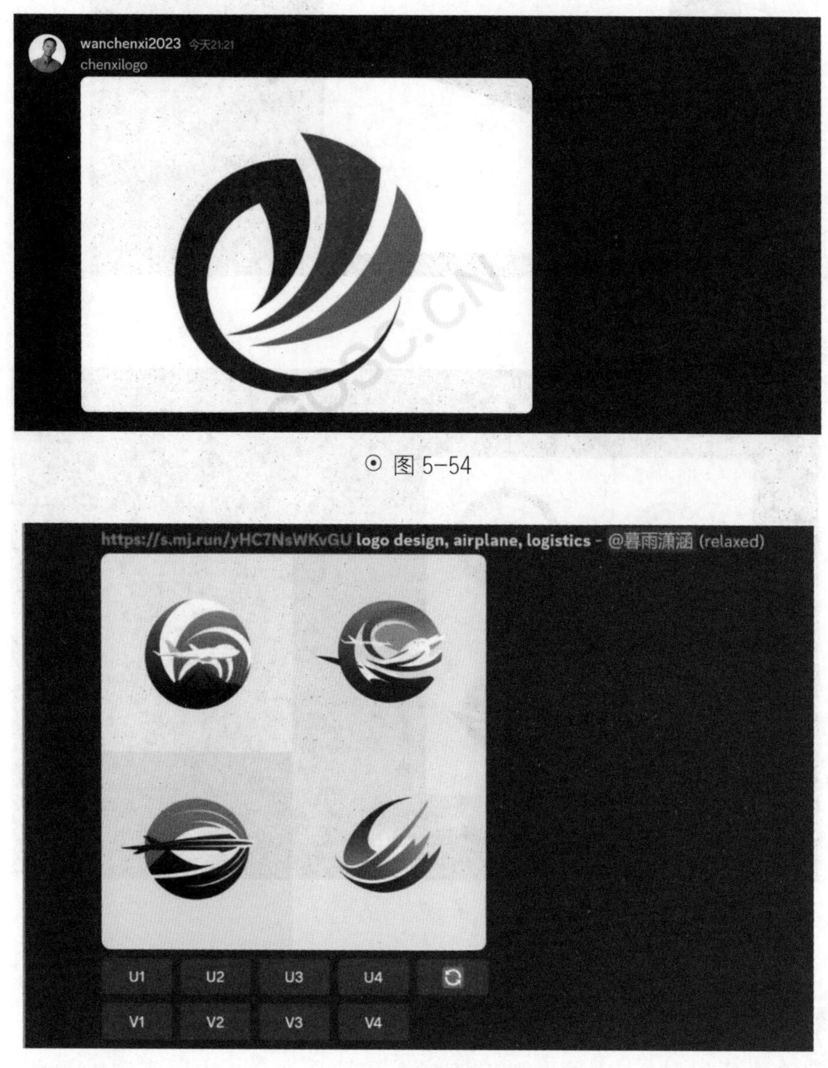

⊙ 图 5-54

⊙ 图 5-55

为了让 Midjourney 生成的飞机形态更清晰，再增加一张飞机图标作为垫图，如图 5-56 所示。

注意 使用两张图像作为垫图，需要在两张图像的链接中间留一空格，如图 5-57 所示。

⊙ 图 5-56

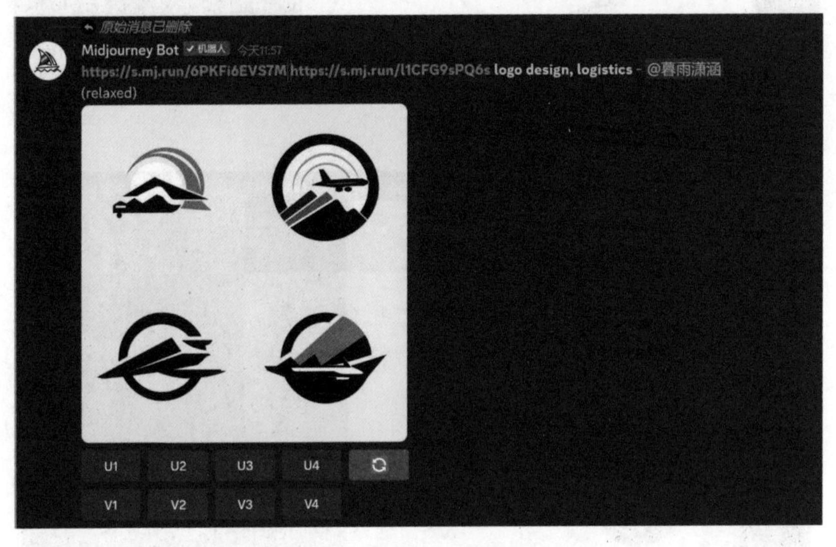

⊙ 图 5-57

2 Midjourney 辅助创建 IP 形象 logo

IP 形象是指企业或其某个品牌在市场上和社会公众心中所表现出的个性特征，体现的是公众特别是消费者对品牌的评价与认知。IP 形象通常以动物、人物作为创意对象，在互联网、餐饮等行业被广泛应用，如我们熟知的美团外卖的袋鼠、肯德基的老爷爷、京东商城的小狗、法拉利的马等都是此类型的标志。

下面使用猫的形象，将其与咖啡杯结合，设计一个 IP 形象 logo。

步骤 1 将需要呈现在 logo 中的元素组合成一段简单的描述，让 Midjourney 输出一些图像以供参考，如图 5-58 所示，描述语为“logo design, garfield cat, coffee cup, monochrome, vector illustration”（标志设计，加菲猫，咖啡杯，单色，矢量插图）。

⊙ 图 5-58

步骤② 图像中，猫的身体均被遮挡，仅使用头部与咖啡杯做了简单的结合。我们认为 Midjourney 提供的创意非常不错，所以决定继续采用这样的方式，进一步细化与主体相关的描述，加入复古感的木刻风格“wood engraving”（木雕），并且通过“--no”后缀参数移除画面中的阴影与毛发，使得画面更简洁。描述语为“logo design, garfield cat, upper body, hiding in a coffee cup, monochrome, vector illustration, wood engraving, in style of Starbucks, simple details --no shading detail,hair”（标志设计，加菲猫，上身，藏在咖啡杯里，单色，矢量插图，木雕，星巴克风格，简单的细节，移除阴影细节和毛发），Midjourney 生成的 logo 图像如图 5-59 所示。

⊙ 图 5-59

步骤③存储较满意的图像，将其转为矢量图。

步骤④使用 Illustrator 软件对矢量图进行二次编辑，最终效果如图 5-60 所示。

⊙ 图 5-60

5.5 Midjourney 辅助海报设计

海报是通过将图片、文字、色彩、空间等要素进行整合来传达信息的一种宣传手段。优秀的海报设计可以增强广告渲染力，准确生动地传达广告信息。海报分为很多种类，有商业海报、电影海报、文化宣传海报等。本节将以越野车的商业海报设计为例，一起探讨 Midjourney 在海报设计中的辅助应用。

首先，我们需要思考可以使用哪些关键词来描述整个画面，或者也可以借助 ChatGPT 生成一些思路和灵感。我们直接向 ChatGPT 提问“越野车海报构图方法”，ChatGPT 罗列出了部分要点，如图 5-61 所示。

根据 ChatGPT 给出的提示，我们需要一个背景图来突出越野车的冒险精神，因此可以想到蕴藏着无尽奥秘的亚马孙热带雨林（Amazon rain forest）。另外，车辆周围飞溅的泥浆（splash of mud）可以传达出速度和动力感，而使用背光（back light）则能够勾勒车辆的轮廓线条。

那应该如何描绘越野车的外观特点呢？我们以 Mercedes-Benz G-Class 为例向 ChatGPT 提问，ChatGPT 给出了精简的描述短语，如图 5-62 所示，我们从中提取了部分关键词进行翻译：“Unique square contour, bold body lines, dazzling LED headlights, and large-sized tires”（独特的方形轮廓，大胆的车身线条，耀眼的 LED 大灯，大尺寸轮胎）。

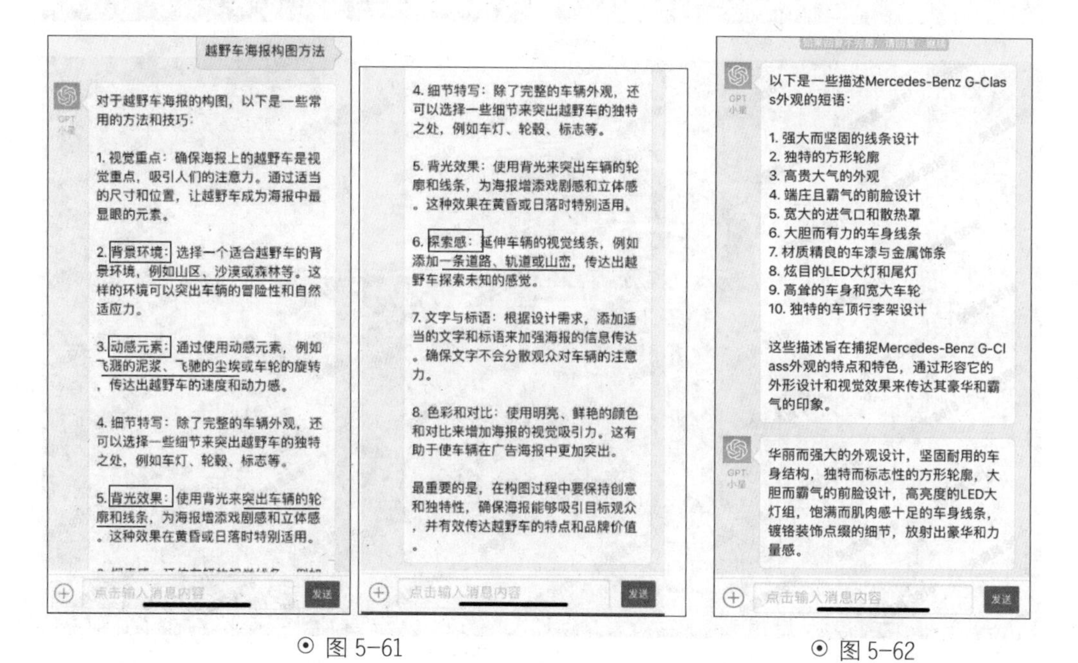

⊙ 图 5-61　　　　⊙ 图 5-62

整合以上内容，我们总结出的描述语为“Commercial advertising poster, an off road vehicle crossing the Amazon rainforest, Mercedes-Benz G-Class, unique square contour, bold body lines, dazzling LED headlights, and large-sized tires, splash of mud, powerful liquid explosion, rainy day, back light, movie atmosphere, surrealism, line composition, ultra-wide-angle lens, unreal Engine, amazing details, 8k --ar 16:9 --s 500”（商业广告海报，穿越亚马孙雨林的越野车，奔驰 G 级，独特的方形轮廓，大胆的车身线条，耀眼的 LED 大灯，大尺寸轮胎，飞溅的泥浆，强大的液体爆炸，雨天，背光，电影氛围，超现实主义，线条构图，超广角镜头，虚幻引擎，惊人的细节，8k，16:9 画幅，风格化后缀参数值 500），Midjourney 输出的越野车图像如图 5-63 所示。

⊙ 图 5-63

假设我们想要替换成沙漠场景，鸟瞰视角，只需对上述描述语稍作修改即可，如改为“Commercial advertising poster, bird’s-eye view, an off road vehicle crossing the wide desert, Mercedes-Benz G-Class, dust flying on the driving trajectory, bright sunshine, some cactus plants, movie atmosphere, surrealism, line composition, unreal Engine, amazing details, 8k --ar 16:9”（商业广告海报，鸟瞰视角，越野车穿越宽阔的沙漠，奔驰 G 级，行驶轨迹上尘土飞扬，阳光明媚，一些仙人掌植物，电影氛围，超现实主义，线条构图，虚幻引擎，惊人的细节，8k，16:9 画幅）。

注意 在这条描述语中，除了将亚马孙雨林替换成宽阔的沙漠，如果需要展现尘土飞扬的场面，就应该设定一个晴好的天气，并且，在鸟瞰视角下我们不需要描述越野车的具体外观细节，相反可以把场景描述得更为丰富，效果如图 5-64 所示。

⊙ 图 5-64

镜头越近，对主体质感表现方面的描述就应该越具体。以人物为例，远景中描绘身形，近景中描绘五官，特写中就需要描绘皮肤纹理质感。那么在特写镜头中，我们就需要体现越野车非凡的外观品质，可以从车身材料和车漆两个方面给出具体描述。我们根据 ChatGPT 的回复（见图 5-65）总结的描述语为“Commercial advertising poster, Extreme close-up shots of headstock, Benz logo, Mercedes-Benz G-Class, silver coated reflective car paint, high strength steel, metallic, movie atmosphere, desert landscape, surrealism, unreal engine, amazing details, 8k --ar 16:9”（商业广告海报，车头的极限特写镜头，奔驰标志，奔驰 G 级，银色反光车漆，高强度钢，金属，电影氛围，沙漠景观，超现实主义，虚幻引擎，惊人的细节，8k，16:9 画幅）。

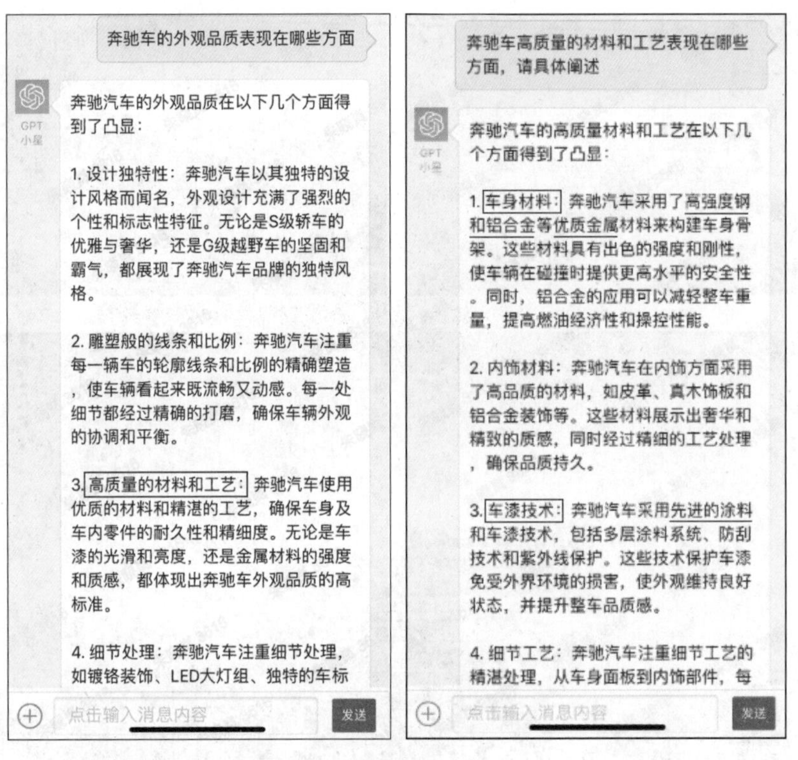

⊙ 图 5-65

Midjourney 生成的越野车车头标特写图像如图 5-66 所示。

⊙ 图 5-66

假设需要参考给定的车型效果图（见图 5-67）绘制商业海报，应该如何操作呢？

车型图描述语可参考“a business modern SUV, sport utility vehicle, streamlined body, chrome decoration, large-sized wheels, aluminum alloy material, spacious space design, black coated reflective car paint, side view, studio lighting, white background --ar 16:9 --s 500”（一款商务现代 SUV，运动型多功能车，流线型车身，镀铬装饰，大尺寸车轮，铝合金材料，宽敞的空间设计，黑色反光车漆，侧视图，工作室照明，白底，16:9 画幅，风格化后缀参数值 500）。

⊙ 图 5-67

将车辆图片上传到 Midjourney 作为参考垫图，以亚马孙热带雨林为例，使用描述语“Commercial advertising poster, a business modern sport utility vehicle crossing the Amazon rainforest, modern SUV, surrounded by abundant tropical plants, tropical forest landscape, bright sunshine, foreground blurry, back lighting, movie atmosphere, surrealism, line composition, ultra-wide-angle lens, side view, unreal engine, amazing details, 8k --ar 16:9”（商业广告海报，穿越亚马孙雨林的商务现代运动型多功能车，现代 SUV，周围有丰富的热带植物，热带森林景观，明亮的阳光，前景模糊，背光，电影氛围，超现实主义，线条构图，超广角镜头，侧视，虚幻引擎，惊人的细节，8k，16:9 画幅）。因为使用了垫图，就不需要对 SUV 的车型特征做具体描述。Midjourney 生成的图像如图 5-68 所示，我们可以看到车与背景结合得很不自然，车身依然保留了垫图的工作室照明效果，与自然场景的光影关系是不匹配的，另外也弱化了背景中热带雨林的氛围感。

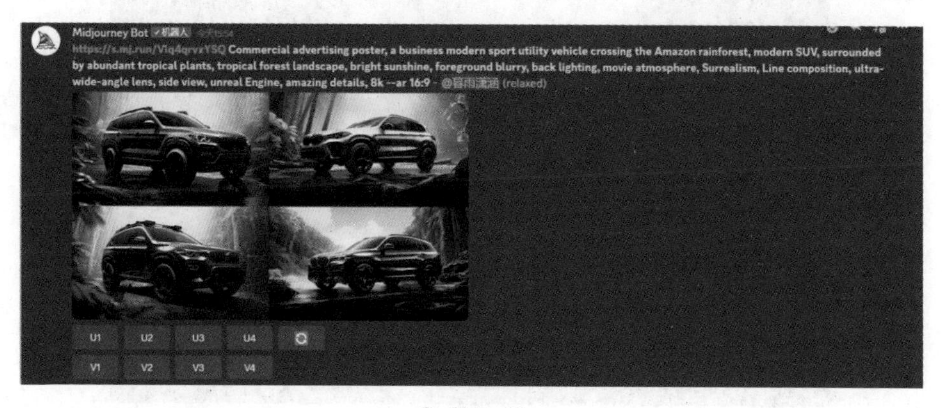

⊙ 图 5-68

⊙ 图 5-68（续）

于是我们决定取消垫图，直接通过描述语生成图像，如图 5-69 所示。由于弱化了对车辆的描述，所以热带雨林的场景氛围被很好地表现出来，但是车型并不符合要求。我们选择较满意的图 2，将单张图像放大后，使用局部重绘命令更换主体，如图 5-70 所示。

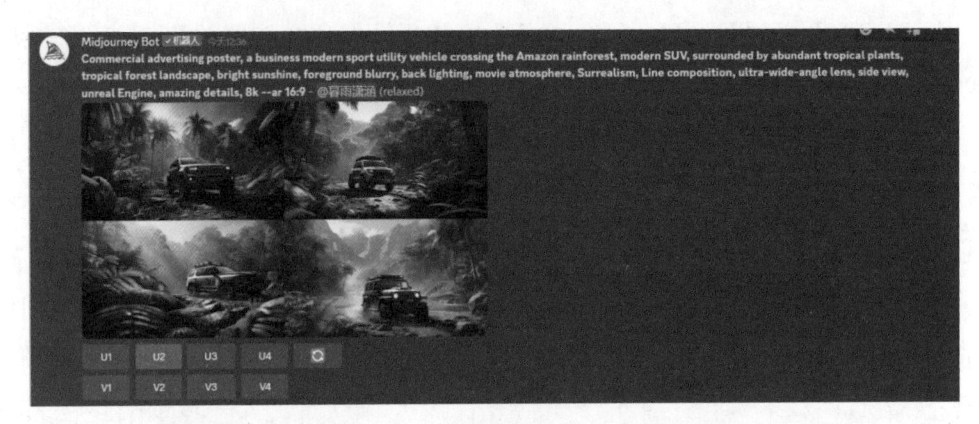

⊙ 图 5-69

⊙ 图 5-70

⊙ 图 5-70（续）

框选出需要替换的主体，加入参考垫图（见图 5-67）链接及描述语“a business modern sport utility vehicle, back lighting, movie atmosphere, surrealism”（商务现代运动型多功能车，背光，电影氛围，超现实主义），Midjourney 生成的局部重绘图像如图 5-71 所示。

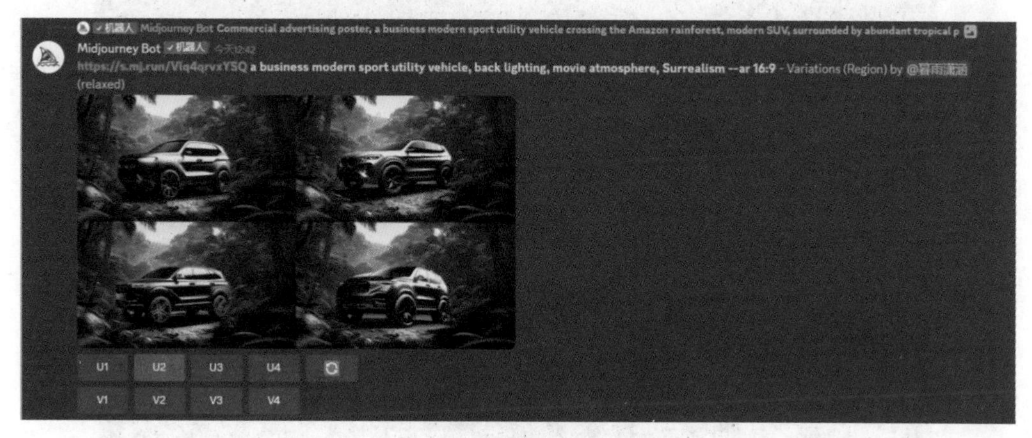

⊙ 图 5-71

我们使用较满意的图 2，将单张图像放大后获取链接，作为新的参考垫图（见图 5-72），继续使用描述语“commercial advertising poster, a business modern sport utility vehicle crossing the Amazon rainforest, modern SUV, surrounded by abundant tropical plants, tropical forest landscape, bright sunshine, foreground blurry, back lighting, movie atmosphere, surrealism, line composition, ultra-wide-angle lens, side view, unreal Engine, amazing details, 8k --ar 16:9”（商业广告海报，穿越亚马孙雨林的商务现代运动型多功能车，现代 SUV，周围有丰富的热带植物，热带森林景观，明亮的阳光，前景模糊，背光，电影氛围，超现实主义，线条构图，超广角镜头，侧视，虚幻引擎，惊人的细节，8k，16:9 画幅），Midjourney 生成的图像如图 5-73 所示。通过两次垫图后，Midjourney 生成的图像画面比例合理，越野车与热带雨林背景融合得非常完美，光影塑造得非常真实。

⊙ 图 5-72

⊙ 图 5-73

5.6 Midjourney 辅助 H5 专题设计

H5 页面全称为 HTML5 页面，是一种基于 HTML5 技术开发的移动端网页。可以根据需求为 H5 页面添加图片、音频、视频等媒介元素，从而与用户进行互动，提高用户留存率和转化率，进而达到企业、品牌的营销宣传目的。本节以对战投票界面为例，探讨 Midjourney 在 H5 专题设计中的辅助应用。

借鉴 ChatGPT 对画面的描述（见图 5-74），我们可以使用左右布局的对称构图设计对战风格的海报，并加入动态姿势的人物形象，以突出对战的紧张感，同时将比赛现场图像作为背景图以契合对战主题。色彩方面，我们选用暖色调的红色搭配冷静的蓝色来增强画面对比。

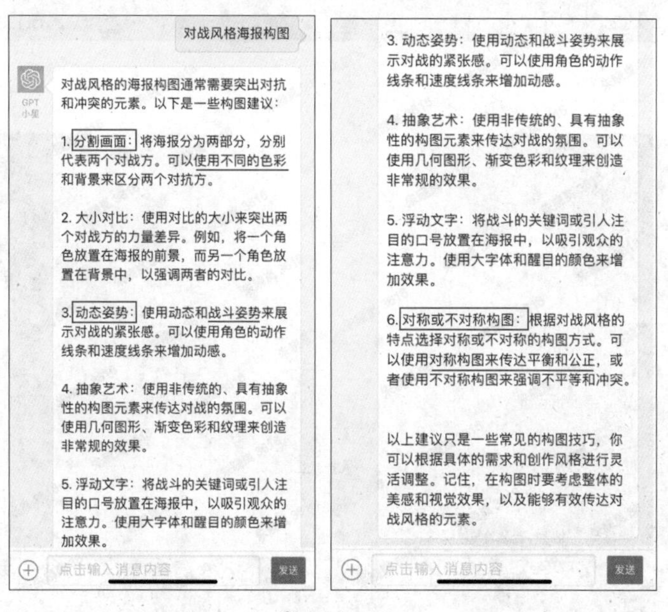

⊙ 图 5-74

接着描绘比赛现场，以拳击赛场为例，有很多观众在为选手呐喊助威，可使用描述语“scene of a boxing match, close-up focus on the boxing arena, the audience waved their arms and shouted wildly, foreground blurry, front view, blue and purple scheme, bright cold color, fantasy, dreamy, depth of field, behance, high quality, best details, award-winning, 8k --ar 4:3 --niji 5 --s 500”（一场拳击比赛的场景，拳击场特写，观众挥舞着手臂疯狂呼喊，前景模糊，正视图，蓝紫色方案，明亮的冷色，幻想，梦幻，景深，设计师交流网站 behance，高质量，最佳细节，获奖，8k，4:3 画幅，动漫风格，风格化后缀参数值 500）。Midjourney 输出的赛场画面如图 5-75 所示，选择 U4 单张图像，将其放大，如图 5-76 所示。

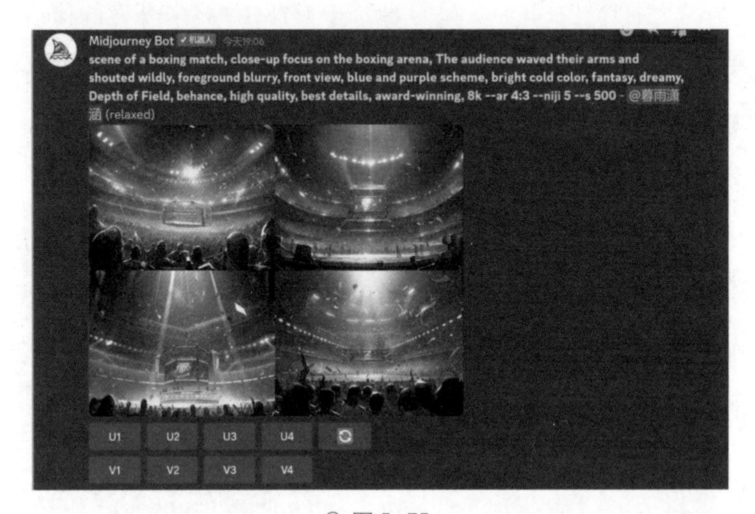

⊙ 图 5-75

⊙ 图 5-76

注意 若从中删除对观众的描述语“the audience waved their arms and shouted wildly”（观众挥舞着手臂疯狂呼喊），则得到的是拳击赛场空场景，如图 5-77 所示。

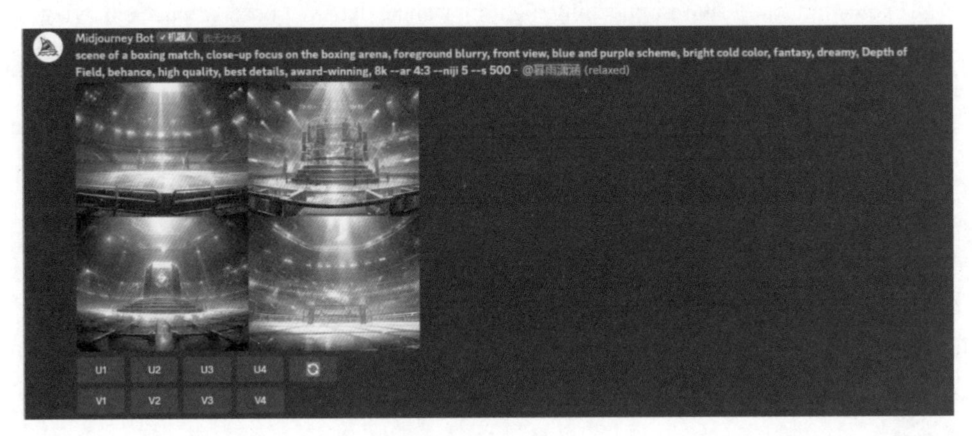

⊙ 图 5-77

然后，输出两个人物形象，分别代表两个对战方，为了提高人物素材与画面的适配度，减少后期使用 Photoshop 软件合成的工作量，在构建关键词时，需要使用各方的代表色调作为配色方案，使输出的角色光影上带有明显的色彩偏向。

蓝方人物形象如图 5-78 所示，完整描述语为“blind box style of a young fitness boy, boxer, blue boxing gloves, exquisite facial features, punching, fighting stance, dynamic pose, impact, side view, blue and purple scheme, studio lighting, bright cold color, blue background, fantasy, dreamy, low saturation Pixar, fullbody, chibi, 3d, c4d, octane rendering, vray tracing, behance, high quality, best details, award-winning, 8k --ar 3:4 --niji 5 --s 150”（盲盒风格的年轻健身男孩，拳击手，蓝色拳击手套，精致的面部特征，拳击，战斗姿态，动态姿势，冲击，侧视，蓝紫色方案，工作室照明，明亮的冷色，蓝色背景，幻想，梦幻，低饱和度皮克斯，全身，chibi 漫画，3d，c4d，oc 渲染，vray 追踪，设计师交流网站 behance，高品质，最佳细节，获奖，8k，3:4 画幅，动漫风格，风格化后缀参数值 150）。

⊙ 图 5-78

基于上述描述语生成的网格图像如图 5-79 所示，继续优化 4 号图像的风格和构图，获得暖色调的红方人物形象。单击 V4 按钮，在弹出的描述语窗口中（见图 5-80）输入改变配色方案后的描述语“blind box style of a young fitness boy, boxer, red boxing gloves, exquisite facial features, punching, fighting stance, dynamic pose, impact, side view, red and orange scheme, studio lighting, bright warm color, red background, fantasy, dreamy, low saturation Pixar, fullbody, chibi, 3d, c4d, octane rendering, vray tracing, behance, high quality, best details, award-winning, 8k --ar 3:4 --niji 5 --s 150”（盲盒风格的年轻健身男孩，拳击手，红色拳击手套，精致的面部特征，拳击，战斗姿态，动态姿势，冲击，侧视，红色和橙色方案，工作室照明，明亮的暖色，红色背景，幻想，梦幻，低饱和度皮克斯，全身，chibi 漫画，3d，c4d，oc 渲染，vray 追踪，设计师交流网站 behance，高品质，最佳细节，获奖，8k，3:4 画幅，动漫风格，风格化后缀参数值 150）。Midjourney 生成的新网格图像如图 5-81 所示。通过这种方式生成的人物角色相似度较高，但是受到原网格图像冷色调环境光的影响，几乎无法按照描述语更改新生成的图像背景色。

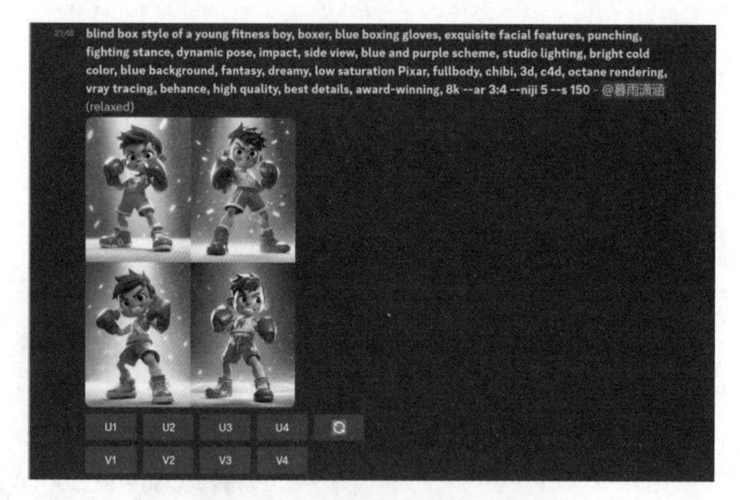

⊙ 图 5-79

⊙ 图 5-80

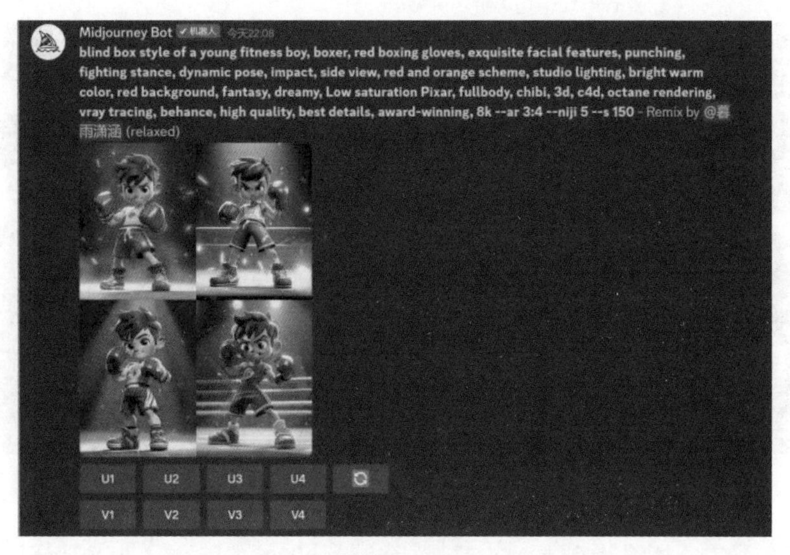

⊙ 图 5-81

通过获得图 5-88 的 seed 值（获取 seed 值步骤详见图 4-19）也可以延续图像风格，如图 5-82 所示，完整描述语为“blind box style of a young fitness boy, boxer, red boxing gloves, exquisite facial features, punching, fighting stance, dynamic pose, impact, side view, red and orange scheme, studio lighting, bright warm color, red background, fantasy, dreamy, Low saturation Pixar, fullbody, chibi, 3d, c4d, octane rendering, vray tracing, behance, high quality, best details, award-winning, 8k --ar 3:4 --niji 5 --s 150 --seed 1846447009”。

⊙ 图 5-82

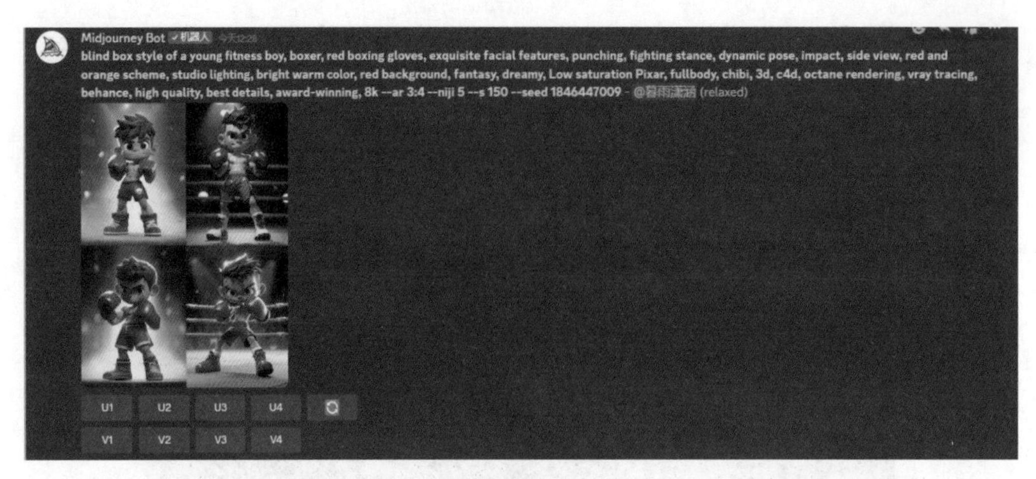

⊙ 图 5-82（续）

通过对第 4 章 seed 值的学习，我们知道 seed 值的缺点是只能对描述语做关键词的微调，并且在相同的描述语中加 seed 值出图效果不变，所以当我们对 Midjourney 出图不满意的时候，只能多次修改原描述的关键词，操作比较烦琐。

因此，我们还是采用最简单的描述语直接出图的方法。若是对人物特点的描述比较简单，Midjourney 对关键词的发散空间就会比较大，出图就会多样化，如图 5-83 所示。因为这里对于人物的描述已经比较详尽，所以直接使用描述语出图也相对稳定，如图 5-84 所示。但是我们无法只通过几次尝试就能获得满意的图像。在 Midjourney 生成的多个结果中，我们选取图 5-85 的人物作为暖色调的红方人物代表。

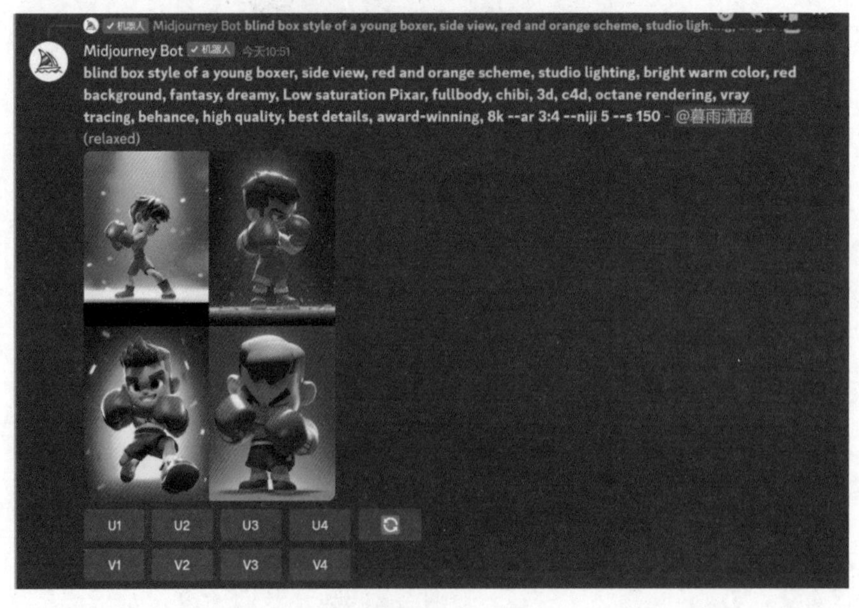

⊙ 图 5-83

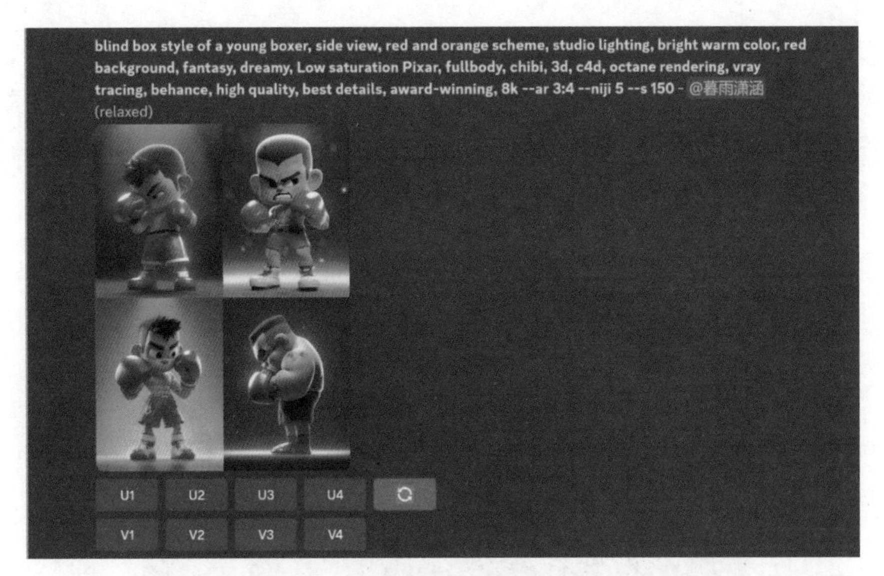

⊙ 图 5-83（续）

⊙ 图 5-84

⊙ 图 5-85

完成前期的素材准备工作以后，就可以使用Photoshop软件做后续的页面设计了，具体操作步骤如下。

步骤① 新建一个宽度为800像素、高度为3000像素的画布，把背景图置入画布中，顶端对齐，如图5-86所示。然后执行“窗口”-“图层”命令，打开“图层”面板，创建新的纯色图层，颜色选取背景图上的深色，如图5-87所示。

⊙ 图 5-86

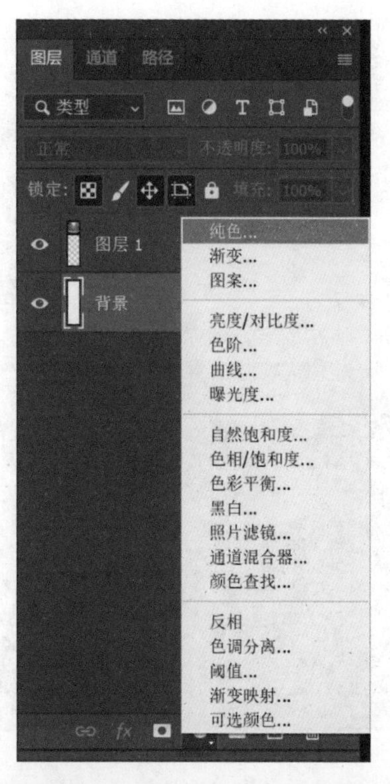

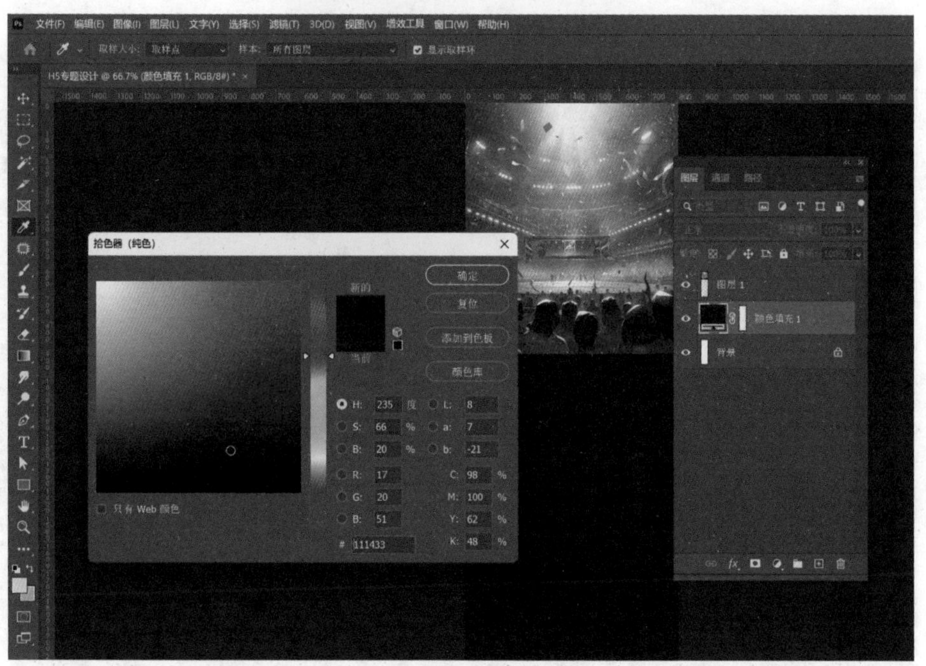

⊙ 图 5-87

步骤②使用矩形工具和钢笔工具绘制蓝色和红色的几何图像色块，如图 5-88 所示。将抠取的人物图像分别摆放在对应色块上，如图 5-89 所示。

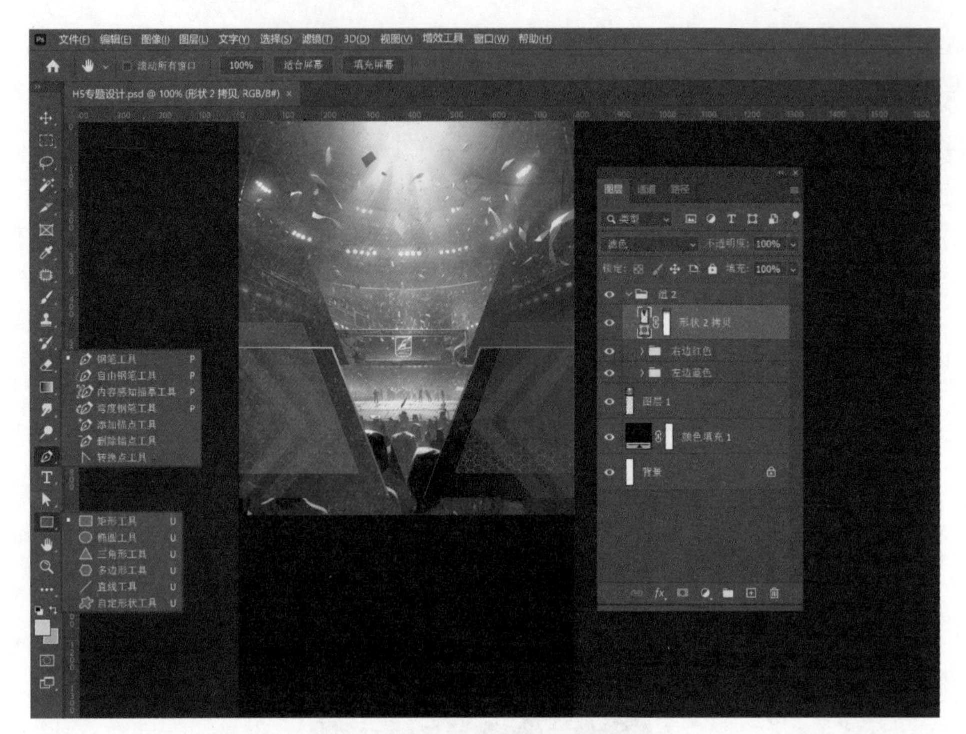

⊙ 图 5-88

⊙ 图 5-89

步骤 ③ 在图像上方空白处放置提前绘制好的文字标签素材，如图 5-90 所示。在背景图层上添加“曲线”调整图层，对背景做压暗处理，如图 5-91 所示。

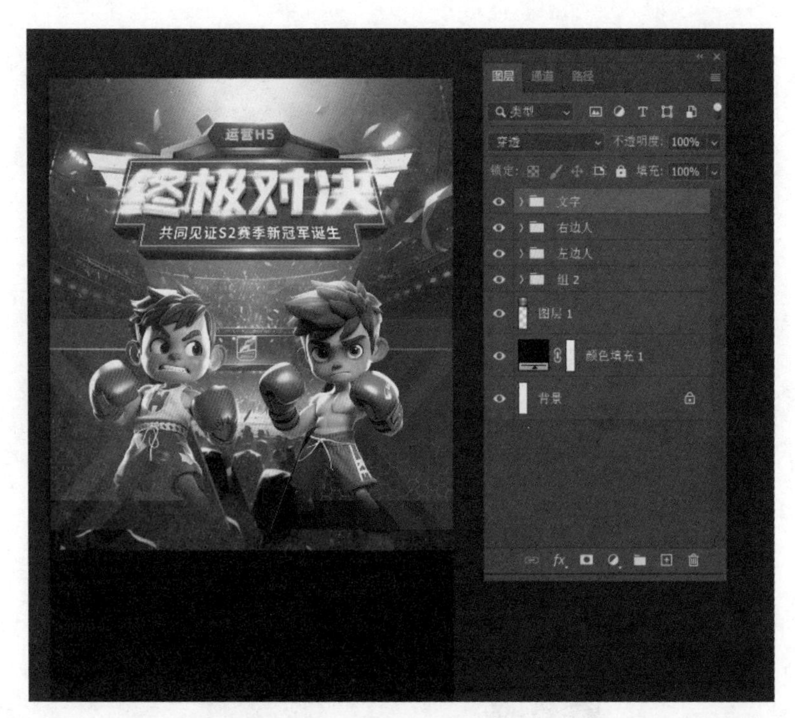

⊙ 图 5-90

⊙ 图 5-91

步骤④制作页面下方的内容，使用框选工具选定需要的部分，在菜单栏中执行“图像”-“裁剪”命令，接着将画面输出即可，如图 5-92 所示。使用 Midjourney 辅助完成的 H5 专题界面的最终效果如图 5-93 所示。

模式(M)
调整(J)
自动色调(N) Shift+Ctrl+L
自动对比度(U) Alt+Shift+Ctrl+L
自动颜色(O) Shift+Ctrl+B
图像大小(I)... Alt+Ctrl+I
画布大小(S)... Alt+Ctrl+C
图像旋转(G)
裁剪(P)
裁切(R)...
显示全部(V)
复制(D)...
应用图像(Y)...
计算(C)...
变量(B)
应用数据组(L)...
陷印(T)...
分析(A)
终极对决
189713
188659

⊙ 图 5-92

运营H5
终极对决
共同见证S2赛季新冠军诞生
粉丝团终极票选
万晨曦
189713
新增支持+1
万小羽
188659
新增支持+1

⊙ 图 5-93